U0000570

韓勝寶　著

活用孫子兵法

孫子兵法全球行系列讀物

【美澳卷】

臺灣商務印書館

目錄

美國篇

加拿大篇

墨西哥篇

巴西篇

阿根廷篇

智利篇

祕魯篇

澳大利亞篇

全球綜述篇

美國篇

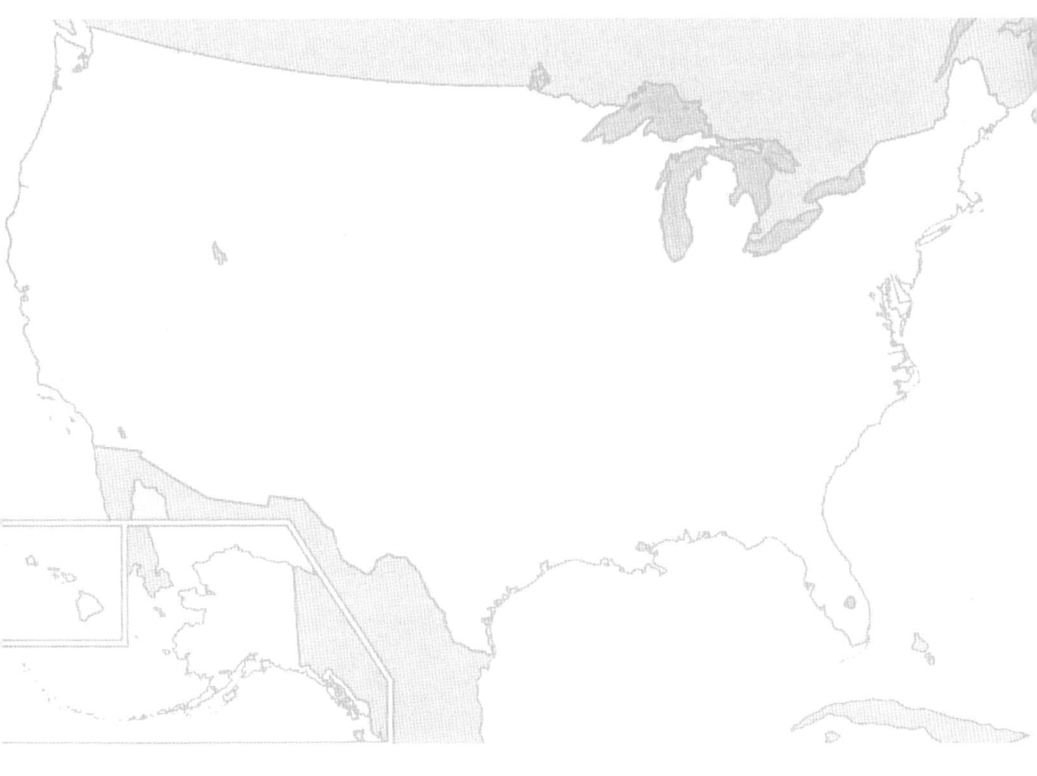

美國政壇奇特現象總統多愛《孫子》

夏威夷大學哲學系教授安樂哲稱，在美國政壇有一個其他國家沒有的十分奇特的現象：多任總統不是其戰略思想與孫子的思想在許多方面有驚人的相似之處，就是研讀並應用過《孫子兵法》。

美國首任總統華盛頓在獨立戰爭中選擇了正確的戰略，「攻到了門外」但卻「不得其門而入」，體現了《孫子兵法》「全國為上，破國次之」，「攻城之法，為不得已」的思想。華盛頓主張通過談判，一直試圖避開與英軍直接的衝突。華盛頓的獨立戰爭戰略，既符合孫子的「伐交」思想，也符合孫子「避其銳氣，擊其惰歸」的用兵之道。美國學者認為，從某種意義上說，是和平條約結束了美國獨立戰爭。

美國第 7 任總統傑克遜 1815 年 1 月在美英戰爭中的新奧爾良戰役中，當時敵強我弱，他負責防守該城，手下大部分是民兵。傑克遜精心組織防禦，決定用防禦戰挫敗英軍進攻，結果大敗英軍，振奮全國，成為美國在戰爭中取得最偉大勝利的指揮官和舉國聞名的英雄。傑克遜的防禦戰略與孫子的防禦思想頗為相似。

美國第 16 任總統林肯在南北戰爭中，大膽起用格蘭特擔任總司令，破格提拔米德出任波托馬克軍團的總司令，他選將符合孫子「擇人任勢」的思想。林肯選將的一個重要因素，是考察該將軍榮立戰功的同時，還要考察他的部屬對他的信賴程度。實踐證明，只有部屬和士兵真心擁戴的司令官，他才能得心應手地指揮調動部隊，這是戰勝敵人的最基本的條件。

美國孫子研究學者認為，《孫子兵法》傳入美國雖然比日本要晚一千年，但獨立戰爭、美英戰爭和南北戰爭期間已傳入美國。美國前幾任總統是否讀過《孫子兵法》沒有考證。如果說，他們的一些戰略思想與孫子的思想不謀而合的話，那麼，後任的一些美國總統研讀並應用過《孫子兵法》卻是一個不爭的事實。

據說連任四屆美國總統的羅斯福非常喜歡讀《孫子兵法》，在第二次世界大戰中，他常用《孫子兵法》原理來指導戰爭實踐，他的這一舉動，深深影響到了美國軍界。

美國第 31 任總統胡佛，是史丹佛大學胡佛研究所創辦人，他曾在中國生活了十五年，是一位中國通。他在華期間有計畫地收集六百多冊中國圖書，在這些圖書中有不少包括《孫子兵法》在內的中國典籍的珍稀版本。胡佛研究所這個民間研究機構，目前已成為美國白宮研究亞洲及中國問題的權威諮詢機構，現在美國參眾兩院，凡涉及中國的問題，都要來諮詢胡佛研究所。

美國第 37 任總統尼克森著有《不戰而勝》，就是論述如何運用孫子的外交策略來促使世界局勢朝著有利於美國的方向發展。尼克森從不諱言他從孫子的教誨中得到啟示，他在《真正的戰爭》一書中，多次運用《孫子兵法》的觀點研究分析戰爭的謀略，並直接運用孫子的思想，批判美國當時盲目追求武力效應，而沒有認真對待越南的特殊歷史、地理和心理因素。尼克森按照孫子「伐謀」、「伐交」思想，與世界上絕大多數國家建立了新的關係。

美國第 39 任總統卡特簽署《總統第 59 號行政命令》決定，美國不但制定「孫子的核戰略」，而且按照《孫子兵法》制定新戰術。卡特政府的國家安全顧問布熱津斯基在他的《運籌帷幄》一書中，直接引用和間接運用了《孫子兵法》中的觀點對全書進行總結，並根據孫子的「伐謀」思想提出了對蘇聯的長期性戰略，以奪取「歷史性的勝利」。

美國第 40 任總統雷根曾在西點軍校的畢業典禮上說道：

「二千五百年前，中國有一個哲學家孫子說過：『是故百戰百勝，非善之善也；不戰而屈人之兵，善之善者也。』而一支真正成功的軍隊就是這樣的軍隊：由於其力量、能力和忠誠，它將不是用來打仗的一般軍隊，因為誰都不敢向它尋釁。」

美國第 41 任總統老布希也是《孫子兵法》的崇拜者之一，他於 1974 年 9 月就任美國駐華聯絡處主任時，首選的中國文化讀物就是《孫子兵法》。老布希曾經說過，《孫子兵法》不只是兵家寶典、哲學範文，同時對各行各業也起著指南作用，折射出中國人非凡的智慧。他最欣賞的是篇首開宗明義所說的「兵者，國之大事也，死生之地，存亡之道，不可不察也」等名句，並能背誦如流。

美國第 42 任美國總統柯林頓說，「《孫子兵法》所提供的是沒有時代界限的處事原則。我相信無論對政治家還是對各種企業家來說，它都是可以學習的老師，可以獲得指導的教典」。柯林頓信奉孫子和平不戰思想，在他執政的八年裏，美國經歷了歷史上和平時期持續時間最長的一次經濟發展。

夏威夷書店出售的美國總統書籍。

美國第 43 任總統小布希沒有像他父親老布希那樣喜歡中國的孫子。2006 年 4 月，中國國家主席胡錦濤訪問美國期間，向小布希贈送了絲綢精裝版《孫子兵法》，多少顯得有些「非比尋常」。

安樂哲認為，美國現任

總統歐巴馬或許讀過《孫子兵法》，因為他的許多戰略思想與孫子思想是一致的，如他熟諳「知彼知己」、「借雞下蛋」，善於謹慎思考，做事講究策略。做為美國總統，不能不信教，所以他要讀《聖經》，但不可能一天到晚捧讀，實際上，他很喜歡研究哲學，包括中國的古典哲學。

華盛頓總統戰略符合孫子伐交思想

在美國費城獨立廣場，矗立著美國首任總統華盛頓雕塑，建於 1727 年的基督教堂是華盛頓、富蘭克林及其他獨立戰爭時期的領袖們的禮拜堂。在美國各大城市都能看到華盛頓雕像，因他扮演了美國獨立戰爭和建國中最重要的角色，被尊稱為美國國父。

華盛頓早年在法國印第安人戰爭中曾擔任支持大英帝國一方的殖民地軍官，成了英雄人物。之後在美國獨立戰爭中出任全殖民地軍隊總指揮官，1775 年 5 月在費城被選舉為大陸軍隊的總司令。他把一支由地方民軍組成的隊伍整編和鍛鍊成為一支能與英軍正面抗衡的正規軍，通過特倫頓、普林斯頓和約克德等戰役，擊敗英軍，取得了北美獨立戰爭的勝利，追封六星上將軍銜，成為美國的最高軍銜。

費城獨立廣場美國首任總統華盛頓雕塑。

華盛頓在戰爭中選擇了

正確的戰略，「攻到了門外」但卻「不得其門而入」，體現了《孫子兵法》「全國為上，破國次之」，「攻城之法，為不得已」的思想。事實證明，華盛頓的戰略是對的。英國人很快瞭解到繼續作戰只是浪費資源，他們只能追擊美軍進行混戰，卻無法徹底捕捉到美軍的主力。華盛頓預測到，這場戰爭將會經由外交途徑取得勝利，而不是靠著士兵們的勇敢作戰。

有學者評價， 華盛頓是美國獨立戰爭中的軍事領袖，但他決非是一位軍事天才，當然也決不能與亞歷山大和凱撒一類的將軍相提並論。華盛頓的戰術並無特殊之處，既無開創性、也對軍事歷史毫無影響，而且他常在許多次戰役中都犯下大錯，但他仍被捧為戰爭英雄，因為他終於贏得了戰爭的最後勝利。

美國《孫子兵法》研究學者認為，華盛頓主張通過「伐交」，一直試圖避開與英軍直接的衝突，避免了美軍決定性的戰敗或投降。他相當瞭解美軍的弱點並且也限制了他們進行過於冒險的行動，使他們能撐過漫長而艱難的戰爭。華盛頓的獨立戰爭戰略，既符合孫子的伐交思想，也符合孫子「避其銳氣，擊其惰歸」的用兵之道。

在美國獨立後，華盛頓總統延續他的伐交思想，帶領美國從壓迫和戰爭走向了和平發展之路。在外交上，他努力改善同英國的關係，與周邊印第安人簽訂友好條約，以保證國家和平。他堅持不捲入哪怕與他們有關的國家地區的戰爭，不管是什麼問題都不捲入，不管是什麼方式都不干預。1793 年歐洲戰事爆發，華盛頓總統在紛爭的歐洲世界避免了與法國的戰爭和對英國的戰爭。

1793 年 4 月，英法開啟戰端，美英關係急劇惡化，國會已作戰爭準備，而華盛頓的目標則是避免同英國的一場戰爭。1794 年 4 月，華盛頓派親英派主要成員、最高法院首席法官約翰 ‧ 傑伊為特使，赴英交涉。同年 11 月，簽訂了《傑伊條約》。這個協約緩和了美英關係，避免了美國與英國之間的一場戰爭，保全了和平。

華盛頓有句名言：「由於劍是維護我們自由的最後手段，一旦這些自由得到確立，就應該首先將它放在一旁。」華盛頓逝世後，美國國會議員亨利・李對他的稱讚相當著名：「他是戰爭中的第一人，也是和平時代的第一人。」

美國南北戰爭林肯總統「擇人任勢」

位於美國紐約 5 號大道上的 82 號大街的大都會藝術博物館，是與英國倫敦的大英博物館、法國巴黎的羅浮宮、俄羅斯聖彼得堡的冬宮齊名的世界最大、最著名的藝術博物館之一，其兩百多萬件永久藏品「涵蓋了全球每個角落的文化，代表了從史前到當代五千年的文明史」。

記者看到，中國館有兵馬俑、中國象棋等兵家文化展品。而美國館是南北戰爭主題展，這或許與美國南北戰爭軍官出身的博物館主管有關。在 1879 年至 1904 年出任首屆主管的塞斯諾拉，出身在軍事世家，曾參與奧地利軍的克里米亞戰爭。1860 年，移居到美國，在紐約創立軍官學校。在美國南北戰爭期間，擔任陸軍騎兵隊上校，並且獲得英勇勳章。

南北戰爭，又稱美國內戰，是美國歷史上唯一的大規模內戰，參戰雙方為北方的美利堅聯邦和南方的美利堅聯盟國，戰爭最終以聯邦獲勝結束。在此期間確立了戰術、戰略思想、戰地醫療等等幾乎所有現代戰爭的標準。因此，南北戰爭成為了十九世紀首次現代化型態的戰爭，而鐵甲艦、左輪手槍、機關槍也在南北戰爭中閃亮登場。

南北戰爭館工作人員講述了林肯選將的故事：美國南北戰爭時期，林肯曾選用過三、四位將領，標準是無重大過錯，結果都被南方將領擊敗。他接受這一教訓後，決意起用嗜酒貪杯卻能運籌帷幄的格蘭特擔任總司令，當時有人極力勸阻，林肯卻堅持任命。他清楚在北軍將領中只有格蘭特能夠運籌帷幄，決勝千里。以後的戰爭進程充分證明，格蘭特將軍的任命正是南北戰爭的轉捩點。

這位工作人員還饒有興趣地講述了另一個故事：在葛斯提堡戰役的危急關頭，林肯一方面調集北軍的波托馬克軍團向弗里德里克集結，以加強那裏的防禦力量；一方面走馬換將，撤掉了原司令胡克將軍職務，破格讓他的部下一個叫米德的軍長接替胡克的職務，成為波托馬克軍團的總司令。

林肯的這一決定又是十分英明的，米德是一位優秀的指揮官，曾擔任過旅長、師長和軍長，穩健、果斷，有著豐富的作戰經驗，在軍隊中有著極高的威望，被自己的部屬和士兵所信賴。

「葛底斯堡大捷」具有重大戰略意義，它一舉扭轉了東戰

林肯故居。

場的危局，反敗為勝。此戰役北軍殲敵 2.8 萬人，南軍有一個師的 2 名旅長、15 個團長陣亡，北軍也付出較大代價，傷亡 2.3 萬人。至此，北維吉尼亞軍團完全失去攻擊力，北方掌握了東戰場的主動權。

南北戰爭館工作人員表示， 林肯是否讀過《孫子兵法》不得而知，但他選將符合孫子「擇人任勢」的思想。林肯選將的一個重要因素，是考察該將軍榮立戰功的同時，還要考察他的部屬對他的信賴程度。孫子曰：「上下同欲者勝」、「視卒如嬰兒」。實踐證明，只有部屬和士兵真心擁戴的司令官，他才能得心應手地指揮調動部隊，這是戰勝敵人的最基本的條件。

此外，林肯不以任何人為敵人，創造了連政敵都同心效力的團隊。美國歷史上有這樣一則故事：某人問林肯總統如何打贏戰爭，林肯說他找到了消滅敵人的最好方法，非常簡單，就是「讓他成為你的朋友」。

西方孫子研究學者認為，林肯化敵為友，也符合《孫子兵法》「不戰而屈人之兵」的最高境界。孫子沒有說不戰而屈「敵」之兵，而說不戰而屈「人」之兵，一字之差，奧妙無窮。林肯把敵人和朋友都當作「人」來對待，也是另一種「擇人任勢」。

美國軍政要員稱孫子為戰略學始祖

美國國會研究防務問題的高級專家、美國國防大學戰略研究所所長約翰・柯林斯在他的《大戰略》中說：「孫子是古代第一個形成戰略思想的偉大人物。他寫成了最早的名著《孫子兵法》。今天沒有一個人對戰略的相互關係、應考慮的問題和所受的限制比他有更深刻的認識。他的大部分觀點在我們的當前環境中仍然具有和當時同樣重大的意義。」

據說前美國總統羅斯福非常喜歡讀《孫子兵法》，在第二次世界大戰中，他常用《孫子兵法》原理來指導戰爭實踐，他的這一舉動，深深影響到了美國軍界。1964 年，美國一位將軍在書中稱《孫子兵法》是「世界五部優秀的兵學代表作之一」。

美國前總統尼克森在《真正的戰爭》中論述道，中國兵聖孫子在西元前五世紀曾經這樣說：「上兵伐謀，其次伐兵，其下攻城，攻城之法，為不得已。」就長程而言，求勝戰略要求我們應能克制蘇俄的優點和利用蘇俄弱點。……兩千多年以前，中國古代大戰略家孫子曾經提出下述的原則：「凡戰者，以正合，以奇勝。」孫子憑著他的智慧，認清了這兩種力量是互相增強的，所以要想求勝必須同時使用二者。

卡特政府的國家安全顧問布熱津斯基在他的《運籌帷幄》一書中，直接引用和間接運用了《孫子兵法》中的觀點對全書進行總結：孫子說「上兵伐謀」。進行持久的歷史衝突，情況亦然。模仿孫子的話來說，美國欲在美蘇爭奪中不戰而勝，上策是挫敗蘇聯的政策和利用蘇聯的弱點。

美國前總統雷根曾在西點軍校的畢業典禮上說道：「二千五百年前，中國有一個哲學家孫子說過：『是故百戰百勝，非善之善也；不戰而屈人之兵，善之善者也。』而一支真正成功的軍隊就是這樣的軍隊：由於其力量、能力和忠誠，它將不是用來打仗的一般軍隊，因為誰都不敢向它尋釁。」

美國前總統柯林頓說：「《孫子兵法》所提供的是沒有時代界限的處事原則。我相信無論對政治家還是對各種企業家來說，它都是可以學習的老師，可以獲得指導的教典」。

美國前國防部長拉姆斯菲爾德的新著《拉姆斯菲爾德規則》，總結了他在生意、政治、戰爭、生活方面的「領導經驗」，其中多處提到中國古代軍事家孫武。

美軍著名戰略理論家、美國國防大學校長理查德・勞倫斯中將，在對中國國防大學師生所作報告（題為《空地一體作戰——縱深進攻》）中，大量引用《孫子兵法》的論述，說明《孫子兵法》己成為美軍確定今天的作戰原則的一個重要理論根據。勞倫斯說：「《孫子兵法》在美國軍校中，是做為教科書來學習的。」

美國國防部長辦公室政策研究室高級顧問白邦瑞，曾多次來中國參加《孫子兵法》國際研討會並作主題發言。他說，「孫子離開我們幾千年了。今天的世界發生了翻天覆地的巨大變化，但孫子的戰略與謀略思想是跨越時空、不朽永存的」。他還風趣地編了一段順口溜來說明學習《孫子兵法》的重要性：「一天不學問題多；兩天不學走下坡；三天不學沒法活；四天不學被端老窩；五天不學會亡國。」

據稱，被稱為小布希手下「諸葛亮」的白宮副祕書長卡爾・羅夫精通《孫子兵法》，在 2003 年伊拉克戰爭時的「震

華盛頓國會大廈廣場戰爭雕塑。

懾與畏懼」作戰摘自《孫子兵法・兵勢篇》中的一個句子：「兵之所加，如以碫投卵者，虛實是也。」前美國駐華大使普里赫受訪時表明，自己從軍時便迷上孫子，他在越戰和中東作戰時都不斷從《孫子兵法》中尋求應戰策略。

《孫子》影響美五角大樓和白宮決策

美國軍事家乃至高層戰略決策人物，不僅重視在制定其戰略、戰役、戰術思想時借助《孫子兵法》為「外腦」，力圖將自己的軍事理論同《孫子兵法》加以聯繫，而且根據孫子的戰略思想，提出「大戰略概念」和著名的「孫子核戰略」，影響了五角大樓和白宮的戰略決策。

美國國會研究防務問題的專家、國防大學戰略研究所所長、著名戰略學家約翰・柯林斯將軍撰寫的《大戰略》一書，是美國在 1973 年出版的一本較系統地論述美國戰略問題的著作，書中高度評價《孫子兵法》並大量援引了孫子的名言。他根據孫子的戰略思想提出一「大戰略概念」說：「除了軍事因素外，還包括威脅、談判、經濟、詐騙和心理戰等內容，這個概念是孫子『不戰而屈人之兵』思想的新發展。」

被稱為「美國第一流戰略家」的華盛頓史丹佛研究所戰略研究中心主任羅伯特・B・福斯特，運用《孫子兵法》探索美國對蘇的新戰略，以「不戰而屈人之兵」為基點，提出「確保生存和安全」戰略，代替「確保摧毀」戰略，消除了核詭詐對人類的威脅。「孫子核戰略」對美國五角大樓和白宮政府的戰略政策確實產生了影響。

有學者稱，對美國這個擁有超強常規軍事力量的國家來說，防止戰爭發展成「核對轟」狀態是最有利的結果。因為只採取有限常規軍事行動，美國可以穩獲勝利；那兩敗俱傷的「核戰爭」結果對美國來說就太不划算了。即使美國可以靠自己的「反導系統」減少核戰損失，但跟隨這「核盾牌」而改進的成百上千枚核導彈中總會有一部分落到美國人頭上，由此產生的上千萬人傷亡以及國土的長期核污染就是美國人的「噩夢」。你說美國能不重視能避免這種災難局面的《孫子兵法》嗎？

1961 年，甘迺迪當選為美國總統，他採納了國防部長羅伯特 ・ 麥克納馬拉及其研究班子所提出的「靈活反應」戰略。這一戰略包含「確保摧毀」和「限制損害」的概念。美國前總統尼克森於 1980 年 5 月在其所著《真正的戰爭》一書中，運用《孫子兵法》分析批判了這一戰略，指出美國決不能自行陷入窘境，使其戰略暗示：蓄意屠殺平民是一個正當的目標，威懾不應建立在這種基礎之上。

美國人不僅將《孫子兵法》運用於軍事戰略決策和現代戰爭作戰指揮上，而且還運用於國家戰略籌畫。尼克森提出戰勝對手不能單靠軍事威懾，必須運用孫子的謀略，即「避實擊虛」、「以正合，以奇勝」、「以奇勝」。成功地逆轉其推進的方式將是「退一步，進兩步」。尼克森所說孫子謀略，在 1985 年所著《1999 ——不戰而勝》一書中論述得更為詳細。

美國著名學者、前卡特總統國家安全顧問布熱津斯基 1986 年出版的《運籌帷幄》一書，堪稱冷戰時期的西方地緣戰略學代表作。在全書最後一章的始末段，都引用了孫子的謀略思想做為結束冷戰的必由之道。該章標題為「在歷史發展進程中壓倒對方」，警示的引言是「……故百戰百勝，非善之善者也。不戰而屈人之兵，善之善者也。故上兵伐謀」。在全書的結尾，作者寫道：「孫子說『上兵伐謀』。進行持久的歷史衝突，情況亦然。」

布熱津斯基從孫子關於「衢地」的論述，研究美蘇爭奪的地緣戰略。從更廣義的角度看，「衢地」可以被視為世界範圍內舉足輕重的「關鍵性國家」。他特地在中譯本序言中寫了這一段話：「我在本書的最後一章，引用孫子的一段話。中國的地緣戰略位置令人注意到孫子的另一段話。孫子在〈九地篇〉中說：『諸侯之地三屬，先至而得天下之眾者，為衢地。』運用孫子的這段話，從更廣的範圍討論美國的戰略和美中關係的重要性，我認為那是最合適不過了。」

美國實際應用《孫子兵法》於戰爭，出現在 1990 年的海灣戰爭。繼二十世紀 60 年代對越戰爭之後，美國在海外的最大一次局部戰爭，僅用四十二天，由美軍為首的多國部隊只傷亡 79 人，以輝煌戰果結束海灣戰爭。在海灣戰爭發動前，美國根據《孫子兵法》的慎戰、備戰思想，吸取越戰教訓同時，制定了「時間最短」、「速度最快」、「傷亡最少」的全勝戰略，以戰爭最少的代價贏得最大勝利，這是現代戰爭中「不戰而屈人之兵」的最經典案例。

正如伊拉克戰爭美軍總指揮湯米．弗蘭克斯所評價的：孫

紐約書店各種版本的《孫子兵法》。

子，這位中國古代軍事思想家的幽靈似乎徘徊在伊拉克沙漠上向前推進的每架戰爭機器的旁邊。

美國布希父子總統不同的《孫子》觀

「用不用《孫子兵法》大不一樣」，美國《美華商報》社長周續庚對《孫子兵法》頗有研究，曾多次參加孫子國際論壇，並發表學術論文。他對比美國老布希和小布希兩任父子總統分析說，布希父子在他們的總統任上都發動過對伊拉克的戰爭，但由於老布希用《孫子兵法》和小布希不用，這兩次戰爭的結果大不相同。

周續庚說，1991 年老布希發動過對伊拉克的戰爭打得漂亮，乾淨俐落，被世人所稱道；而十年之後小布希在 2001 年發動過對伊拉克的戰爭，則勞民傷財，損失慘重，不能自拔。究其原因，就在於對《孫子兵法》的理解與運用。

老布希是《孫子兵法》的崇拜者之一，他於 1974 年 9 月就任美國駐華聯絡處主任時，首選的中國文化讀物就是《孫子兵法》。他最欣賞的是篇首開宗明義所說的「兵者，國之大事也，死生之地，存亡之道，不可不察也」等名句，並能背誦如流。老布希曾經說過，《孫子兵法》不只是兵家寶典、哲學範文，同時對各行各業也起著指南作用，折射出中國人非凡的智慧。而小布希沒有像他父親老布希那樣喜歡中國的孫子。中國國家主席胡錦濤訪問美國期間，向小布希贈送了絲綢精裝版《孫子兵法》，多少顯得有些「非比尋常」。

周續庚闡述說，老布希在發動對伊拉克戰爭時，認真學習並運用《孫子兵法》故事早被傳為佳話，比如說「當時老布希辦公桌上擺放兩本書，一本是《凱撒傳》，另一本就是《孫子兵法》」；「美國海軍陸戰隊人手一冊《孫子兵法》」；《華盛頓郵報》上撰文稱，「我願意想像布希總統的床頭櫃上有一本《孫子兵法》，並且不時閱讀它，以便在海灣危機中對他加以指導」；「法國記者驚呼，是生活在二千五百年前的一位中國將軍孫子，指揮美軍打贏了這場戰爭」，等等。這些已經被證實或尚未證實的傳聞，都說明了《孫子兵法》對老布希打贏了這場對伊拉克戰爭的重要作用。

而小布希發動的對伊拉克的戰爭，從來也沒有聽到一點曾經使用過《孫子兵法》的傳聞，相反美國媒體批評小布希不懂孫子經常見諸於美國主流媒體。如美國《奧蘭多前哨報》發表題為〈現在讀孫子已經太晚了〉一文，文章開宗明義：「如果布希總統能抽空讀一讀《孫子兵法》，那麼美伊自 2003 年以來的軍人與平民傷亡，本來是可以避免的。」文章認為，美國領導人打一場長期的戰爭，嚴重損耗了國力，違背了《孫子兵法》避免讓戰爭曠日持久的原則。文章末尾期待下一任美國總統在入主白宮之前，能好好讀讀《孫子兵法》，避免繼續犯錯誤。 這說明小布希不僅不懂而且根本不重視《孫子兵法》。

周續庚評價說，老布希對伊拉克戰爭完全符合《孫子兵法》道、速、全三法，師出有名，速戰速決，全勝而歸，世人稱讚；而小布希發動的對伊拉克的戰爭則完全違背了這三法，師出無名，曠日持久，毀人之國。對此，周續庚根據《孫子兵法》道、速、全三法，對老布希和小布希發動的對伊拉克的戰爭作了進一步的闡述——

師出有名，行之有道，才能做到上下同欲，舉國一致，才能得到戰爭的勝利。孫子的「道天將地法」把「道」放在五事之首，足見他對道德重視。老布希發動的第一次對伊拉克戰爭的背景，是伊拉克占領科威特引起世界輿論的強烈反對，聯合國通過 678 號檔，要求伊拉克從科威特撤軍，否則就有權出兵干涉。老布希的軍事行動得到了聯合國安理會的授權，應該說具有一定的「正義性」，因此，得到世界輿論的支持。而小布希發動對伊拉克戰爭沒有得到聯合國的授權，完全是美國採取的一次單邊的霸權主義的入侵行動。

老布希遵循孫子「兵貴勝，不貴久」的原則，第一次對伊拉克戰爭從 1991 年 1 月 17 日開始至 2 月 24 日結束，僅用了三十七天。「沙漠風暴」開始的一個來月，完全使用最現代化的信息戰，對伊拉克的軍事基地和指揮中心進行毀滅性的空中打擊，而真正發動地面進攻也只用了不到一週的時間，就把伊拉克軍隊趕出了科威特。整個戰爭美軍只死亡 148 人，傷 458 人，而且大都是非戰鬥人員。而小布希卻反其道而行之，破軍破國，怨聲載道。老布希把伊拉克軍隊趕出科威特後，立即撤兵，全勝而退；小布希則陷入泥淖而不能自拔。

周續庚認為，小布希的智商遠遠不如他老子，他不僅不愛學習，不去讀只有六千來字的《孫子兵法》，甚至連越南戰爭的沉痛教訓都不願意汲取。《孫子兵法》言：「夫兵久而國利者，未之有也」，「兵貴勝，不貴久」，美國十四年的越戰勝利無望正是應驗了孫子的話，犯了兵家大忌。而小布希是重蹈覆轍，完全被石油利益和霸權主義沖昏了頭腦。

作者在美國白宮前留影。

小布希對伊拉克合法總統薩達姆實行絞刑，並把執行的殘酷場面錄影公之於眾，讓伊拉克和阿拉伯人民看到美國血淋淋的法西斯暴行。他把這場以

「反恐」為名的戰爭，與種族和文明的衝突糾纏在一起。在阿拉伯人民看來，這不是一場「反恐戰爭」，而是一場反對阿拉伯文化和伊斯蘭教的侵略戰爭，因此引起阿拉伯人民的強烈不滿。周續庚如是說。

季辛吉從《孫子》探尋中國戰略思維模式

休士頓書店工作人員告訴記者，被公認第一位叩動新中國門環的美國高官季辛吉力作《論中國》，在他八十八歲的生日這一天在美國各大書店正式上市，迅速榮登亞馬遜排行榜前十位，該書店曾出現過供不應求的局面。

美國孫子研究學者認為，《論中國》是美國前國務卿季辛吉唯一的一部中國問題專著。季辛吉是過去四十多年中出訪中國五十餘次的資深外交家，有著「最瞭解中國的美國人」之稱。他對 《孫子兵法》研究很深，可能讀過無數遍，孫子的經典語錄信手拈來，孫子的精髓領悟的也很透徹。 他從孫子思想中探尋中國人的戰略思維模式，獨樹一幟。

季辛吉博士在書中記錄了他與毛澤東、鄧小平等幾代中國領導人的交往。做為歷史的親歷者，他用厚達六百多頁的大部頭試圖揭示新中國成立以來，中國外交戰略的制定和決策機制，以及對「一邊倒」的外交政策、抗美援朝、中美建交、三次臺海危機等等重大外交事件來龍去脈的深度解讀。他用世界視角國際眼光告訴世人：當今平衡全球力量最重要的兩個大國應該如何相處，美國又應該做出哪些改變。

季辛吉在論述中國人的實力政策與《孫子兵法》時說，中國人是實力政策的出色實踐者，其戰略思想與西方流行的戰略與外交政策截然不同。在陷於衝突中時，中國絕少會孤注一擲，而依靠多年形成的戰略思想更符合他們的風格。西方傳統推崇決戰決勝，強調英雄壯舉，而中國的理念強調巧用計謀及迂迴策略，耐心累積相對優勢。

在季辛吉看來，古代的中國高深莫測，中國獨具一格的軍事理論也與西方截然不同。季辛吉闡述說，它產生於中國的春秋戰亂時期，當時諸侯混戰，百姓塗炭。面對殘酷的戰爭 (同樣為了贏得戰爭)，中國的思想家提出了一種戰略思想，強調取勝以攻心為上，避免直接交戰。

代表這一傳統的最著名人物是孫武，《孫子兵法》一書的作者。季辛吉評價說，該書問世已兩千餘年，然而這部含有對戰略、外交和戰爭深刻認識的兵法在今天依然是一部軍事思想經典。二十世紀中國內戰時期，毛澤東出神入化地運用了《孫子兵法》的法則。越南戰爭時期，胡志明和武元甲先後對法國及美國運用了孫子的迂迴和心理戰原理。

季辛吉稱讚說，孫子在西方還獲得了另一個頭銜——近代商業管理大師。即使在今天，《孫子兵法》一書讀起來依然沒有絲毫過時感，令人頗感孫子思想之深邃。孫子為此躋身世界最傑出的戰略思想家行列。甚至可以說，美國在亞洲的幾場戰爭中受挫，一個重要原因就是違背了孫子的規誡。《孫子兵法》論述的不是如何征服領土，而是如何在心理上壓倒敵人。越南就是採取這戰術與美國人打仗的。

通過對中西方戰略思維的審視，季辛吉認為，孫子與西方戰略學家的根本區別在於，孫子強調心理和政治因素，而不是只談軍事；西方戰略家思考如何在關鍵點上集結優勢兵力，而孫子研究如何在政治和心理上取得優勢地位，從而確保勝利；西方戰略家通過打勝仗檢驗自己的理論，孫子則通過不戰而勝檢驗自己的理論。

他概括了中國圍棋與西洋象棋之間的差異。西洋象棋所體現的是力量的碰撞、「決定性的戰役」，其目標是「大獲

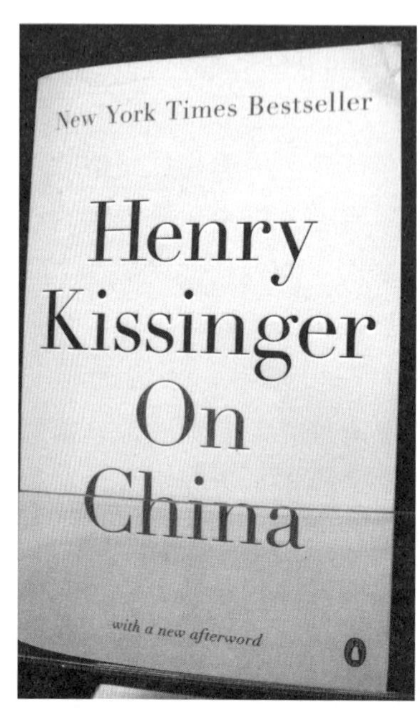

美國出版的季辛吉《論中國》。

全勝」，而這些都取決於棋盤上每一顆棋子的部署；可是圍棋講究的是相對利益和長期圍困。圍棋從一張空白的棋盤開始，只有當棋盤上「布滿雙方勢力相互交錯相互牽制的區塊」時才能分出勝負。

季辛吉在書中引用了才華橫溢的漢學典籍翻譯家閔福德對一句孫子名言的翻譯：是故百戰百勝，非善之善者也；不戰而屈人之兵，善之善者也。他在書中還大量引用孫子語錄句，如「上兵伐謀，其次伐交，其次伐兵，其下攻城。攻城之法，為不得已」，「夫未戰而廟算勝者，得算多也；未戰而廟算不勝者，得算少也」。

季辛吉提示，《孫子兵法》冷靜的特點反映在卷首：「兵者，國之大事，死生之地，存亡之道，不可不察也。」由於戰爭後果嚴重，慎重乃第一要義：主不可以怒而興師，將不可以慍而攻戰。政治家在什麼事情上應該謹慎行事呢？孫子認為，勝利不僅僅是軍隊打勝仗，而是實現發動戰爭時設定的目標。

美國孫子研究學者表示，季辛吉開口說話，全世界仍會傾聽。「乒乓外交」雖然已經過去四十年時間，但中、美兩國仍然在許多問題上存在分歧。或許，這位老人的智慧加上孫子二千五百年的大智大慧，使《論中國》這本書包括美國人在內的全世界都會刮目相看。

聰明的美國人都喜歡中國的《孫子》

夏威夷大學哲學系教授安樂哲在接受記者採訪時語出驚人：聰明的美國人都喜歡中國的《孫子》；而愚蠢的美國人都不讀《孫子》，不懂《孫子》。

安樂哲說，美國是一個很奇怪的國家，一半人很聰明，一半人很愚蠢；一半人很開放，一半人很保守。在比較聰明的美國人中，大都對《孫子兵法》很接近，而另一半人則離孫子很遠。其中包括美國總統，有喜歡的，也有不喜歡的，但喜歡的多，說明美國總統聰明的多。

小布希不太聰明，比不上老布希聰明。安樂哲調侃說，他不讀《孫子兵法》，中國國家主席胡錦濤送了他一本。小布希在阿富汗戰爭上很失策。美國《奧蘭多前哨報》發表題為〈現在讀孫子已經太晚了〉一文，文章開宗明義：「如果布希總統能抽空讀一讀《孫子兵法》，那麼美伊自 2003 年以來的軍人與平民傷亡，本來是可以避免的。」

「裴多菲不僅是德國的，也是世界的，《孫子兵法》也一樣，屬於全世界」。 安樂哲認為，現在世界複雜多變，美國人更需要孫子哲學思想。不僅是美國政府，美國社會、美國民眾都需要，因為它實用，對美國有用。

安樂哲說，孫子不是古董，《孫子兵法》具有現代意義和現代價值。現在世界有許多困境，按照我們的固定的思維沒有辦法改變。所以世界上事情都要按遊戲規則辦，而遊戲規則分為有限遊戲和無限遊戲。這個世界變得越來越複雜，不是簡單的誰贏誰輸，要解決困境，就要回到無限遊戲上來。有些事中國沒辦法解決，美國也沒辦法解決，要合作起來解決，用孫子的「合和」思想來解決。

中國雖與美國和而不同，但中國的傳統思想與美國傳統思想卻有許多共鳴的地方。安樂哲比較說，如美國的杜威思想與中國的儒家學說很相似。杜威是美國著名哲學家、教育家，實用主義哲學的創始人之一。我把杜威思想介紹給中國，把中國儒家學說和孫子兵家思想介紹給美國。

安樂哲告訴記者，他在夏威夷大學中國研究中心擔任了十年主任，在東西方文化中心也任過職。為了讓美國人真正瞭解中國，瞭解中國哲學，他經常給學生講授《孫子兵法》，也經常給夏威夷的駐軍講孫子哲學和孫子戰略，還在夏威夷大學孔子學院講中國哲學和兵家文化。

《紐約時報》一名記者曾打電話責問安樂哲：你就不怕用夏威夷大學和孔子學院作講臺傳播中國文化？安樂哲理直氣壯地回答說：我下個學期要到中國大學的講臺講美國的傳統文化，講東西方文化的交融，這是美國政府安排的。美國政府每年要派 500 人左右到中國去講學，在美國和在中國講學這有什麼區別？孔子學院傳播博大精深的中國文化，讓美國人瞭解東

喜愛中國《孫子》的美國人。

方哲學，這有什麼不好？

安樂哲表示，孫子哲學是世界哲學，《孫子兵法》屬於全人類，美國人應該讀而且要讀懂它。

美國准將翻譯《孫子》為何走紅西方？

在三藩市圖書館，一位美國讀者正在網上閱讀美國准將塞繆爾·B·格里菲思翻譯的《孫子兵法》。這部《孫子兵法》，曾連續數月雄踞亞馬遜排行榜第一名，一度創下一個月 1.6 萬本的銷量。有讀者在亞馬遜網站上評論：「如果人的一生只能讀一本書的話，那就應該是《孫子兵法》。」

亞馬遜做為美國最知名的網上圖書銷售商，其暢銷書排行榜可以算是美國圖書文化流行的風向標。一本中國二千五百多年前的古書在亞馬遜暢銷，不能不說是一個奇蹟。

格里菲思 1906 年出生於美國匹茲堡，1929 年畢業於美國海軍學院，1956 年晉升至准將。他在二戰前曾到中國北平學習過漢語，並在美國駐南京大使館擔任語言教官。期間對毛澤東軍事思想發生興趣，翻譯出版了毛澤東《論游擊戰》。

二戰結束後，曾在美國第七艦隊陸戰隊駐天津、青島部隊任職，繼續學習漢語，對《孫子兵法》頗有研究。上世紀 50 年代，美國軍事思想突出核威懾而忽視局部戰爭經驗和海軍陸戰隊的作用。對此格里菲思深有感觸，決心為海軍陸戰隊尋求對付游擊戰和小規模戰爭的「正確作戰方針」，他認為游擊戰理論之源是《孫子兵法》。

格里菲思說，「《孫子兵法》對中國的歷史以及日本的軍事思想有著深刻的影響，是毛澤東軍事思想和中國軍隊戰術條例的源泉。孫子的思想通過蒙古勒靼傳入俄國，成為其東方遺產的重要部分。《孫子兵法》因而成為瞭解和理解這兩個國家的必讀之書。」

1961 年，在格里菲思五十五歲時被牛津大學授予博士學位，主修科目是中國軍事，並從事翻譯《孫子兵法》工作。他翻譯《孫子兵法》的動因與他畢生研究游擊戰理論和美國陸戰隊軍事思想有關。1963 年英國牛津出版其英譯本，一舉打破沉寂，成為英語世界不可替代的譯本，當年就被聯合國教科文組織列入《中國代表作叢書》，並成為後來轉譯它國文字最多的英譯本多次出版發行。

記者發現，美國准將翻譯的《孫子兵法》與同類書籍不同之處在於：中國古代軍事術語譯得較好，譯文富有軍事特色，且簡單易懂，行文流暢而不失其精髓；全書包含了較豐富的有關中國古代戰爭和《孫子兵法》在世界上影響等其他方面的學術內容；蘊於西方人的理念，與實際生活結合緊密，故而能為大多數西方讀者喜歡。

格里菲思譯本附錄在全書中所占篇幅過半，內容涉及孫武

一位讀者正在網上閱讀美國准將翻譯的《孫子兵法》。

其人、《孫子兵法》成書、孫子的戰爭觀、毛澤東軍事思想與《孫子兵法》、《孫子兵法》對日本及西方的影響等全面介紹，有助於對西方更準確、更全面地瞭解 《孫子兵法》。此譯本在美國海軍學院、西點軍校、武裝力量參謀學院、美國軍事學院等軍隊學術機構擁有很大的影響力。

美國著名專欄作家 J· 艾爾索普在讀過該譯本後曾在其全國性的報紙專欄文章中多次讚揚該書；當時的美國特種作戰部隊將領與反叛亂高級參謀官都讀過這本英譯的《孫子兵法》，而國防部長麥克納馬拉在讀後還將美國總統詹森 1965 年春季行動的某些做法與孫子的論點進行比較，甚至連駐越美軍司令 W· 威斯特摩蘭上將也抽時間研究孫子的名言，並思考孫子的思想與武元甲、毛澤東思想之間的聯繫。

有學者分析，美國准將翻譯《孫子》之所以走紅西方，首先是格里菲思是職業軍人，參加過二戰的實戰，在軍事特色上比非軍人翻譯家強得多。其次，格里菲思為美軍大範圍瞭解中國軍事思想打開一扇大門，上世紀 5、60 年代正是冷戰高峰時期，美軍也想試圖瞭解中國軍人的思維方式。再次，他的翻譯更符合西方現代讀者的閱讀習慣。此外，英國戰略家利德爾 · 哈特為此譯本作序，也進一步擴大了此書在西方的影響。

中國將軍陶漢章把《孫子》推薦到美國

正當海灣戰爭進行得如火如荼的時候，美國媒體報導海灣美軍陸戰隊中正流傳著一本《孫子兵法》。 這篇報導引起了國際軍事學術界的關注，也讓各國的軍事指揮機關感到驚奇。

流傳在美軍中的《孫子兵法》，不是二千年前孫武寫的《孫子兵法》，而是後人所寫的《孫子兵法概論》，重視知識產權的美國人在書的封面上印著一個中國人的名字：陶漢章。這本

《孫子兵法概論》，是在上世紀 5、60 年代陶漢章在南京軍事學院當教官時，在院長劉伯承元帥授意下寫成的，後幾易其稿，直到 1985 年才出版。

陶漢章曾任軍政大學副校長、軍事學院副院長、國防大學副校長等職，是著名《孫子兵法》研究大家。在戰爭年代編著過訓練大綱《軍事問答一百題》、《游擊戰術綱要》、《參謀工作守則》；新中國成立後參與了中國第一所正規化的最高軍事學府南京軍事學院的創辦，為中國軍隊培養了一大批高級軍事人才。

陶漢章的《孫子兵法概論》，主要記述了他在戰爭實踐中運用《孫子兵法》的體會，系統論述了謀略、兵勢、正兵和奇兵、虛和實、論用兵的主動性和靈活性、論用間、值得闡述的地理形勢理論在現代戰爭中的作用、孫子的思想對當代戰略的影響。該書寫成後，有美國、英國、馬來西亞、新加坡等 5 個國家的譯本，在世界數十個國家出版發行，在海內外產生了巨大影響。1987 年，紐約斯特林出版公司出版了陶漢章著《孫子兵法概論》的英譯本，封面的英文名稱《孫子兵法》兩側各有一個漢字「帝」，副題是「現代中國的解釋」。1993 年，這個譯本又由沃茲沃斯出版公司再版。陶譯本在美國出版後不到兩年就售出了五萬冊，被列為「二十世紀 80 年代最為暢銷的軍事理論書籍」之一。

1988 年，美國海軍陸戰隊司令艾弗瑞・戈雷下令，重新編寫陸戰隊的作戰手冊，要求以《孫子兵法》提出的快速機動為作戰指導，把《孫子兵法》納入到陸戰隊的謀劃韜略之中。海灣戰爭爆發後，有人向美國國防部推薦陶漢章所著《孫子兵法概論》，但只買了一百本發給參戰的高級將領。緊接著，美國軍事書籍俱樂部和星條旗出版社又買了一批，推薦給美國參戰的海軍陸戰隊。

陶漢章將軍的名字，從此便在美國軍界名聲大震。美國國會高級顧問布熱津斯基給陶漢章將軍寫信說：「我讀了你的書，不僅我個人受益，我相信所有讀了這本書的人都受益。」美國阿拉巴馬州的州務卿派員專程前來中國，把「阿拉巴馬州榮譽州務卿」的稱號，授予陶漢章將軍。

中國將軍陶漢章出版的《孫子兵法概論》。

美國海軍陸戰隊戰爭學院把陶漢章的英譯本《孫子兵法概論》在課程中被使用，這是美國海軍所獨有的。在教學中，主要涉及指揮官、出奇制勝、勝利、戰爭和政策、策略與智慧的應用等問題。國外眾多政治家、軍事家、外交家和企業家都成為這本書的讀者。

美國學者稱為了世界而推崇孫子哲學

「我把中國的哲學介紹給西方做為一輩子的事業，我是為了世界而推崇孫子哲學的」。安樂哲在夏威夷大學接受記者採訪時表示，《孫子兵法》是世界觀、宇宙觀、方法論，是哲學的思考，是社會最實用的智慧，對全世界和全人類非常有用，這就是我向世界推廣孫子哲學的原因。

在當代西方漢學界和哲學界，安樂哲是最響亮的名字之一。安樂哲現任夏威夷大學哲學系教授、國際《東西方哲學》雜誌主編、英文《中國書評》雜誌主編，曾長期擔任夏威夷大學中國研究中心主任，醉心中國文化、潛心中國哲學，他是西方《孫子兵法》哲學思想的主要「推手」。

記者在安樂哲的辦公室看到，除了門窗，三面牆上都擺滿了書架，書架上放的大都與哲學有關的書籍，中國傳統文化書籍占了部分位置，有的是他翻譯出版的。安樂哲告訴記者，他在中國臺灣進修過漢語，在讀研究生時開始研究《孫子兵法》，這對他研究中國哲學很有好處。

安樂哲說，中國哲學要求一種終身的學習和修為，學習的過程也是受教化的過程。他對中國哲學獨特的理解和翻譯方法改變了一代西方人對中國哲學的看法，使中國經典的深刻含義越來越為西方人所理解。他為推動中西文化交流、尤其是中西哲學思想的對話做出了卓越的貢獻。

數十年來，安樂哲致力於中西比較哲學研究。在他的新作《自我的圓成：中西互鏡下的古典儒學與道家》一書的序言中，安樂哲寫道，在哲學方面，「中國正在走來。」就如同正在逐步擴大的經濟政治影響力，中國哲學也正在逐漸地走向世界，逐漸為更多人所推崇。

夏威夷大學哲學系教授安樂哲。

1993 年，安樂哲翻譯了《孫子兵法》，出版了幾十萬冊，在美國深受歡迎。1996 年，他翻譯了《孫臏兵法》，之後又出版了《孫臏兵法概論》。

他的英譯本依據銀雀山漢墓出土《孫子兵法》竹簡本底本，在一些核心範疇和重點論述上花費了很多功夫，力圖對西方傳統的翻譯進行糾偏和重解，使該英譯本更符合孫子的原意。

「與西方哲學區別，中國宇宙論是活的，孫子思想也是活的。知彼知己，知不是單行的，而是雙行的」。安樂哲表示，他沒有純粹把世界第一兵書《孫子兵法》做為軍事理論，而是做為經典哲學加以推崇。《孫子兵法》所揭示的哲學思想是豐富而深刻的，具有很強的實踐性，對世界的哲學、文化產生了厚重而深遠的影響。

安樂哲對記者說，《孫子兵法》是哲學的智慧，在美國大學做為必修課。但許多美國人還沒真正懂得孫子的思維方法，是全面性、系統性的思維方法。他常常對他的學生講，《孫子兵法》與《道德經》一樣，是中國人哲學的智慧。西方人瞭解的中國並不是真正的中國，而孫子使西方人開始瞭解中國和中國人的智慧。所以，在西方買《孫子兵法》要到哲學櫃檯。

研究《孫子兵法》比考古更重要的是其哲學思想，所以我一輩子從事把中國的哲學介紹到世界。安樂哲表示，我一輩子傳播中國傳統哲學，而《孫子兵法》是中國傳統哲學思維方法的精華。我傳播中國傳統哲學，不僅是為了中國，更是為了世界。

美國夏威夷學者略論孫文與孫武

記者踏上太平洋環抱的世界著名的旅遊勝地夏威夷群島，這裏有一所普納荷中學，先後走出了兩位世界上著名的政治名人，一位是現任美國總統歐巴馬，而另一位是孫中山先生，該學校因此成為世界上唯一同時培養了一個中國總統和一個美國總統的學校。

夏威夷大學哲學系教授安樂哲告訴記者，夏威夷把東西方的文化交織在一起，把南北半球的文明連結在一起，所以被人們稱之為世界十字路口的文化。夏威夷占三分之一人口中有著華人的血統，因此，也傳承了諸多中華文化元素。

「我們把孫中山先生當作夏威夷的兒子」。安樂哲介紹說，夏威夷是孫中山西方文化啟蒙之地，也是他在中國以外逗留生活時間最多的地方。檀香山曾在中國近代史上扮演過重要角色。孫中山青年時代的革命活動是從檀香山開始的。1879年，年僅十三歲的孫中山隨母親乘船渡海赴夏威夷探親，寄於做生意的大哥孫眉門下。同年進入檀香山市依奧蘭尼書院念書，後升入檀香山市當年惟一的最高學府普納荷。

記者來到檀香山孫中山公園，但見孫中山銅像基座的上層是中國固有的政治哲學，銘記著格物、致知、誠意、正心、修身、齊家、治國、平天下的理念；中層鐫刻有孫中山先生的手跡「天下為公」、三民主義的內涵、《興中會章程》等闡明孫中山先生思想精粹以及銅像志的內容；下層是忠孝仁愛、信義和平，昭示著中國固有的文化道德。

擔任過十年夏威夷大學中國研究中心主任、在東西方文化中心任過職的安樂哲認為，這設計理念，體現了孫中山先生的思想從醞釀到成熟都來自深厚的中華文化，是中國人吸取民族文化的思想精髓。同時，也體現了中國傳統文化與西方文化的和諧交融，孫中山先生在這裏沐浴了西方文化的陽光雨露，萌發了拯救同胞，富國強民的理想，在這裏擎起了反清革命旗幟，創建了第一個革命組織，他的很多革命思想正是在這裏形成的。

1883 年十七歲時孫中山回到廣東家鄉，爾後，他以夏威夷為革命基地，先後到過檀香山六次，合計逗留的時間長達七年之久。其中第三次赴檀成立興中會；第五次赴檀成立中華革命軍；第六次赴檀，把中華革命軍改為檀香山同盟會。可以說，孫中山最早有組織的救國救民革命活動是始於檀香山，孫中山提出「驅逐韃虜，恢復中華」口號的所在地也是檀香山，檀香山成為辛亥革命的發源地之一。

位於夏威夷檀香山的孫中山銅像。

安樂哲教授對記者說，孫中山本名孫文，與其祖先兵聖孫武，文武之道，一張一弛，很有意思。做為孫武的後裔的孫中山，曾多次研讀《孫子兵法》，他領導辛亥革命推翻滿清，吸取了中國兵家文化的精華，並在革命實踐中成功運用了《孫子兵法》。他說「就中國歷史來考究，兩千多年的兵書，有十三篇，那十三篇兵書，便成立中國的軍事哲學」。

孫中山先生革命的一生和《孫子兵法》結下了不解之緣，他的許多理論與孫子有許多共同之處，如「以退為進」，「善於造勢」，「變中取勝」等，他的革命思想和革命活動閃爍著孫子哲學思想的光輝。哲學教授安樂哲如此說。

美國人打破《孫子》英譯本短缺局面

在美國，《孫子兵法》譯本受到了廣泛的歡迎，其中要數格里菲思的英譯本影響最大，拉爾夫 · 索耶所譯《武經七書》最全面。在整個二十世紀下半葉，《孫子兵法》的西文文本以美國的英譯本為主，僅由美國翻譯的已不下十多個版本，這在中國名著中是絕無僅有的。

美國是最早再版英譯本《孫子兵法》的國家。1949 年，美國賓州軍事出版公司再版賈爾斯譯本，請著名軍人學者托馬斯・菲利普斯為之作序。菲利普斯在序言中對《孫子兵法》的總評價是：《孫子兵法》是世界最古兵典，言簡意賅，以闡述基本原則為主，其中許多在二千多年後的今天，即現代戰爭條件下仍然適用，對指導戰爭的實施很有價值。

1963 年，美國已故退役准將塞繆爾 ・B・ 格里菲思翻譯出版了世界第三部《孫子兵法》英譯本，書名為《孫子——戰爭藝術》。該譯文所依據的是中國清代孫星衍校《孫子十家注》本，作者認為孫校本是「200 年來中國的標準版本」。該書於當年即被列入聯合國教科文組織的中國代表作翻譯叢書，近三十年來多次重印再版並轉譯成多國的文字，在美國和西方各國廣為流行，確立了其在整個西方世界的權威地位。

據蘇桂亮考證，到了二十世紀 70 年代，國外《孫子兵法》英譯本出現短缺。進入二十世紀 80 年代，這種現象得以改觀。首先打破局面的是美籍英國著名作家詹姆斯・克拉維爾 。

詹姆斯於 1981 年編輯的《孫子兵法》新譯本，以賈爾斯英譯本為依據，由霍德默比烏斯出版社出版。詹姆斯在序言中寫道：「孫子在二千五百年前寫下了這部在中國歷史上奇絕非凡的著作。」他熱切希望「這本書對首相，國家要員，大學教授，軍事要人有所啟迪」。該書一經問世便大受歡迎，被譯成德文、西班牙文普及本，連續十次出版發行，促進了《孫子兵法》在西方的傳播。

1988 年，美國哈佛大學學者托馬斯 ・ 克利里重譯了《孫子兵法》，由紐約道布爾德出版社出版，並列入美國「桑巴拉龍版叢書」「道家著作類」。 1998 年，此本又出大開本精裝版。三年後，譯者對原書作了較大修改再出修訂本。到 2009 年，該譯本已重印十六版，2008 年又出版了 CD 光碟。同年，美國紐約雙日出版社出版了 R. L. 翁所譯《戰略藝術：孫子兵法新譯》。

1992 年，美國海軍戰略大學教授邁克爾・漢德爾在倫敦弗蘭克卡斯集團公司出版其專著《戰爭大師：孫子，克勞塞維茨和若米尼》，書中將孫子與克勞塞維茨和若米尼的軍事思想進行比較研究，對孫子的戰略思想給予高度評價。

1993 年有三部重要譯本問世：一部是夏威夷大學教授、漢學家羅傑・埃姆斯，中文名安樂哲，由紐約巴蘭坦出版社出版，書名為《孫子兵法：首部含有新發現的銀雀山漢墓竹簡的英譯本的新譯本》。該書將與銀雀山漢墓竹簡校勘的十三篇原文譯成英文，同時簡要介紹了漢簡出土情況，並輯錄《孫子兵法》佚文，內容豐富，是西方較早運用漢簡校注譯文的版本。

另一部是美國西部視點出版公司出版的拉爾夫・索耶所譯的《武經七書》，其中包含了他的《孫子兵法》的英譯文。該英譯本是第一次全面完整地將中國兵學譯介給西方讀者，這不僅填補了東西方軍事文化交流方面的空白，而且標誌著「兵學西漸」進入了新的歷史階段，其學術意義令人矚目。還有一部是美國西部視點出版公司出版的《孫子兵法》單行本。

1994 年美國出了兩部《孫子兵法》，一部為拉爾夫・索耶從《武經七書》析出重編的《孫子兵法》單行本；另一部由布萊恩・博儒翻譯、臺灣蔡志忠著《孫子兵法：兵學的先知》，紐約錨圖出版。

1995 年美國又出了兩部《孫子兵法》，分別是美國 M. T Books 出版公司出版的布魯斯・韋伯斯特譯《孫子兵法再譯本》，美國西部視點出版社出版的拉爾夫 D. 索耶譯《孫臏兵法》。

紐約第五大道書店的英譯本《孫子兵法》。

1996 年，拉爾夫・索耶又與梅津・李索耶合作編譯了《戰士必讀的軍事篇言：選自中國軍事指揮和戰略經典一根據中國古代的武經七書和孫臏兵法編譯》，由波士頓香巴拉出版社出版。

從 1996 年以後，美國的《孫子兵法》英譯本出版逐年多起來，每年以兩位數字遞增。其中有美國雅門・柯弗爾譯本等多種譯本，有的是英譯文本的再版重印，但更多的是闡述《孫子兵法》與社會生活相結合的應用類新著。

進入新世紀，美國的《孫子》的翻譯又掀起熱潮。僅在 2003 年，就出版了十九種《孫子兵法》相關圖書。如美國丹馬翻譯小組出版英譯本前，對《孫子兵法》研究歷時十年。該翻譯小組在譯文後補充了許多材料和評論，並就文本意義與歷史時代、中西方世界觀逐一展開討論。

美學者索耶《武經七書》引發「兵學西漸」

在紐約第五大道書店，記者發現了拉爾夫・索耶所譯的包括《孫子兵法》英譯文在內的《武經七書》。據書店工作人員介紹，該英譯本第一次全面完整地將中國兵學譯介給西方讀者，不僅填補了東西方軍事文化交流方面的空白，而且標誌著「兵學西漸」進入了新的歷史階段，其學術意義令人矚目。

《武經七書》是北宋朝廷做為官書頒行的兵法叢書，是中國古代第一部軍事教科書。它由《孫子兵法》、《吳子兵法》、《六韜》、《司馬法》、《三略》、《尉繚子》、《李衛公問對》七部著名兵書彙編而成。它是中國古代兵書的精華，是中國軍事理論殿堂裏的瑰寶。它不僅是中國兵家文化的寶貴財富，也是全世界共同的財富。其中的《孫子兵法》、《吳子兵法》在歐、亞、美流傳甚廣，影響巨大。

索耶所譯的《武經七書——古代中國的七部軍事經典》，1993 年由美國西部視點出版公司出版。做為《七書》主要內容的《孫子兵法》，其英譯文考證較充分，注釋詳盡和翻譯嚴謹。值得一提的是，索耶參考了北京大學李零教授和中國軍事科學院吳如嵩教授新發表的研究成果，該譯本注釋將近百頁資料詳實提供相關歷史相關資訊，從文獻學角度進一步豐富了《孫子兵法》的英譯研究。

為了讓西方更好地理解《孫子兵法》的精髓，索耶仔細研究了《孫子兵法》的兵學概念，在汲取他人學術成果的基礎上提出自己的看法並落實到具體的譯事之中；著重於軍事策略的應用研究，廣泛探討了從商朝到戰國時期的戰爭模式、戰略戰術等內容；充分利用漢墓竹簡《孫子兵法》殘本，補正武經本的《孫子兵法》，使英譯文能更加忠實於原作。

在「十三篇」正文之前，索耶綜述了《孫子兵法》的主要概念。他認為，孫子主張「慎戰」、「不戰而勝」和「全勝」；強調「理性的自我控制」，「決不允許因怕被指責為懦夫而倉促行事和個人怨恨情緒對國家與軍隊的決策產生不利的影響」。

孫子的基本戰略是「奇正」與「權變」，這是制勝之道。對於《孫子兵法》中一些重要的兵法概念，索耶深入探索其含義，並不殫其詳地作出注釋。例如，「奇正」一詞，譯者結合《尉繚子》和《唐李問對》中的精闢論述，界定了該詞的基本含義，同時參考美國漢學家 D. C. 勞的抽象化的譯法，索耶按語義概念直譯為「正統與非正統」，不失為一種另闢蹊徑的譯法。

孫子基本原則是「詭道」，攻其無備、出其不意，而「知彼知己」是料敵制勝的必由之途，「用間」則是不可或缺的手段。索耶將一些古代用語譯得富有現代氣息，可視為是一種創新意識，也可能出於使西方讀者容易看懂的目的。如將「反間」譯為「雙重間諜」，將「死間」譯為「在戰爭中為特定目的而準備犧牲的間諜」等，令人耳目一新。

索耶翻譯孫子論及將領統率軍隊的關鍵在於「氣」，能「靜以幽，正以治」，這與將領的意志和意圖以及士兵訓練有素、補給和裝備適當均有密切的關係，「治氣」還要「避其銳氣，擊其惰歸」以求速決，「治軍」則要獎懲分明和「禁祥去疑」。

譯者探索了中國兵家與法家著作中對「勢」字的理解，特別著重研究各個《孫子兵法》英譯本的譯法和注釋，汲取其部分內涵但捨棄其譯名，將篇名譯為「戰略軍事力量」，並注明漢簡本只有一個「勢」字，譯名從武經本「兵勢」。

索耶詮釋，孫子力求在「軍爭」中將軍隊處於有利的戰術地位，使其攻擊力量即其勢「若決積水於千仞之溪」，部署善於「示形」，用兵「懸權而動」，集中兵力於主要目標，利用有利地形，激勵士氣，「並敵一向」直指決定性的目標。

有學者評價說，索耶譯文的主要優點之一是較為嚴謹，譯者按原文逐字逐句翻譯，為使譯文完整和具有可讀性而採用了增益法，即在英譯文中以方括弧表示補足用字，這是所有英譯本中前所未見的。另一個優點是譯文簡潔明快，如〈作戰篇〉：「兵久而國利者未之有也。」翻譯只用了八個英語辭匯。再如，〈用間篇〉：「相守數年，以爭一日之勝。」譯文也很簡明扼要，用語比較新穎生動。

索耶對孫子精髓的把握，源於他對《武經七書》的潛心研究和對中國問題的長期觀察。在冷戰結束之前索耶指出，中國已經開始重新研究自己的戰略傳統：1985 年以來，隨著中國國防大學的成立和《中國兵書集成》開始出版，中國軍事科學開始研究自己的理論和實踐遺產，這將促使中國創建一種全新的軍事科學，一種不僅僅是模仿，而是超越了西方戰略家的科學。

索耶表示，這種科學深不可測，可以整合武器、指揮和通信方面的各種優勢。傳統的中國軍事著作，特別是《孫子兵法》、《六韜》、《百戰奇略》和《三十六計》都廣為流行，而且被製作成各種形式的電視劇和漫畫書等。

美學者克拉維爾解讀《孫子》和平理念

在紐約第五大道書店，記者發現了詹姆斯・克拉維爾翻譯的《孫子兵法》。二十世紀 70 年代，正是國外《孫子兵法》英譯本出現短缺時期，首先打破局面的就是這位美籍英國著名作家 。他的新譯本一經問世便大受歡迎，被譯成德文、西班牙文普及本，促進了《孫子兵法》在西方的傳播。

據介紹，克拉維爾對《孫子兵法》的酷愛並非文人墨客的心血來潮，也不僅僅是一般意義上的推崇，他從其切身體會中，尤其是反思二戰期間的戰俘經歷，領會到孫子的偉大智慧。

這位美籍作家、亞洲家世小說家原是英國人，1943 年，他剛滿十八歲就在英國皇家炮兵任少尉，後被日軍俘虜，關進爪哇和新加坡昌吉戰俘營達三年半之久。他於二十九歲時移民去美國，進入好萊塢電影界，成為電影劇本作家、製片人、導演中的佼佼者，並加入美國籍。1973 年，克拉維爾為尋求創作靈感前來香港。

1977 年，克拉維爾在參加香港「快樂谷」的一次賽馬會後的次日，香港賽馬總會幹事威廉斯送給他一本《孫子兵法》英譯本，當他閱讀大英博物館學者賈爾斯的譯本時，立刻被《孫子兵法》充滿睿智的豐富內容和優美的語言所傾倒，從此與《孫子兵法》結下不解之緣。為了弘揚《孫子兵法》，他不僅編輯和重新出版英譯本，而且在他後來創作的《貴族之家》小說裏，讓書中的許多人物都對孫子極盡讚譽之辭。

1981 年，克拉維爾翻譯的《孫子兵法》新譯本，以賈爾斯英譯本為依據，由霍德默比烏斯出版社出版。克拉維爾在編輯重版賈爾斯譯本時對原譯本中的大量注釋作了精選，並在此基礎上作出必要的改寫，使之簡明扼要，與正文的搭配更加得當。從 1981 年至 1988 年，這個英譯本已印刷發行了十次之多。

有學者評價，克拉維爾賦予人文色彩的通俗解釋和精心編輯，使得此書一經問世即成為發行最為廣泛的《孫子兵法》普及讀物。自 1981 年出版以來已有多種版本在世界各國發行，其影響僅次於美國准將格里菲思的英譯本。

克拉維爾稱，自從我發現《孫子兵法》這本書以來，我每想起我所參與的戰爭，我的父輩們所參與的戰爭，或者任何一種偏離常規的戰爭，我就對孫子的法則沒有深入我們的心靈而感到憤懣——我年少時進入男子公立學校，大部分的入學者都是軍官的兒子，他們將來都要加入英國三軍當軍官。在 1939 年，我們是十五歲或十六歲。我們班總共約 80 人，其中只有 7 人在戰爭中生存下來。如果我們掌握了孫子的知識，就絕不會死那麼多人。

「《孫子兵法》是為子孫後代求生存、謀和平的經典之作」。克拉維爾在其所編英譯本的長篇導論中熱情謳歌《孫子兵法》。他指出，孫子在二千五百年前寫下了這部在中國歷史上奇絕非凡的著作。我強烈地認為，《孫子兵法》對我們的生存至關重要；它能提供我們所需要的保護，看著我們的孩子和平茁壯地成長。永遠記著，從古時起，人們知道：「戰爭的真正目的是和平」。」

美國國會大廈的「和平女神」油畫。

克拉維爾提出，要把《孫子兵法》做為對全體軍官特別是將官的年度考核的內容，而成績好壞是晉升的法定依據。這一充滿熱情、富有浪漫色彩的呼籲是出自其內心的：「關於孫子：我的祖籍是英國人，我在第二次世界大戰期間是一名英國皇家炮兵的尉級軍官，並被關在爪哇和新加坡昌吉的日本戰俘營裏達三年半之久。因此，我對戰爭有所瞭解，我更知道高級軍官的情況，他們幾乎個個都很蠢和缺乏軍事知識。」

克拉維爾真誠地希望大家要愛讀《孫子兵法》這部書。他在序言中寫道：「孫子在二千五百年前寫下了這部在中國歷史上奇絕非凡的著作。」他熱切希望成為「所有的政治家和政府工作人員，所有的高中和大學學生的必讀材料」。「這本書對首相，國家要員，大學教授，軍事要人有所啟迪，《孫子兵法》可以給我們的事業帶來和平。」

《孫子》在美國書店圖書館登堂入室

「舊時王謝堂前燕 ，飛入尋常百姓家」，這句中國古詩的比喻用在美國居然也頗為貼切。記者在美國各大城市發現，中國二千五百多年前的古書《孫子兵法》，不僅在美國主流書店和圖書館登堂入室，而且進入美國的千家萬戶。

在位於市政中心市府大樓拉爾金街一側的三藩市公共圖書館，是一個服務三藩市市民為主的公共圖書館系統，地上六層，地下一層，共有 300 臺電腦終端機，可容納 1,100 部手提電腦 。記者看到，一位美國老太正在電腦前聚精會神地閱讀美國准將格里菲思翻譯的《孫子兵法》。這位老太告訴記者，她很喜歡中國的孫子，最喜歡讀的是亞馬遜暢銷的這本中國兵書，它給人以智慧，許多美國人都喜歡讀。

據美國媒體報導，《孫子兵法》長達三年位居《紐約時報》暢銷書排行榜，在美國總發行量超過六百萬冊，曾連續數月雄踞亞馬遜排行榜第一名，一度創下一個月 1.6 萬本的銷量。

《孫子兵法》在美洲地區的流傳和影響，主要是在美國。在美國各大城市、各個機場書店和各個圖書館裏，都會發現各種版本的被翻譯成《戰爭藝術》的《孫子兵法》 。

記者看到，在美國紐約第五大道書店，燙金的英譯本《孫子兵法》放在進口處的醒目位置，與暢銷書放在一起。在洛杉磯一家書店的「軍事歷史」書架上，《孫子兵法》的英譯本獨占鰲頭，有十七種版本。書店工作人員告訴記者，在歷史類圖書中，要數《孫子兵法》最受讀者歡迎。

在哈佛大學、史丹佛大學、哥倫比亞大學圖書館，《孫子兵法》中英文版都很齊全。哈佛大學書店，《孫子兵法》與哲學書籍放在一起，哈佛的學者和學子把它當作經典哲學研讀。在美國國會圖書館網路檢索入口，選擇簡單檢索方式進行主題檢索，就能檢索出《孫子兵法》英文記錄204條。

美國各大機場的書店都能買到《孫子兵法》，而且版本很多。記者在三藩市機場看到，在候機大廳裏有人正在翻閱《孫子兵法》。正如美國企業家，薩姆·J·塞巴斯蒂安尼所說，假如我手中拿著最後幾本書匆匆奔向機場跑道，那幾本書將是《聖經》、《孫子兵法》、《新厚黑學》。

在美國亞馬遜網站上「Sun Tzu」(孫子的英文譯名)在圖書頻道上檢索，結果大致與被譽為現代管理之父的德魯克和股神巴菲特旗鼓相當，有一千五百個以孫子為題的簡裝書名，難怪美國許多書店把《孫子兵法》與世界著名商業書籍併為一類。

據美國《洛杉磯時報》報導，《孫子兵法》的英譯本在美國依然洛陽紙貴。出版該書英譯本的牛津大學出版社美國發言人說，該書一向名列暢銷書龍虎榜，目前在該社暢銷書中排第二。

不但現代的中國被許多美國人逐漸瞭解，就連古老的中國

三藩市機場出售的《孫子兵法》。

傳統文化也漸漸地被越來越多的美國人所認知。美國小說家詹姆斯·克拉維爾在為美國出版的《孫子兵法》英譯本所寫的序言中坦言:「所有的現役官兵,所有的政治家和政府工作人員,所有的高中和大學學生,都要把《孫子兵法》做為必讀教材。」

西方學者談《聖經》與《兵經》

美國學者稱,世界各國尤其是美國,從總統到平民都在研究中國的孫子,這恐怕只有《聖經》才能比肩;而全世界各個領域都在應用《孫子兵法》,這恐怕連《聖經》都無法比擬的。因此,西方人把《孫子兵法》視為《兵經》 。

《聖經》是宗教經典,它與希臘文明一起,形成了今天的歐美文化。其中的《舊約》蘊含著深刻的思想內涵,讚頌猶太人民的智慧與創造力,曾給無數的文學家、藝術家、思想家提供無窮的靈感與啟迪,至今仍有極高的閱讀價值。《聖經》因此也成了全世界譯製本、發行量最大的書籍,年出版量和發行量一直保持遙遙領先的地位,被聯合國公認為是對全世界影響最大的一本書。

《孫子兵法》既是軍事經典,又是哲學經典,還是商界經典和人生經典。它影響了世界二千五百年的智慧與謀略,翻譯出版覆蓋五洲,研究機構遍布全球,並形成了當代世界範圍內的「孫子熱」。全世界有數千種關於《孫子兵法》的刊印本,孫子的智慧謀略在全球應用之廣,涉及領域之多,實用價值之高,成果之大,是無與倫比的,孫子的現代意義和普世價值得到全世界的認可。

西方學者詮釋,《聖經》是西方人的理想的人生意義指導,教導人如何生活,重在理念,它讓西方人信了幾千年,而且看來一直信仰下去,而且在此基礎上產生了西方的科學和文明;

《孫子兵法》來自中國，教導人如何取勝，重在謀略，它讓東方人信了幾千年，被中國人反覆利用，結果中國幾千年不敗，後來又被全世界廣泛應用，讓西方人也奉若神明。

美國學者認為，西方偏向理想和浪漫，東方更加注重現實。其實東西方文化應該相互學習和融合，《聖經》與《兵經》各有千秋，西方的理念與東方的謀略可交匯融通。

1963年，美國前中央情報局長艾倫・杜勒斯在其所著《情報術》一書中，對孫子的〈用間篇〉十分讚賞，稱孫子是世界上第一個書面論述用間的。《聖經》中的《出埃及記》中談到摩西派人瞭解迦南的情況，這是西方從事間諜活動的最早記載。古代西方雖然也搞間諜活動，但沒有達到東方那樣精深的程度。在西方的間諜活動中既缺少類似的謀略意識，也沒有任何書面的條規可以傳世。

新加坡《聯合早報》曾發表〈美國軍人看《孫子兵法》影響深遠的軍事聖經〉新聞評論。長時間來，波蘭人一直把《孫子兵法》當「天書」，而如今把它當作「聖經」。其實，歐美國家對《孫子兵法》的崇拜已不亞於《聖經》，至少是不相伯仲。西方世界把《孫子兵法》視為全球商界的「聖經」，許多西方商人用孫子的東方的智慧與謀略，結合當代西方的理念和管理，更多地應用到戰略投資、商務談判、資本運作、市場行銷等諸多商業領域。

《孫子兵法》曾連續數月雄踞亞馬遜排行榜第一名，一度創下一個月1.6萬本的銷量。該書的編輯推薦說：如果一個人一生中只看一本書，那這本書一定是《孫子兵法》。二千五百年前，當中國哲學家孫子寫《孫子兵法》的時候，他不可能想像出這本書今天在美國的運用。早在二十世紀80年代，它就已經成為公司主管和投資者的「聖經」了。

瑞士蘇黎世大學著名漢學家、謀略學家、孫子研究學者勝

美國書店把《孫子》與《聖經》放在一起。

雅律稱，《聖經》是全世界發行量最大的書籍，而在全世界發行量和影響力大的書籍中，只有《孫子兵法》能與它媲美。我把德語版《孫子兵法》的書名翻譯成《兵經》，因為我把它看成是謀略的《聖經》，超越了戰略，超越了計畫，超越了西方人的思維。

夏威夷大學哲學系教授安樂哲認為，《聖經》是上帝寫的，而《孫子兵法》是最有智慧的中國軍師寫的；《聖經》是形而上學的，而《孫子兵法》是傳統哲學的精髓；《聖經》是死的，而《孫子兵法》是活的；上帝的思想不能更改，而孫子思想可以再創造。《孫子兵法》不僅是軍事戰略，更是博大精深的思維方式和哲學，已經成為當今重組世界文化的極其重要的資源。

海外學者論中國孫子與諸子百家

美國哈佛大學學者托馬斯・克利里稱，《孫子兵法》這部戰略經典著作不僅充滿著偉大的道家作品諸如《易經》和《道德經》的思想，而且它揭示了道家的基本原理乃是所有中國傳統武學兵經的最終之源。更有甚者，儘管《孫子兵法》在陳述原理方面無與倫比，但探索其戰略實踐的深奧底蘊之關鍵則取決於道家專注的心理展現。

克利里是東亞語言文化哲學博士，他特別強調《孫子兵法》這部軍事論著中蘊含著「豐富的人文主義內涵」，並與道家思想聯繫起來探討，這是對中國古代哲學思想研究的一種新嘗試，說明西方學者不僅重視 《孫子兵法》的軍事價值，也關注其哲學價值。

1988 年，克利里重譯了《孫子兵法》，由紐約道布爾德出版社出版，並列入美國「桑巴拉龍版叢書」「道家著作類」。他在長達四十頁的〈導論〉中首先用大量的篇幅將《孫子兵法》與《道德經》作比較。在其序言中聲稱：「我認為，瞭解《孫子兵法》的道家要旨的重要性，怎麼強調都不過分。」

法國著名《周易》學家夏漢生也持同樣觀點，他認為，老子的《道德經》、《周易》和《孫子兵法》都主張「不戰而屈人之兵」，這三本中國古代經典有許多相通之處，說明中國文化互補性很強，融合性也很強。《易經》的哲學思想與孫子的哲學思想如出一轍，面對強勢和弱勢，《易經》主張不用抗爭的形式，不流血衝突，採取柔和的方式，與孫子的和平理念，儘量降低戰爭的災害完全吻合。

夏漢生說，《易經》與兵法，在軍事上有著直接的聯繫。易經的妙處可以拓展到軍事等領域，在戰爭中求陰陽平衡，虛實結合法則。《易經》中「征」字出現了十八次，這個「征」拆開來就是奇正，因為兩個人就會變奇，與孫子在〈兵勢篇〉提出的「凡戰者，以正合，以奇勝」有明顯的共同點。

臺灣周易文化研究會創會理事長劉祖君考證，戰國時代的奇人鬼谷子聚徒講學，據說蘇秦、張儀、孫臏、龐涓都是他的弟子。蘇秦和張儀是宣導縱橫的外交家，而孫臏和龐涓為著名的兵法家，皆出鬼谷一門，顯示伐交與伐兵的關係之密切，也印證兵法與易學淵源之深厚。以易研兵，可站在中華文化哲學的制高點上，大到透徹世事滄桑，小到領悟人生經驗。

德國科隆大學漢學家、翻譯家呂福克讚美說，《孫子兵法》不僅在思想上而且在語言上，明顯汲取了老子《道德經》的營養。孫子不僅把老子的「道」引進兵家，還把老子不拘一格的道術思想性哲學詩引進十三篇，抑揚頓挫，富有韻味，節奏感強，好讀好記。

澳門大學社會科學及人文學院中文系講座教授楊義認為，「道」是春秋時期的一個「關鍵字」。《老子》提出「人法地，地法天，天法道，道法自然」的綱領。《孫子》提出「道天將地法」，把「道」放在五事之首，成為整部兵法的核心思想「全勝之道」， 這與《老子》五千言，用了七十三個「道」字先後輝映。

原臺灣淡江大學國際戰略研究所所長李子弋稱，中國所有的兵學都來自齊國，最早來自於姜太公，兵學是此公的特長，他最早提出「全勝不鬥」，對孫子影響很大。孫子還汲取了老子的道家思想，從而形成了《孫子兵法》的基本理念，奠定了中國人自己的戰略文化思想。孫子「道天將地法」把「道」放在首位，可見「道」的重要。「道」是中國人的核心價值，只有中國人真正懂這個「道」。

新加坡孔子學院院長許福吉博士表示，孔子和孫子都是同一時代、同為齊國人，儒家文化與兵家文化也是互相滲透、互為影響的。如中國的兵家文化講究「先禮後兵」，這個「禮」就是儒家的，而「兵」則是兵家的，兩者融為一體，相輔相成。因此，我們把《論語》和《孫子兵法》一起傳授，把儒與兵、文與武、柔與剛、軟與硬，交融在一起。

哈佛大學書店有多種版本《孫子兵法》。

日本知名華文媒體人孔健說，「《論語》加算盤」的經營理念，很早就由被譽為「日本資本主義之父」澀澤榮一提出。算盤就是計算、算計、計謀，《孫子兵法》十三篇開篇就是「計」。「左手孔子，右手孫子」的搭配可謂完美無瑕。這兩件寶，一是哲學，二是兵學，相輔相成，相得益彰。

中國駐蒙古國資深記者評價說，上下五千年，上有老下有小，諸子百家一個也不能少。齊魯文化源遠流長，博大精深，光輝燦爛，浩浩蕩蕩，影響著中國，也影響著世界。在齊魯文化中，文武之道兩位聖人是最閃光的兩個亮點。文聖孔子，創立了儒學，經典是《論語》；武聖孫子，創立了兵學，經典是《孫子兵法》。《論語》以道德治理天下，《孫子兵法》以智慧平定天下。

巴黎和談促成美國獨立戰爭結束

記者來到費城這座美國最具歷史意義的城市，它的地位顯赫，這裏曾宣告美國誕生，曾是美國第一個首都。在獨立戰爭時期，費城是獨立運動的重要中心，在獨立宮通過了獨立宣言，誕生了第一部聯邦憲法。這裏有 1730 年建立的獨立廣場，現為國家獨立公園的一部分，珍藏著著名的自由鐘，附近的卡本特廳是第一次大陸會議的會址。

美國誕生於一個被戰爭與糾紛分裂的世界，是在反抗殖民統治以及爭取人民民主自由的鬥爭中誕生的國家。美國獨立戰爭，是世界歷史上第一次大規模的殖民地爭取民族獨立的戰爭。戰後，在美洲大陸上建立了眾多新的民族國家，這是近代民族解放運動史上第一次偉大勝利。

美國學者認為，《孫子兵法》軍事上的結盟和借力思想，對西方軍事家影響很大。從某種意義上說，是和平條約結束了美國獨立戰爭。1783 年在巴黎簽署的和平條約，美國的獨立獲得了公認，西部和北部的邊境也設置好了，第十三個殖民地也已經解放了。

獨立戰爭爆發後，美國及北美殖民地巧妙地利用了歐洲一些強國與英國的矛盾，同法國、西班牙和荷蘭等國先後結成聯盟，爭取俄國等國實行武裝中立，增強了自己的力量。美國學者稱，西方國家花了二千多年時間，經歷了無數次戰爭， 包括美國的獨立戰爭，才認識到中國孫子的偉大和英明。

英國在軍事和外交上的失敗，使國內反對派加強了對政府的攻擊。在約克鎮慘敗後英國與美國談判。英國托利黨內閣下臺，輝格黨執政，在約克鎮慘敗以後，英國不得不與美國談判。

自 1782 年 9 月始，英國代表奧爾瓦德同美國代表正式談判，美、英擬定了草約。根據和約，英國承認美國獨立，停止敵對行動，英國撤出全部海、陸軍。這是美國以平等原則與英國締結的和約，為爭取國際上的承認創造了條件。

1783 年 9 月 3 日，美國與英國在巴黎簽署的和平條約，宣告獨立戰爭結束，實現國家的獨立。這場戰爭使北美十三個殖民地脫離英國獨立，對拉丁美洲和法國大革命構成了重大影響。十八世紀法國雕塑家巴陶迪爾，將自己創作的自由女神，代表法國人民贈送給美國人民，紀念美國獨立一百週年。

美國孫子研究學者表示，美國獨立戰爭不僅為殖民地民族解放戰爭樹立了範例，也為和平條約的簽訂與和平談判提供了成功的案例。簽署和平條約，在敵對狀態下正式結束戰爭和武裝衝突，有利於降低戰爭災害。中國二千五百多年前的古書《孫子兵法》，其經典之一是「伐交」。談判戰略是制勝戰略，是不流血的戰略。世界上許多戰爭不是打勝的，而是談勝的，美國獨立戰爭就是最好的明證。

位於美國費城的獨立宮。

日本偷襲珍珠港贏在戰略輸在謀略

記者來到美國夏威夷珍珠港，這裏目前是名義上美軍太平洋艦隊司令部所在地，而大部分艦艇包括航空母艦、核潛艇已調防到聖地牙哥海軍基地。這裏只能看到長眠於水下的「亞利桑那」號戰艦殘骸、「珍珠港復仇者」之稱的潛水艇「鮑芬號」和密蘇里號戰艦。

1941 年 12 月 7 日清晨，日本聯合艦隊偷襲珍珠港，美軍太平洋艦隊損失慘重，44 艘船艦被擊沉，2,403 名美國軍民喪生，僅亞利桑那號這一艘戰艦，就有 1,177 名烈士遇難。美方損失戰鬥機 188 架，另有 159 架受傷。電影《虎・虎・虎》和《珍珠港》就是以此事件為背景所拍攝，電影原聲帶亦從此熱銷。

軍事科學院戰爭理論與戰略研究部研究員、中國孫子兵法研究會副祕書長劉慶認為，在古近代戰爭中，主動、直接運用孫子謀略的以日本最為豐富，如日本偷襲珍珠港運用孫子的

位於美國夏威夷的珍珠港事件紀念館。

「出其不意」，日本人從未隱晦過。

而夏威夷大學哲學系教授、美國著名《孫子兵法》翻譯家安樂哲則認為，日本偷襲珍珠港贏在戰略，而輸在謀略，因為謀略比戰略更勝一籌。日本偷襲珍珠港是暫時的勝利，長遠的失敗。

這位頗通軍事哲學的資深教授分析，這次襲擊最終將美國捲入第二次世界大戰，它是繼十九世紀中墨西哥戰爭後第一次另一個國家對美國領土的攻擊。偷襲珍珠港標誌著太平洋戰爭的爆發，日軍只是暫時取得了太平洋地區的軍事優勢。

從長期的角度來看，珍珠港對日本來說是一個徹底的災難。事實上，計畫珍珠港的山本上將本人預言，即使對美國海軍的襲擊成功，它不會也不能贏得一場對美國的戰爭。日本的主目標之一是美國的三艘航空母艦，但當時沒有一艘在港內：企業號正在返回珍珠港的路上，列克星頓號數日前剛剛開出，薩拉托加號正在聖地牙哥維修。

安樂哲說，日本人在日本偷襲珍珠港事件中犯了很大錯誤，美軍太平洋艦隊雖然受到損失，但沒有傷到筋骨，死亡人數也只有二千多；而給日本卻帶到了危險的境地，帶來了空前的災難。事實證明，日本摧毀美軍戰列艦的作用遠比預想的要小得多，就是摧毀了也不會改變日本戰敗的命運。

日本人缺乏深謀遠慮，即使日本擊沉了美國的航空母艦，從長遠角度上來看也不能幫助日本。日本人更沒想到，珍珠港事件會促成本來意見不齊的國家動員起來了，一起對付日本，成為直接導致後來盟軍要求日本無條件投降的原因。安樂哲如此說。

具有諷刺意義的是，在「亞利桑那」號殘骸上建起的珍珠港事件紀念館不遠處，是密蘇里號戰艦紀念館，兩艘戰艦放在同一與福克島平行的直線上。1945 年 9 月 2 日，在密蘇里號戰艦紀念館的投降甲板上，麥克阿瑟將軍接受了日本的無條件投降，結束了第二次世界大戰。這兩艘戰列艦對於美國來說標誌著二戰的開始與結束，以及戰爭最屈辱的歲月以及最榮光的結束。

不謀萬世者，不足謀一時；不謀全局者，不足謀一域。安樂哲認為，在軍事上，謀略學高於戰略學、戰役學和戰術學。「上兵伐謀」。《孫子兵法》是謀略學、智慧學。孫子的謀略是一種博大的戰爭藝術，是一種精深的大智大謀。而日本人沒有真正領悟孫子的精髓，所以在二戰中以失敗而告終。

越戰引發美國人對《孫子》的強烈興趣

「越南戰爭是小國打敗大國的典型戰例，這是一位美軍越南高級指揮官對我說的」。夏威夷大學哲學系教授安樂哲拿出了他與美軍越南指揮官對話錄成的光碟對記者說，越戰以後，美國軍人開始重視《孫子兵法》的研究，並用孫子思想對越南戰爭進行反思。

越南戰爭是美國自第二次世界大戰後傷亡最為慘重的一次戰爭。越戰中，美軍雖擁有絕對的制空、制海權以及技術優勢，投入了最多達 47 萬人的部隊，但最終以失敗告終。美國人最初對取得戰場上的勝利但最終卻輸掉整個戰爭百思而不得其解。

安樂哲認為，越南戰爭之所以小國能打敗大國，其中一個很重要的因素是越南打得是游擊戰，運用的是謀略，是靈活機動的戰略戰術。正如翻譯《孫子兵法》雄踞亞馬遜排行榜第一名的美國准將格里菲思所說，游擊戰理論之源是《孫子兵法》。駐越美軍最高指揮官威廉 · 威斯特摩蘭上將也抽時間研究孫子的名言，並思考孫子的思想與武元甲、毛澤東思想之間的聯繫，總結越戰教訓。

威斯特摩蘭在認真研讀這部來自東方的天下第一兵書後，終於大徹大悟。在他生命的最後幾年，他給美國人民留下這樣的文字：越南等東方國家的軍事戰略源於孫武。《孫子兵法》言：「夫兵久而國利者，未之有也」，「兵貴勝，不貴久」，美國十四年的越戰無疑犯了兵家大忌。「上兵伐謀」，美國人也忽視了孫子的這一英明忠告，愚蠢地投入了戰鬥。

尼克森、《大戰略》的作者約翰 · 柯林斯也分別引用孫子觀點，終於找到了越戰失敗的深層原因：北越的軍事戰略源於孫武的軍事思想，北越領導人胡志明和武元甲汲取了孫武思想中的精華，在對法戰爭中首次應用，後來在對美國的戰爭中同樣應用了孫武的軍事思想。

美國前總統尼克森在《真正的戰爭》一書中，直接運用《孫子兵法》的思想，批判美國當時盲目追求武力效應，而沒有認真對待越南的特殊歷史、地理和心理因素。尼克森認為：二千五百多年前中國戰略家孫武說：「夫兵久而國利者，未之

美國華盛頓越戰紀念牆。

有也」，「故兵貴勝，不貴久」，美國在越南戰爭中勝利無望正是應驗了孫子的話。

美國國防大學戰略研究所所長柯林斯在其《大戰略》一書中，用《孫子兵法》的觀點從另外角度分析美國越戰失敗的教訓：「孫子說：『上兵伐謀。』在越南戰爭的情況下，『謀』即指大戰略。美國忽視了孫子的這一英明忠告，愚蠢地投入了戰鬥。」

此外，《孫子兵法》中提出「知己知彼，百戰不殆」，而美國人僅僅從軍事與政治方面瞭解對手，忽視了更為重要的文化、歷史和心理因素。為了減少傷亡，一直部署大規模火力，卻沒有靈活運用戰略。這無疑都違背了孫子的教誨。

安樂哲告訴記者，越南戰爭引發了美國人對中國孫子的強烈興趣，不僅是美國軍人，而且發展到美國社會，形成了美國人研究《孫子兵法》的第一次高潮。從二十世紀 70 年代末到 80 年代初，美國舉行了上千次孫子研討會和培訓班，直到現在，美國人仍保留了定期召開孫子研討會的傳統，他也多次應邀給美軍和美國民眾及大學生講《孫子兵法》。

美軍方研究中國《孫子》高潮頻掀

美國軍界對《孫子》的學習和借鑒最為突出、最有成效，他們將理論研究與當時的軍事鬥爭熱點緊緊結合起來，先後出現過六次學用熱潮，取得了一系列豐碩的理論成就和輝煌戰果。

第一次熱潮在上世紀 5、60 年代，正是冷戰高峰時期。美軍試圖瞭解中國軍人的思維方式，恰逢美國准將塞繆爾·B·格里菲思翻譯的《孫子兵法》出版，英國戰略學家利德爾·哈特為此書作序說：「鑒於中國在毛澤東領導下重新成為一個軍事大國，出版這樣一種新譯版本的《孫子兵法》就更為重要。」

哈特的序言有力地促進了美軍對《孫子兵法》學習與研究的重視，格里菲思譯本在美國海軍學院、西點軍校、武裝力量參謀學院、美國軍事學院等軍隊學術機構擁有很大的影響力。

第二次熱潮在越戰結束後，主要形成於美國戰略決策界運用《孫子兵法》對越戰失敗原因的分析。繼尼克森、《大戰略》作者約翰・柯林斯、侵越美軍司令維斯特摩蘭等分別引用孫子觀點，總結越戰教訓，深入揭示美國失敗的深層原因之後，美軍的「孫子熱」迅速升溫，並在戰略決策界掀起研究高潮，獲益頗豐，「孫子的核戰略」的提出即為其成果之一。

第三次熱潮在美國陸軍 1982 年版《作戰綱要》制定後，主要集中在作戰理論研究界。美國人不僅在戰略問題上求教於孫子，而且在常規戰爭理論上也以孫子思想為指導。在美軍提出的「空地一體戰」和《作戰綱要》中，都赫然引用了孫子的名言。

第四次熱潮在 1987 年後，紐約斯特林出版公司出版了中國將軍陶漢章所著《孫子兵法概論》英譯本，被列為上世紀 80 年代最為暢銷的軍事理論書籍之一。1988 年，美國海軍陸戰隊司令艾弗瑞・戈雷下令，重新編寫陸戰隊的作戰手冊，要求以《孫子兵法》提出的快速機動為作戰指導，把《孫子兵法》納入到陸戰隊的謀劃韜略之中。戈雷還於 1989 年發布訓令，將《孫子兵法》列為 1990 年陸戰隊軍官首本必讀軍事書。此後，在美軍的作戰條令和國防部重要檔中均引用孫子格言。

第五次熱潮在「9.11」事件後，美軍研究的重點轉向了信息戰領域。五角大樓專門成立「戰略資訊辦公室」，美國軍校不僅把《孫子兵法》做為教科書來學習，而且在推進新軍事變革中，美國國防大學還開辦了「孫子兵法與信息戰」論壇，要求全軍和地方學者就該主題發表文章，廣泛討論。

據介紹，美軍開展對《孫子兵法》的研究是從二戰結束後開始的，以後一直成為軍界經常學習的著作。在全美著名大學中，凡教授戰略學、軍事學課程的，無不把《孫子兵法》列為必修課。美國西點陸軍學院、印第安那波列斯海軍學院、科羅拉多空軍學院、國防指揮參謀學院等著名軍事院校的必修課程中，都列有《孫子兵法》。美軍的最高學府國防大學，更是將《孫子兵法》列為將官主修戰略學的第一課，位於克勞塞維茨《戰爭論》之前。

上世紀 90 年代初發生的以高技術為主要特點的海灣戰爭中，美國在戰略指導上採取了「先勝而後求戰」的戰略方針，從而使戰爭有可能速戰速決速勝。美國國防部在戰後所寫的報告《海灣戰爭》一書中毫無隱晦地說：「多國聯盟成功地實踐了孫子所說的『上兵伐謀』的戰略思想。」

進入新世紀，美軍又掀起第六次熱潮。這一時期，西方世界日益關注中國文化對中華古典文化的解讀、研究與應用逐步得到發展。《孫子兵法》的精闢哲理與基本原則被以美國為代表的西方各國廣泛採用，並取得了巨大成就。由美國國家評論

美國華盛頓戰爭雕塑。

雜誌主辦的兩千年來世界十大軍事名著推選揭曉，中國《孫子兵法》名列第一。

2006 年，美國企業研究所網站發表該研究所研究員丹・布盧門撒爾與研究助理克里斯托弗・格里芬合寫的一篇文章，題目是〈理解戰略：配合默契的舞蹈〉，副標題是「美國必須理解中國的文化和策略」。該文提出，美國戰略家必須時刻關注中國人如何看待各種主要趨勢、他們如何衡量相對力量格局以及中國戰略家用來確定何時採取重大行動最為有利的其他衡量標準。因此，美國人需要加強對中國人如何看待他們所處戰略環境的瞭解。

「孫子大方略」美國走在世界前列

「孫子離開我們幾千年了，今天的世界發生了翻天覆地的巨大變化，但孫子的戰略與謀略思想是跨越時空，不朽永存的。」此番話是美國資深戰略研究員白邦瑞在中國孫子兵法研討會上暢述的，中國資深孫子研究學者評價，美國「孫子大方略」確實走在世界前列。

中國軍界人士訪問美國，在美軍的院校和研究機構座談時，「孫子兵法」是出現頻率最高的主題詞之一。如果你問美國的軍官印象最深的軍事理論是什麼，他們會毫不猶豫地回答：《孫子兵法》。當中國軍方人士訪問美國時，問及美軍在海灣戰爭時是否將《孫子兵法》人手一冊發給參戰部隊，美國軍方人士說：海軍陸戰隊是人手一冊，其他部隊不太清楚。

美軍幾乎所有的軍官學校和指揮院校，均開設孫子兵法課。美方人員稱，《孫子兵法》在美軍部隊相當普及，已經成為作戰和建軍的重要指導理論。為了更好地學習、研究和運用《孫子兵法》，美方從 1998 年起就多次與設在軍事科學院的中國孫子兵法研究會聯繫，準備仿效中國孫子兵法研究會的組織形式和活動方式，在美國軍隊中成立一個「全美孫子兵法研究會」。

美國孫子研究學者認為，在今天飛速發展的資訊時代，《孫子兵法》所代表的東方戰略智慧及其價值觀念，對西方戰略思維、戰爭實踐、軍事理論乃至社會發展產生了廣泛而持久的影響。美國把《孫子兵法》研究置於當今國際戰略格局之中，從哲學高度探究孫子獨特的東方智慧和深邃的哲學思想，深入挖掘它的大方略、大思想。

美國孫子研究學者舉例說，約翰・柯林斯是美國國會研究防務問題的專家、美國防大學戰略研究所所長。他的《大戰略》一書是一本較系統地論述美國戰略問題的著作，書中除重點敘述了當代美國的各派軍事思想和軍事戰略外，還討論了美國的對外政策等有關國家戰略的問題。該書在戰略創新者、大戰略的含義、作戰原則、冷戰的性質以及越南戰爭的教訓等方面都援引了孫子的名言，對《孫子兵法》作了高度評價。

該書〈代序〉中的「公認的戰略創新者」一節裏開宗明義地說：「孫子是古代第一個形成戰略思想的偉大人物。孫子十三篇可與歷代名著包括二千二百年之後克勞塞維茨的著作媲美。今天沒有一個人對戰略的相互關係、應考慮的問題和所受的限制比他有更深刻的認識。他的大部分觀點在我們的當前環境中仍然具有和當時同樣重大的意義。」

美國哈佛大學教授江憶恩對《孫子兵法》等中國典籍多年研究，成為中國戰略文化研究的西方領軍學者。他的博士論文〈中國傳統戰略文化與大戰略〉，以《武經七書》為楔子，被認為是近來研究中國難得的一流之作。在第二屆「孫子兵法國際研討會」上，江憶恩發表了題為〈淺談西方對中國傳統戰略思想的解釋〉的論文。

美國國防部長辦公室政策研究室高級顧問、美國國防大學國家戰略研究所的資深研究員白邦瑞，在蘇州舉辦的第五屆孫子兵法國際研討會上說，越王勾踐的韜光養晦以及臥薪嚐膽的戰略指導思想，「十年生聚，十年教訓」的大謀大略，使我們感到回味無窮。他在出版的《中國古代戰略的復興》一書頗有感慨地說，孫子可沒想到時隔二千多年以後，他的學說在中、美的戰略學界迸出火花。

1982 年參與美陸軍《作戰綱要》制訂過程的前美駐華陸軍武官白恩時，在一篇題為〈《孫子兵法》對美國陸軍空地一體戰理論的影響〉文章中撰文指出，美軍在戰略問題和作戰理論研究上求教於中國的孫子，「空地一體戰」理論與《孫子兵法》的內在聯繫。

美國孫子研究學者表示，美國軍事家乃至高層戰略決策人物，在制定其戰略決策時明顯受《孫子兵法》的影響。根據孫子的戰略思想，美國戰略家提出了「大戰略概念」和著名的「孫子核戰略」。

《孫子》貫穿美軍作戰指導思想之中

美國前步兵軍官、《孫子和現代戰爭》一書的作者馬克・麥克尼利說：「這絕非一種巧合。《孫子兵法》是美國高級軍校的必修書目，它甚至已被貫穿在美國陸軍和海軍陸戰隊的作戰指導思想之中。」

據前西點軍校教官愛德華・奧多德的調查研究，早在 1921 年美國陸軍軍事學院就將《孫子兵法》列入 1921-1922 年度的授課內容，因為到 20 年代歐洲戰略思想家如利德爾・哈特和 J. F. C. 富勒都已熟知孫子的著作了。《孫子兵法》的講課提綱列為該校年度講課內容的第 37 號指揮課程，授課提綱現存賓夕法尼亞州卡萊爾美國陸軍軍事學院圖書館。

自二十世紀 70 年代末以來， 美國在國防部官員和美軍軍官中舉辦了上千次《孫子兵法》講座。美國陸戰隊指揮官凱利將軍認為《孫子兵法》是所有機動戰的基礎。他將該書列為部隊的年度讀物，要求每個陸戰隊員必須閱讀。在美國軍隊戰爭學院至少開設了三門課程向學生介紹孫子——高階課程「中國軍事」、「亞洲的區域安全」和「戰略理論」必修課。

1982 年 8 月 20 日，美國陸軍頒布了新版《作戰綱要》，取代 1976 年的舊版本，首次提出「空地一體戰」理論，並把它稱為「陸軍的基本作戰思想」。該理論提出的主動、縱深、靈敏和協調四項基本原則，都貫穿了孫子思想。參與制訂《作戰綱要》的前美駐華陸軍武官白恩時上校曾撰文指出，空地一體戰理論與《孫子兵法》的內在聯繫。

在題為〈《孫子兵法》對美國陸軍空地一體戰理論的影響〉文章中，白恩時說：「為了制定新的作戰理論，在利文沃思堡基地司令部和參謀學院組織了一個由軍官組成的短小精悍的班子。」這個小組研究了克勞塞維茨、孫子和其他人的著作，以便創立一種適合於美國傳統、當前國際環境和現有武器的新的理論。目標很簡單，就是要在速戰中以少勝多。所選定的方法被稱之為空地一體戰理論。

由此可見，美軍空地一體戰理論基礎之一是綜合了《孫子兵法》與《戰爭論》的精華，融克氏的學說和孫子的原則於一體。這一理論反映了美軍既側重充分發揮其兵力兵器的技術物質優勢，又強調善於運用智謀，速戰速決，以較小的人員代價取得勝利的戰略追求。

1983 年，美國陸軍軍事學院編輯出版《軍事戰略》一書，該書彙集了古今名家學者的軍事論文，是供軍事院校用的一本重要的參考教材。書中第二章為《孫子兵法》的摘要，標題是〈軍事戰略的演變——孫子的智慧〉，文章開頭用了利德・哈

西點軍校展出的美國陸軍圖片。

特高度評價《孫子兵法》的話，接著指出「《孫子兵法》儘管成書於西元前五世紀，但該書論述戰爭的基本原理和原則，其思想至今猶有重大意義」。

1991年2月18日美國《洛杉磯時報》報導稱，《孫子兵法》是亞洲各軍事學校長期受到尊重的讀物，它的許多格言已引起美國部隊的興趣，並對美國陸戰隊的基本戰術變革亦有貢獻。1990年8月起，一本九十頁的英譯《孫子兵法》，已經運往沙烏地阿拉伯沙漠，供應年輕的陸戰隊隊員閱讀。陸戰隊指揮官凱利將軍已於當年將這本書列為年度讀物，即每個陸戰隊隊員都應該閱讀。凱利認為《孫子兵法》是所有機動戰的基礎。

美國空軍用孫子指導「制空權原則」

BBC在一篇報導中引用了一位美軍顧問湯姆·斯托瓦爾的觀點，他常獲邀前往美國空軍指揮和參謀學院，定期講授

《孫子兵法》。

美國空軍學院軍事策略系給空軍軍官們開設了一門核心課程「制空權原則」，在這門課中介紹了《孫子兵法》。課程的第一部分考察了孫子、克勞塞維茨、若米尼、馬漢和科貝特對戰爭理論的論述。空軍學院另外一個教學單位制空研究學院開設了一門軍事理論基礎課，這門課程裏也包含了對孫子和毛澤東的研究。

在這門課程裏，對孫子的研究也是選用拉爾夫·索耶索的《孫子兵法》譯本，按照戰爭理論的提出年代來進行講授，以孫子為開端。對孫子的研究有一個專題，在關於「欺騙」在戰爭中的作用的專題裏再次提到了孫子，做為毛澤東革命戰爭理論的思想淵源。

有學者認為，做為目前世界上最為現代化的空中力量的美國空軍，其中一些原則與《孫子兵法》的作戰指導思想有異曲同工之妙。在長期的作戰實踐中，美國空軍提出了突然襲擊、速戰速決等一系列作戰指導原則，這些原則在一定程度上反映了《孫子兵法》的一些思想。

孫子認為：「知彼知己，勝乃不殆；知天知地，勝乃不窮。」美國空軍一直把資訊作戰、情報與空間資源看作是未來建設的核心。作戰中，美空軍歷來重視戰場偵察和情報收集，而且注重利用多種手段收集情報，追求戰場的單向透明。美國軍事史學家詹姆斯·鄧尼根認為，空中作戰行動的核心是搜集情報，過去如此，現在仍然如此。

美軍對孫子「兵貴勝，不貴久」思想的認識發端於越戰後美軍改革期間。美軍指出，在未來戰爭中，美空軍能否迅速取勝和減少傷亡是衡量美空軍作戰行動是否成功的一個重要標準。美空軍主要通過兩個途徑實現速戰速決：其一是精選目標。其二是精確打擊。

突然性是航空航天部隊的最大優勢。美國空軍認為，在戰爭中先發制人，發動突然襲擊是奪取戰場主動權，加速戰爭進程的有效手段，是奪取空中作戰勝利的一個重要因素。航空航太力量出敵不意地實施攻擊，可造成敵方措手不及，破壞其整體行動計畫，奪取並掌握主動權，以相等甚至比較少的兵力，在短期內以最小的代價贏得戰鬥、戰役和整個戰爭的勝利。

《孫子兵法・兵勢篇》中提出了「奇正」的靈活作戰思想：「凡戰者，以正合，以奇勝。」美國空軍也學習了這種靈活作戰思想。最著名的是「左勾拳」行動，以第 7 軍為主力，第 18 空降軍配合。後者直插伊拉克縱深，切斷科威特戰區伊軍與後方的聯繫；第 7 軍在其東側平行北進，然後向東進攻，殲滅伊拉克共和國衛隊。聯軍部隊「攻其無備」，長驅直入，進展神速，伊軍土崩瓦解，不到五天戰爭即告結束。

孫子所說的「避其銳氣，擊其惰歸」之法在空中戰役的中後期也被美國空軍採用。從「沙漠風暴」行動的第三週起美空

美國無畏號航母上的戰機。

軍攻擊重點轉向科威特戰區，與此同時對伊軍開展心理戰。美直升機通過廣播和散發傳單，號召伊軍投降，並告誡他們遠離他們的武器裝備，因為這些武器裝備正是聯軍空襲的目標。

《孫子》列入美國海軍戰略核心課程

位於芝加哥的密西根湖邊海軍碼頭，當時它是世界上最大的碼頭，在第一次和第二次世界大戰期間做為海軍訓練基地和使用基地及集會的廣場。當時的美國海軍司令部就設在不遠處的芝加哥市區。芝加哥位於美國五大湖區密西根湖的北部，密西根湖通過河流與大西洋連接，軍艦可以經由這些河流駛入大西洋。

美國著名戰略學家江億恩說，美國海軍對孫子戰略思想學習應用非常重視。1988 年，美國海軍陸戰隊司令艾弗瑞・戈雷下令，重新編寫陸戰隊的作戰手冊，要求以孫子戰略思想提出的快速機動為作戰指導，把《孫子兵法》納入到海軍陸戰隊的謀劃韜略之中。戈雷還於 1989 年發布訓令，將《孫子兵法》列為 1990 年海軍陸戰隊軍官首本必讀軍事書。

據原中國孫子兵法研究會會長姚有志將軍介紹，當中國軍方人士訪問美國時，問及美軍在海灣戰爭時是否將《孫子兵法》人手一冊發給參戰部隊，美國軍方人士說：海軍陸戰隊是人手一冊。

美國太平洋艦隊司令加里・拉夫黑德上將精通《孫子兵法》，在軍方內部交流時，經常引用「不戰而屈人之兵」等《孫子兵法》中的名言，反覆強調「伐謀、伐交」、「知己知彼，百戰不殆」，足見其深得《孫子兵法》「謀定而後動」的理性軍事思維。

美國海軍上校柏特遜說：「在遙遠的中國，有兩位將軍，他們所有的關於戰爭的議論，都可以凝集在一本小冊子裏，不像克勞塞維茨那樣寫了九大巨冊，自足地寫下了數量有限的箴言。每則箴言都具體表現了他們關於戰爭行為的信條和重要教義。這兩位軍事主宰者——孫子和吳子，他們無價的真理，已經長存了兩千年。」

美國海軍戰爭大學知名教授邁克爾・韓德爾，他努力協調東西方的兩大傳統思想，克勞塞維茨理論和《孫子兵法》，他對兩種理論做了許多說明和「補充」性的工作。他認為：孫子從大戰略的角度來研究戰爭，而克勞塞維茨大多採用具體的戰略來解決問題。雖然他盡了很大努力來挽救克勞塞維茨理論，但是韓德爾還是不情願地被迫做出總結：「孫子的理論在分析戰略和戰爭上比克勞塞維茨理論更適合我們的時代。」

在二十世紀 80 年代和 90 年代，孫子是被做為海軍軍事學院戰略核心課程中的一部分來教授的。在這門戰略核心課程中，通常會在該學期安排專門一講來研討孫子，選擇孫子做為代表性的戰略家，與克勞塞維茨的核心觀點進行比較，用歷史還原的方法，考察在戰國這個特殊的歷史時期，孫子關於作戰的一些觀念是如何形成的，以此來使學員確信孫子的理論和實踐中的謀略價值。

美國海軍軍事學院還開設了一門孫子軍事思想選修課。這可能是美國軍事專業教育系統的第一門專門研究《孫子兵法》的課程。課程主要分為三個部分：第一部分重點考察了著作的歷史意義，以及它與現代戰略觀的關聯性，與所發生的世界戰爭的關係以及亞洲戰略的特殊性；第二部分討論《孫子兵法》的寫作方式、歷史上對該著作的評論以及關於戰爭的內在關聯、邏輯和原理；第三部分把孫子放在歷史背景下，側重分析從周代到戰國時期的政治、戰略、謀略和戰爭武器裝備。

美國海軍軍事學院中未授銜的參謀人員也要求閱讀《孫子

兵法》，被列入初級院校為學生開列的推薦讀物之中，做為新任命海軍中尉的訓練課目，在候補軍官學校也做為其課程中的一部分。

在所有的軍事專業院校中，有關孫子的課程在美國海軍陸戰隊戰爭學院中所扮演的角色是最重要的。1990 年，指揮官阿爾弗雷德・格雷創立了一個研究所，孫子研究被納入一門名為「戰爭、政策和戰略」的必修課，中國將軍陶漢章的英譯本《孫子》在課程中被使用，這是美國海軍所獨有的。在其著作的比較中，主要涉及指揮官、出奇制勝、勝利、戰爭和政策、策略與智慧的應用等問題。

美國海軍陸戰隊戰爭學院在指揮和參謀學院的函授課程中也涉及到孫子戰略，課程需要學生閱讀美國准將格里菲思和哈佛大學克利里的《孫子兵法》譯本，特別強調政治與戰爭的關係，著作與現代高科技戰爭的關聯，以及孫子與革命戰爭之間的關係。指揮與參謀學院的住校生也開設了類似的課程。

位於芝加哥密西根湖邊的海軍碼頭。

美國孫子研究學者表示，有關孫子的一系列譯本在海軍教育系統中一直在使用。在過去的十年裏，美國海軍對孫子的研究興趣和熱度並沒有什麼變化，一直在持續著。近年來，拉爾夫・索耶的《孫子兵法》譯本比較受美國海軍的歡迎，但是最新的講稿在討論孫子的「不戰而屈人之兵」時，仍採用的是夏威夷大學哲學系教授安樂哲的《孫子兵法》譯本。

未來航母大戰還需要孫子謀略嗎？

在紐約曼哈頓中國駐紐約總領事館對面的哈德遜河畔，美國無畏號航空母艦靜靜地停泊在 86 號碼頭。這艘在二戰中曾經立下過戰功的航母，曾三次前往西太平洋，朝鮮戰爭改建為攻擊型航空母艦，參與過越戰，後重編為反潛型航母在大西洋及地中海執勤，還參與過美國的太空計畫，如今做為航母博物館供遊人參觀。

美國是現時全球擁有最多、排水量和體積最大、艦載機搭載數量最多、作戰效率最強大、而且全部使用核動力航空母艦的國家。有媒體稱，環太平洋或將上演未來航母大戰，美軍仍是「帶頭大哥」。

2013 年 4 月，美軍出動「尼米茲」號航空母艦前往西太平洋，同原本在中東執行任務的「約翰・C・斯坦尼斯」號航空母艦輪班，繼續對朝鮮進行監視；5 月，美軍航母艦載機在太平洋上連續編隊飛行；7 月初，美海軍華盛頓號核航母戰鬥群在太平洋進行戰鬥巡航；7 月 19 日，在南太平洋珊瑚海海域，由美國與澳大利亞舉辦的聯合軍事演習「護身軍刀 2013」拉開帷幕，美國海軍派出尼米茲級華盛頓號航空母艦參加本次演習。

西方軍事學者認為，在現代戰爭中，被喻為「海上巨無霸」的航空母艦固然作用重大，其不可取代的海上霸主地位依然牢固，在可預見的未來，航母仍將是海上作戰兵器中首屈一指的「大哥大」。然而，產生於丘牛大車時代的《孫子兵法》，在航母和核生化時代的戰爭中，其揭示的戰爭普遍規律和基本的戰略戰術原則，具有超越時代的思想體系，仍然有很強的指導和借鑒作用。

美國繼「空地一體戰」到推出「空地一體戰」、「空天一體戰」、「空海一體戰」一系列構想，航母無疑起了舉足輕重的作用。美國國防大學校長理查德・勞倫斯中將在《空地一體作戰——縱深進攻》中，曾大量引用《孫子兵法》的論述。芬蘭前國防部戰略問題研究所所長尤瑪・米爾蒂寧在談到西方「新技術決定一切」的觀點時指出：「早在二千多年前，偉大的戰略家孫子就列舉了決定戰爭勝負的一些因素。」

美國夏威夷大學孫子研究學者舉例說，1942 年 5 月 27 日，山本五十六率日軍聯合艦隊進攻處於劣勢的中途島美軍。6 月 5 日拂曉前，日軍出動一百餘架艦載機對中途島實施第一次突擊。駐太平洋美軍司令尼米茲採取靈活機動的戰略戰術，以地面防空部隊和少量戰機對付日機，命令其他戰機升空隱蔽，以避開強大的日軍機群，保存實力，待機殲敵。

當日軍第一批戰機無功而返、第二批戰機尚未升空之際，美軍飛機從隱蔽空域對日軍南雲艦隊發起突然襲擊。經過激烈交戰，日軍損失「赤誠」、「加賀」、「蒼龍」、「飛龍」號等 4 艘航空母艦、10 艘巡洋艦和 300 架飛機，傷亡 3,500 餘人；美軍僅損失 1 艘航空母艦、1 艘巡洋艦和 150 架飛機，傷亡 300 餘人。此戰，成為太平洋戰場的轉捩點。

美國學者表示，在航母和核生化時代的戰爭中，影響戰爭進程的因素更難預料，戰場情況變化更難把握，雙方除了高科技武器，更需要高素質軍事人才和高水準的軍事技術平臺。軍事指揮員若沒有韜略和運籌能力，光靠航母則難以應對複雜多變的戰爭態勢，奪得現代戰爭的主動權。

一些美國將領則認為，美軍在越南戰爭中過分注重了伐兵和攻城，而忽略了伐謀和伐交。在航母和核生化時代，同樣不能違背《孫子兵法》中的基本原則和戰略思想。

停泊在紐約的無畏號航空母艦。

美國《福布斯》雙週刊網站曾發表題為〈關於中國航母、商業和《孫子兵法》〉的文章稱，我把地中海行動看做是深入挖掘中國古代經典著作《孫子兵法》的號令。《孫子兵法》推行「不戰而屈人之兵」的思想。儘管「瓦良格」號是一艘二手航母，在數年內不可能完全執行軍事任務，而且一艘航母不足以把空中力量延伸至別國海岸——但中國人還是要讓「瓦良格」號成為引人注目的新聞。

東西方孫子研究學者普遍認同，冷戰的結束，兩極戰略格局的解體，當今世界逐步形成與孫子春秋戰國時代相似的「多極」戰略格局，和平與發展成為當今世界的兩大主題。在這種形勢下，孫子的重戰和慎戰思想，更顯示出強大的生命力。正如美國現代最傑出的軍事理論家約翰・柯林斯所說，孫子是古代第一個形成戰略思想的偉大人物，他的大部分觀點在我們的當前環境中仍然具有和當時同樣重大的意義。

美國應正確理解孫子原則指導反恐

記者來到被摧毀後重建的紐約世貿中心，這是紐約市最高、樓層最多的摩天大樓，在「9.11 恐怖襲擊事件」中，兩幢 110 層摩天大樓在遭到恐怖分子攻擊後相繼倒塌。 時隔十二年後，在永久的世貿中心紀念館前，擺滿了悼念亡故者的相片、書信、花束，街頭藝術家在演奏的歌曲傳遞著悲傷，撫慰當時無辜死去的靈魂。

談到恐怖襲擊，讓美國人至今心有餘悸：1993 年，世界貿易中心爆炸事件；在 1993 年 2 月 26 日，世貿中心被伊斯蘭極端份子在地下室放置炸彈，導致 6 人死亡，1,000 餘人受傷，並且炸出一個 30 米的大洞；2001 年 9 月 11 日，世貿中心被以賓拉登為首的「基地」組織策劃的恐怖襲擊所炸毀，2,979 人喪生。

「9.11」事件發生後，指揮中央情報局特工在阿富汗祕密作戰的「神祕特工」亨利・克倫普頓走向臺前，正式出任美國務院反恐協調員，主要致力於美情報機構的整合以及美與其他國家反恐合作的工作。克倫普頓稱對其情報思維影響最大的人是中國古代軍事戰略家孫子，他在反恐戰爭中使用的手段借鑒了孫子「不戰而屈人之兵」的理念，以《孫子兵法》指揮反恐。

為了消除恐怖威脅，美國由局部的反恐軍事行動發展到全面的反恐戰爭。2001 年美國為首的聯軍在阿富汗發動了名義上的第一場反恐戰爭，此後美國發動的伊拉克戰爭仍然以與反恐有聯繫為據。

據稱，伊拉克戰爭前夕，美軍於耶誕節前下發了十萬冊書以教育部隊，其中就有《孫子兵法》。西方學者稱，做為世界軍事文化遺產和中國古代兵法聖要，孫子的一些重要原則同樣對當代反恐戰爭具有非常重要而現實的指導意義，《孫子兵法》很可能是反恐戰爭最重要的教材之一。

「善守者，藏於九地之下；善攻者，動於九天之上。」西方學者說，孫子的這句話準確地描述了阿富汗戰爭時雙方的情況，美方主要在第三維空間作戰，恐怖份子則轉入地下。美國媒體曾尖銳地指出，假如美國軍方能夠充分理解和運用《孫子兵法》中「踐墨隨敵」的軍事思想，根據對手的變化調整戰術，那阿富汗戰爭可能早就結束了。

布希總統曾宣稱，反恐戰爭是一場沒有期限的戰爭。在當前的「反恐戰爭」中，美國的交戰對象已經由「有全球影響的恐怖份子」發展為「恐怖份子」，並進而發展到現在的「全球恐怖主義」。在軍事領域，承諾要確保美國的影響「不僅要延及全球，而且要長期保持下去。」

布希的反恐擴大化，受到了美國自己的反恐問題專家丹尼爾・班傑明的質疑：「美國的反恐戰爭在戰術層面的某些領域做得還不錯，但在戰略層面上卻一直搖擺不定。更為糟糕的

被摧毀後重建的美國世貿中心。

是，布希政府的某些政策，從長遠來看，使得恐怖主義威脅更為嚴重。」

英國倫敦經濟學院國際關係專業高級講師克里斯多佛・柯克博士以《孫子兵法》為理論基礎，對美國正在進行的「反恐戰爭」進行了審視，分析了美國「反恐」戰略的得與失，並以史為鑒對美國「反恐戰爭」擴大化的傾向提出了警告：美國人應從《孫子兵法》借鑒的最後一點是「戰勝而天下曰善，非善者之善也」。在美國士兵閱讀《孫子兵法》所學到的所有教訓中，「這一條應該是最重要的」。

西方孫子研究學者認為，恐怖活動是反人類的，反恐需要國際社會和全人類共同應對，美國應正確理解孫子原則指導反恐戰爭。《孫子兵法》所提供的「非戰」、「慎戰」、「五事」、「七計」等重要原則，在當今反恐戰爭中仍不可不察、不用。否則，反恐戰爭將走上一條不歸路，陷入「愈反愈恐」的怪圈。

孫子語錄警句格言在美軍廣泛流行

「知彼知己，百戰百勝」、「上兵伐謀」、「不戰而屈人之兵」、「攻其不備、出敵不意」，中國二千五百多年前孫子的語錄、警句和格言，在美軍廣泛流行，有的成為美軍高層的座右銘。

在美伊戰爭擔任總指揮官的美軍中央指揮部司令弗蘭克斯上將，以閃電般的作戰在出人意料的短期間攻陷伊拉克首都巴達格而聲名大噪，這位軍事將領的座右銘是孫子的「知彼知己，百戰不殆」。

美國陸軍作戰學院發言人霍松曾對參觀學院的中外記者說，中國古代戰略家孫子在二千五百多年前所著《孫子兵法》，現在是該院的必修課。他說《孫子兵法》簡明扼要，好記好學，充滿哲理，《孫子》是學員們最喜歡的戰略學之一，他當場背誦了「知彼知己，百戰不殆」等名句。

據介紹，美軍各軍種基本上每年都要向軍官們推薦讀書書錄，《孫子兵法》幾乎總是做為必讀書列入其中。受孫子語錄警句格言的啟發，美國人提出了許多創新性的軍事理論。

美軍的作戰條令和重要檔經常引用孫子格言。在二十世紀80年代初，美軍提出的《空地一體戰》作戰綱要中，共引用了十九條軍事名言和警句，其中大多數摘自《孫子兵法》。該理論中提出的「主動、縱深、靈敏、協同」四個作戰原則，也都與孫子所宣導的「致人而不致於人」、「兵之情主速」等思想不謀而合。

美國著名戰略理論家、美國國防大學校長理查德・勞倫斯中將在闡述「空地一體戰—縱深進攻」時，認為這一作戰原則所根據的原理是《孫子兵法》的「奇正之變」和「避實擊虛」。

從1982年開始，美軍在作戰條令和國防部重要檔中引用孫子格言的做法，成為一個不成文的固定模式沿襲下來。美軍陸軍新版《作戰綱要》更是開宗明義地將孫子的「攻其不備、出敵不意」一些名言，做為其基本作戰思想理論和主要方法的要則。

前美國總統國家安全顧問布熱津斯基在《運籌帷幄——指導美蘇爭奪的地緣戰爭構想》一書中也提出，隨著核時代的到來，應以「上兵伐謀」、「不戰而屈人之兵」做為美國與前蘇聯競爭戰略的總方針。

美軍參謀長聯席會議主席維西在1985年訪問中國軍事學院即席演講中說:「美國軍事理論吸收了許多國家的優秀遺產，其中有西元前四百多年中國早期的《孫子兵法》。」1986年，美國國防大學校長勞倫斯訪問中國國防大學時的講話中，一再援引孫子。

2002 年 10 月，美國第三裝甲騎兵團製作了一套有關伊拉克情況的幻燈片，幻燈片的首頁只有一句話——「知己知彼，百戰不殆」。這句簡短的話是對美國六十多年來學習《孫子兵法》的精闢總結。

2003 年伊拉克戰爭中，美軍以直接攻擊對方指揮中樞甚至指揮者本人的「震懾」行動開始，而「震懾」理論是曾任美國國防大學教官厄爾曼博士參考《孫子兵法》警句創造的。厄爾曼說，「我一直在思考像孫子所說的那種『不戰而屈人之兵』的戰略。」在此基礎上，他同他的美國同行提出了「震懾」戰略。

美國國防小組委員會主席奧迪恩的報告中引用了一些傳統的格言，其中包括中國古代著名軍事思想家孫子的名言。奧迪恩說，我不是軍事歷史學家，但我有不少朋友是，他們經常引用孫子的格言。我認為，孫子所說的一些基本原理和思想在今天仍具有非常現實的意義

近年來，美軍在頒發的《2010 年聯合構想》、《未來聯

美國西點軍校歷史圖片。

合作戰概念》等作戰條令，及美國國防部《四年防務審查報告》和國會國防小組委員會對該報告的審查報告《國防的轉變——二十一世紀的國家安全》中，都引用了許多孫子的格言。

美日戰略家提出「孫子核戰略」

被稱為「美國第一流戰略家」的華盛頓斯坦福研究所戰略研究中心主任理查德・福斯特，運用《孫子兵法》探索美國對蘇的新戰略，以「不戰而屈人之兵」為基點，提出「確保生存和安全」戰略，代替「確保摧毀」戰略，影響五角大樓和白宮的決策。日本京都產業大學教授三好修又從這一戰略思想加以闡發，提出了著名的「孫子核戰略」。

人類步入了核時代，一時間，核戰爭的陰雲籠罩了全球，強烈地衝擊著世界的政治，並對軍事領域中的某些傳統觀念提出了挑戰。在有可能爆發核大戰的現實威脅下，一種巨大的核恐怖感又一次籠罩了美國朝野。美國制定了與當時蘇聯「火箭核戰略」形成針鋒相對的「全面核大戰」戰略。而不少著名的美國軍事活動家和國務活動家則驚呼：「核武器無論對於勝利者或失敗者，按其後果來看都將是毀滅性的戰爭」。

當時任美國參謀長聯席會議顧問、哈佛大學國防問題研究所副所長的季辛吉，也在其所著的反映由當時美國一些著名國務活動家和軍事家組成的小組全體成員研究美國的戰略和外交政策成果的名為《核武器與對外政策》一書中，表述了避免和遏制核大戰爆發的思想。精通《孫子兵法》的季辛吉，對克勞塞維茨關於「戰爭是政治的繼續」的論斷提出了責難。

美國將軍鮑弗爾聲稱：「核戰爭不可能成為某種政策的手段，按克勞塞維茨的說法，是『政治交往通過另一種手段的實現』，它完全是一種自殺行為。」美國國防大學戰略研究所所長約翰·柯林斯在他於 1973 年撰寫的《大戰略》一書中寫道：「全面戰爭這個詞通常指美國和蘇聯之間一次滅絕種族的攤牌，由於廣泛使用大規模毀滅性武器，它可能危及整個地球的安全。」

美國哈佛大學教授理查德·派普斯也在美國 1983 年出版的《軍事戰略》一書中寫道：「目前盛行的美國核戰略認為，擁有大量核武器國家之間發生的全面核戰爭破壞性非常之大，以致不會有什麼勝利者，因此，訴諸武力已不再是這種相互敵對的國家的政治領導人可採取的一種合理抉擇了。廣島和長崎遭受原子彈襲擊後，美國普遍認為克勞塞維茨關於戰爭是用另一種手段進行的政治的格言已經過時。」

1978 年至 1980 年間，美國華盛頓斯坦福研究所戰略研究中心主任理查德·福斯特連續發表了一系列有創見的論文。他通過美蘇戰略的分析對比認為，蘇聯的核戰略重點在於打擊美國的核戰略力量，即孫子「伐兵」的思想。他們的真正意圖還是要爭取「不戰而勝」，立足於生存與勝利。美國的「確保摧毀」戰略把打擊城布 (社會財富) 放在首位。在孫子看來，這是一種最拙劣，萬不得已才可採取的戰略，即攻城戰略。

福斯特認為，孫子的觀點非常深奧，觸及了核戰爭的實質，具有現實意義。核戰爭會給人類造成巨大災難，理應盡力避免，眼下最理想的戰略還是孫子提出的觀點：「不戰而克敵」，「不付代價取天下」。他主張美國要根據孫子的戰略原則，必須改變自己的戰略思想，用「相互確保生存和安全」取代「相互確保摧毀」，把軍事力量做為戰略打擊目標。

他寫道：「遏制戰爭的基本條件是，讓敵人對戰爭的結局更加失去信心，使蘇聯意識到，城市雖可免遭摧毀，但軍事上卻要冒失敗的危險，而不是像聖經的《啟示錄》那樣，描繪一幅『世界毀滅』的可怕前景。」

據《紐約時報》1980 年 8 月 8 日報導，美國總統卡特決定採取一種與福特的孫子核戰略更加接近的新的核戰略。卡特簽署的《總統第 59 號行政命令》決定，新戰略將把打擊蘇聯境內的軍事目標放在首位。

美國不但制定了「孫子的核戰略」，而且又按照《孫子兵法》制定了新戰術。他們針對蘇聯和華約組織在傳統武器方面已超過北約，以及可能在西歐發生的戰鬥，改變過去的攻堅戰戰術，按照孫子的「攻其無備，出其不意」原則，制定了旨在快速、機動和深入敵後作戰的所謂「空運戰術」。

上世紀 90 年代初發生的以高技術為主要特點的海灣戰爭中，美國在戰略指導上採取了「先勝而後求戰」的戰略方針，從而使戰爭有可能速戰速決速勝。關於海灣戰爭的作戰指導，美國國防部在戰後所寫的報告《海灣戰爭》一書中毫無隱晦地說：「多國聯盟成功地實踐了孫子所說的『上兵伐謀』的戰略思想。」

在伊拉克戰爭中，中國孫子及其著作《孫子兵法) 取而代之，扮演了相應的角色。2003 年 4 月 2 日，《亞洲時報》的一篇文章稱，孫子才是「震懾行動」的真正鼻祖。生活在西元前 500 年左右的孫子主要傳授蒙蔽敵人之道，避免決戰的間接戰略，以及直接影響敵人鬥志的方法。

美國學者稱，美國的戰略家們從《孫子兵法》中受到了啟發，認識到美國「確保摧毀」戰略是失敗的戰略，影響了美國政府的戰略政策。把以前針對蘇聯的「相互確保摧毀」改變成了「相互確保生存」從而贏得了冷戰勝利。二千五百多年前冷兵器時代的孫子，竟成了西方制定核時代戰略、戰術的思想基礎，這是孫子萬萬沒有想到的。

美國軍人稱強勢國家更要讀懂《孫子》

美國孫子研究學者稱，在尼克森、柯林斯等人用《孫子兵法》分析越戰的經驗教訓之後，《孫子兵法》一書開始風靡全美。《孫子兵法》不僅對美軍的核戰略，而且對美軍的常規戰爭理論也產生了深遠影響。美國軍人對《孫子》 的看法也有許多獨到之處。

美國著名戰略學家、哈佛大學政府系教授江憶恩的《美國孫子研究》一文中說，二十世紀 80 年代和 90 年代，《孫子兵法》受到了美國軍官越來越多的關注。雖然，大多數軍官都來自於不同的軍事機構，接受過不同的軍事專業訓練，但是，在他們所受的教育中，或多或少總會閱讀和研究過《孫子兵法》中的一些篇章。

前美國國防大學校長理查德・勞倫斯中將於 1986 年在中國國防大學演講時指出，孫子的理論是他們確定美軍作戰原則的重要依據。例如，海灣戰爭與伊拉克戰爭中，《孫子兵法》對美國制定對伊拉克的戰略和在伊拉克戰場上的英美指揮官的思維和行動方式產生了深刻影響。

美國前陸軍軍官馬克・麥克利尼分析了伊拉克戰爭中美軍對《孫子兵法》的運用後總結說：「的確，西方的戰爭方法尤其是美國的戰爭方法，常常是直截了當，建立在優勢技術之上。不過大家現在看到的情況正是西方的軍事優勢和東方的間接方法的結合。」

美國陸軍作戰學院發言人霍松曾對參觀學院的中外記者說，中國古代戰略家孫子在二千五百多年前所著《孫子兵法》，現在是該院的必修課。他說《孫子兵法》簡明扼要，好記好學，充滿哲理，孫子是學員們最喜歡的戰略學之一，他當場背誦了「知彼知己，百戰不殆」等名句。

美軍上校道格拉斯・麥克瑞迪認為，毫無疑問，中國古代軍事家孫武的《孫子兵法》堪稱兵法經典，軍事聖經，影響深遠。目前，《孫子兵法》至少有六種英譯本，你可以在世界上最大的書店裏隨時看見它的身影。《孫子兵法》英譯本的譯者羅傑・埃姆斯對《孫子兵法》推崇備至，將它稱為「當今世界軍事戰略領域最重要的經典著作。」

道格拉斯 ・ 麥克瑞迪說，千百年來，孫武的著作一直影響著中國的軍事思想。二十世紀 30 年代和 40 年代，在中國的國內戰爭期間，毛澤東將孫武的軍事思想引入了其軍事著作。北越的領導人胡志明和武元甲也從孫武的思想中汲取了精華，在對法戰爭中首次運用了孫武的智慧，後來在對美國的戰爭中同樣應用了孫武的軍事思想。

在越南戰爭期間，美軍就非常重視《孫子兵法》，美國陸軍軍官人手一冊《孫子兵法》和毛澤東著作。 道格拉斯・麥克瑞迪坦言道，當然，並不是所有的軍官都通讀了這些書籍，

美國西點軍校舉行閱兵式。

也並不是所有人都能理解它們。

在談及強勢國家時道格拉斯・麥克瑞迪說，孫武的思想在近代歷史上的廣泛應用，使許多人認為《孫子兵法》是弱勢力量的致勝法寶。今天人們廣泛討論的非對稱作戰，也與孫武的思想不謀而合，但孫武的思想同樣也可以應用於強勢國家。不管在什麼情況下，強勢國家的政治和軍事領導人應當對《孫子兵法》耳熟能詳，因為如果他們不能靈活運用孫武的思想，他們就要時刻準備著應付能夠運用孫武思想國家的打擊。

在未來的幾十年裏，美國仍將擁有世界上最強大的軍隊，運用孫武的戰略思想將比以往更為重要。「美國或許不會將孫武的全部思想都溶入其進攻性戰略中，但美國肯定會面臨那些運用孫武思想或類似思想的對手的挑戰」。道格拉斯・麥克瑞迪說。

美國軍事學者論孫子與毛澤東戰略

「從毛澤東的每一條作戰原則中都可能找到孫子的思想，顯然毛澤東的每一條原則都體現了《孫子兵法》中的多處教誨」。美國海軍分析中心亞洲和中國研究專案主任馮德威說，我談這個歷史話題有兩個原因，一是我學的專業是中國歷史，二是我最近又一次體會到《孫子兵法》對毛澤東軍事思想的影響。

馮德威闡述說，他把毛澤東的作戰原則和《孫子兵法》中很多重要的教誨聯繫起來，很有意思。

毛澤東的第一條原則：先打分散和孤立之敵，後打集中和強大之敵。與此原則相關的孫子教誨很多，我只選擇一條：進攻的重要性。毛澤東十大作戰原則給人的第一印象就是它們都是講進攻的，沒有講防禦的。可能這是由於上面所講到的原因造成的，即當原則提出時，正是解放軍從戰略防禦轉入戰略進攻之際。無論如何，毛澤東集中談論的是進攻，而不是防禦，這一點是很清楚的。

在美國准將格里菲思的《孫子兵法》譯本中，第四篇〈軍形篇〉中說：「不可勝者，守也；可勝者，攻也。」孫子說：「善攻者，動於九天之上，故能自保而全勝也。」因此，孫子告訴我們，勝利的關鍵是進攻。防禦保存自己，而只有進攻才能達成目標。毛澤東顯然吸收了孫子的這一思想。

毛澤東的第二條原則：先取小城市、中等城市和廣大鄉村，後取大城市。我認為，毛的第二條原則以其對解放軍和國民黨軍隊在內戰這一特定階段的強弱判斷為依據。在這一原則裏，毛堅持了《孫子兵法》第三篇〈謀攻篇〉的一些主要教誨。他認為在所有策略中，「其下攻城」，「攻城之法，為不得已」最為重要。在討論攻打城市時，毛也總是強調要謹慎。他特別指出，必須所有條件成熟才能對城市發起攻擊，並且指出，這是最後的任務。

毛澤東的第三條原則：以殲滅敵人有生力量為主要目標，不以保守或奪取城市和地方為主要目標。在制定這條原則時，毛在向他的指揮員們明確他對敵軍「重心」的判斷。在中國內戰中，毛澤東顯然認為國民黨的重心是它的軍隊，而不是他們所控制的地域或城市。孫子在〈虛實篇〉中間接地談到這一概念。孫子認為：「攻其所必救也。」孫子還觸及判別敵人重心的問題，即「策之而知得失之計。」

毛澤東的第四條原則：每戰集中絕對優勢兵力，四面包圍敵人，力求全殲，不使漏網。在〈虛實篇〉中，孫子告誡指揮官要保持自己部隊的集中，尋找分散的敵人，一點一點地攻擊並消滅小規模的敵人。「我專為一，敵分為十，是以十攻其一也，則我眾而敵寡；能以眾擊寡者，則吾之所與戰者約矣。」

毛澤東的第六條原則：發揮勇敢戰鬥、不怕犧牲、不怕疲勞和連續作戰（即在短期內不休息地接連打幾仗）的作風。這一原則中與《孫子兵法》中的教誨有明顯聯繫的是「連續作戰」。在〈始計篇〉中，孫子教導指揮員對待敵人要「佚而勞之」。毛和孫子所指的思想是，保持作戰勢頭可保持主動。

毛澤東的第七條原則：力求在運動中殲滅敵人。同時，注重陣地攻擊戰術，奪取敵人的據點和城市。毛的這一原則體現了孫子的兩條重要教誨：〈軍形篇〉中的「昔之善戰者，先為不可勝，以待敵之可勝。」〈兵勢篇〉中的「戰勢不過奇正，奇正之變，不可勝窮也。」毛在告誡他的指揮員應該注意「發展進攻能力」，而不僅僅是注重攻擊運動中的敵人時，他所想的實質問題是要求指揮官必須能處理各種情況下的進攻。

毛澤東的第八條原則：在攻城問題上，一切敵人守備薄弱的據點和城市，堅決奪取之。一切敵人有中等程度的守備、而

美國唐人街出售的孫子與毛澤東書籍。

環境又許可加以奪取的據點和城市，相機奪取之。一切敵人守備強固的據點和城市，則等候條件成熟時然後奪取之。在制定這一原則時，他吸收了孫子〈作戰篇〉中的思想。孫子特別指出「久則鈍兵挫銳，攻城則力屈」；毛的這一原則的關鍵是奪取這些據點的階段性。

毛澤東的第九條原則：以俘獲敵人的全部武器和大部人員，補充自己。我軍人力物力的來源，主要在前線。顯然，這一原則是建立在毛對內戰中解放軍後勤狀況的客觀現實的評價之上。同時，它也沒有脫離孫子的思想。首先，它強調了孫子〈謀攻篇〉中的「全軍為上，破軍次之」；還遵循了孫子〈九地篇〉中的「重地，吾將繼其食」。

毛澤東的第十條原則：善於利用兩個戰役之間的間隙，休息和整訓部隊。休整的時間，一般地不要過長，盡可能不使敵人獲得喘息的時間。毛的最後一條原則遵循了孫子的兩點思想。其一，〈九地篇〉中的「謹養而勿勞，並氣積力」。其二，〈虛實篇〉中的「故敵佚能勞之，飽能饑之，安能動之……」毛更重視第二點，不讓敵人重組、再補給或休息。毛在指出這些原則時其重點是主張進攻，他不想做「宋襄公」。

馮德威認為，可以說在毛澤東十大作戰原則的字裏行間我們可以看到包含了孫子的許多思想。但是，毛澤東的原則雖然深深地植根於孫子的教誨，卻是特定的時間和特定的戰爭環境制定的。因此，毛澤東的十大作戰原則是比較具體的，而《孫子兵法》也許有更廣泛的通用性。

美軍高級顧問白邦瑞古城蘇州論兵法

「越王勾踐的韜光養晦以及臥薪嚐膽的戰略指導思想，『十年生聚，十年教訓』的大謀大略，使我們感到回味無窮，由衷敬佩。」美軍高級顧問白邦瑞站在《孫子兵法》誕生地穹窿山的講壇上不無感慨地說，蘇州，這座曾在中國歷史上留下許多可歌可泣千古絕唱的名城，經過幾千年烽火硝煙的洗禮，特別是近二十年的改革開放，更加煥發出它的青春活力。

2001 年今秋 10 月，正值海灣戰爭十週年，白邦瑞來到美麗的江南名城蘇州，參加第五屆孫子兵法國際研討會， 他感到有多重的意義。他說，我們在這裏聚會，回首幾千年前吳越兩國的文韜武略，結合切磋《孫子兵法》，環顧當今複雜多變的國際安全環境，似乎聽到了當年歷史的腳步聲，彷彿看到了吳越兩國的鬥智鬥謀、兩軍廝殺的宏偉場面。

白邦瑞畢業於美國史丹佛大學與哥倫比亞大學，並在這兩所大學裏分別獲得碩士與博士學位，他的公開身分是美國國防大學和大西洋理事會高級研究員，實際身分是美國國防部長辦公室政策研究室高級顧問、美國國防大學國家戰略研究所的資深研究員，是一位「中國通」。他在出版的《中國古代戰略的復興》一書頗有感慨地說，孫子可沒想到時隔二千多年以後，他的學說在中、美的戰略學界迸出火花。

對中國文化的精髓《孫子兵法》頗為精通的白邦瑞，在研討會上主動發言，高談闊論孫子的戰略思想。他說：「上屆研討會，我選擇的命題是『兵貴勝，不貴久』。今天要談的是：『先為不可勝，先勝而後求戰。』所謂先勝，用現代話來說，就是不打無準備之仗，不打無把握之仗。」

白邦瑞還學著中國式的幽默說：「今天我們面臨新世紀的挑戰，太平洋地區很不太平。這就要求我們更好地學習《孫子兵法》，以掌握新的歷史條件下戰爭的指導規律。讓我套用一段順口溜來表達學習《孫子兵法》的重要性：一天不學問題多；兩天不學走下坡；三天不學沒法活；四天不學被端老窩；五天不學會亡國。」

歷史在前進，世界在發展。今年是海灣戰爭十週年。白邦瑞說，今天我想利用這個機會，暢談一下海灣戰爭中我們是如何學習《孫子兵法》，運用孫子「先為不可勝」的謀略思想，在條件惡劣、面對強敵的情況下，在超乎常規的短時間裏，贏得那場戰爭的。

白邦瑞舉例說，對伊拉克的將領、戰法以及地理、地形等兵要地志，我們在海灣戰爭開始前，下了一番苦功進行研究。經過詳細的分析、偵察，研究、設計、制定了大家今天所熟悉的「左勾拳」這個作戰計畫。當時一些作戰指揮、計畫人員，對美第七軍等大兵團機動、長途奔襲數百里荒漠，進行包抄、迂迴提出質疑，擔心很笨重的 M1-A1 坦克體積過重，加上每天需要更換一個坦克濾清器，惡劣的沙漠條件可能不適合實施這種冒險的計畫。

對此，我們專門派了特種部隊，潛入敵後，對沙漠進行實地坦克壓重試驗，結果得出第一手資料，伊拉克沙漠地區是可以承載此重量的坦克，出其不意的遠程大縱深奔襲，在技術上是沒有問題的。這一點，我們的對手當年根本無法想像，他們完全蒙在鼓裏。「左勾拳」的實踐告訴我們：「先為不可勝」，「先勝而後求戰」，只要我們運用謀略，戰前進行充分的偵察、研究、分析、判斷，不打無準備之仗，不打無把握之仗，加上高技術武器，不管戰區自然條件如何惡劣，不管對手怎麼狡猾，我們終將可以贏得戰爭的勝利。

中國的劉伯承元帥曾經對戰爭中戰場地形險峻、把握戰爭節奏短快，說過一段精彩的話。他說「戰勝敵人的要訣，一是由於布勢險惡緊迫，使敵人不能支持；二是由於戰鬥過程短促乾脆，使敵人來不及防備。」海灣戰爭中最後一百小時的「左勾拳」行動，就是根據伊拉克荒漠的險惡，使其共和國衛隊來不及防備、抵擋；計畫幾十個小時就解決戰鬥的短促，就是集中優勢兵力，快速機動，長途奔襲、急襲，使共和國衛隊根本來不及躲避。

孫子「不可勝在己，可勝在敵」的指導戰爭的規律和謀略思想也是我們海灣戰爭實踐的又一個指導原則。伊拉克是一個軍事強國，擁有各種先進的武器，且占天時、地利，可以後發制人。從海灣部署部隊開始，學習《孫子兵法》，如何把戰爭的主動權操在多國部隊手中，在短時間裏以傷亡小、損耗低的代價，盡快解放科威特，打敗伊拉克，成了一個關鍵問題。

根據孫子「不可勝在己，可勝在敵」的謀略思想，說到底，其中很主要的一條，就是讓薩達姆犯錯誤。為此，多國部隊選擇在伊拉克集結部隊的正面海灣，部署大量陸戰隊，佯裝要進行登陸作戰，以吸引其主力。在這一謀略實現後，我們用奇兵，進行長途大縱深的迂迴，一記左勾拳，把伊軍經營了幾個月的防線打得稀巴爛。這與當年韓信將軍指揮的井陘之戰，曹操的官渡之戰，以及劉秀的昆陽之戰，有異曲同工之妙。

白邦瑞由衷說，孫子離開我們幾千年了，今天的世界發生了翻天覆地的巨大變化，但孫子的戰略與謀略思想是跨越時空，不朽永存的。今天我們面臨新的世紀的挑戰，太平洋地區很不太平。這就要求我們更好地學習《孫子兵法》，以期掌握新的歷史條件下戰爭的指導規律，為維護亞太及世界和平作出努力。在這個過程中，我們當然還是要請孫子幫忙。因為孫子十三篇開宗明義地告訴我們：「兵者，國之大事，死生之地，存亡之道，不可不察也。」

談到交流白邦瑞說，在這裏報告大家一下，我們正在籌備組織全美孫子兵法學會，準備在適當的時候，邀請二十多位中國研究古代軍事思想的同行們到美國參加一次研討會。對於孫子和其他諸子的研究，我們尚在起步階段，我們願意拜中國的同行們為師，虛心學習，相互交流。

白邦瑞最後表示，四分之一世紀前，美中兩國剛剛建交。當時我做為一名年輕的學者，第一個在美國提出與中國人民解放軍建立軍事交流關係，其中也包括情報交流。這個建議得到了美國最高當局的採納，成為一項既定國策延續至今。我深深地希望這種兩軍交流應當不斷發揚光大，能在軍事古代戰略研究方面也結出碩果。

前美駐華武官白恩時准將深研《孫子》

1982 年參與美陸軍《作戰綱要》制訂過程的前美駐華陸軍武官白恩時，在一篇題為〈《孫子兵法》對美國陸軍空地一體戰理論的影響〉文章中撰文指出，「空地一體戰」理論與《孫子兵法》的內在聯繫。

白恩時三十多年戎馬生涯，參加過越戰，美國海軍戰爭學院戰略和運營碩士，最高軍銜是陸軍准將。1991 年以後，白恩時在美國駐華使館當了六年武官，並榮獲「中國人民解放軍紀念獎章」。1998 年「下海經商」，擔任羅克韋爾公司中國區總裁 。

在香港學過兩年中文的白恩時，閒暇時對孔子、老子和孫子相關書籍，涉獵都頗多。按照他的說法，就是要「文武結合」。不過，他鑽研最深的還是《孫子兵法》。1995 年，他在《孫子學刊》中發表《孫子兵法對美國陸軍空地一體戰理論的影響》，令人刮目相看。

白恩時透露，為了制定新的作戰理論，在利文沃思堡基地司令部和參謀學院組織了一個由軍官組成的短小精悍的班子。這個小組研究了克勞塞維茨、若米尼、格蘭特、富勒、利德爾·哈特、孫子、成吉思汗和其他人的著作，以便創立一種適合於美國傳統、當前國際環境和現有武器的新的理論。目標很簡單，就是要在速戰中以少勝多。所選定的方法被稱之為「空地一體戰」理論。

白恩時參與的《作戰綱要》制訂過程，在戰略問題和作戰理論研究上求教於中國的孫子；在常規戰爭理論上也以孫子思想為指導，美軍提出的《空地一體戰》作戰綱要中，共引用了十九條軍事名言和警句，其中大多數摘自《孫子兵法》。美軍把空地一體戰理論稱為「陸軍的基本作戰思想」。

新版《作戰綱要》首次提出「空地一體戰」理論，這一理論的四項基本原則是：主動、縱深、靈敏和協調。該理論認為，未來戰鬥沒有明確的戰線，強調火力和機動打擊敵人的全縱深，所有可以動用的軍事力量須協調一致地行動，以求達成統一的目標。「協調」原則在空地一體戰理論中，不僅適用於美軍的常規部隊，而且也適用於核和化學武器；協調一致還是美陸軍與其他軍種和盟軍聯合作戰的特點。這一原則與孫子思想相符。

綱要的第二章直接引用孫子名言：「兵貴勝，不貴久」、「攻其無備，出其不意」。白恩時說，這一新的理論所體現的特點是：在克勞塞維茨的理論和孫子理論之間，在火力與機動之間，在直接手段與間接路線之間以及在控制管理和掌握主動之間取得較好的均衡。

由此可見，美軍「空地一體戰」理論基礎之一是綜合了《孫子兵法》與《戰爭論》的精華，融克氏的學說和孫子的原則於一體。這一理論反映了美軍既側重充分發揮其兵力兵器的技術物質優勢，又強調善於運用智謀，速戰速決，以較小的人員代價取得勝利的戰略追求。

「我對中國的歷史和文化都非常喜歡。」下海經商後的白恩時，希望憑藉自己對中國文化的認識和理解，將《孫子兵法》在商界發揚光大。白恩時的理解是，《孫子兵法》不但是軍事上的寶典，而且在商界甚至人與人關係的處理上都可以奉為教材。

白恩時決定把「知天知地、勝乃可全」的理論運用到中國市場的開拓上。在他看來，很多跨國公司來中國，沿襲的還是西方的那套「直接」的方式，比如「矩陣式管理」和「個人主義」，而這很容易水土不服。中國人更強調家庭、團體的氣氛，喜歡間接和迂迴，這一點與《孫子兵法》的指導思想一致。

《孫子》在美國軍事學院擁有很大影響力

美國著名戰略學家、哈佛大學政府系教授江憶恩在《美國孫子研究》一文中披露，美國准將格里菲思、中國將軍陶漢章、拉爾夫・索耶、安樂哲的《孫子兵法》譯本，深受美國軍事院校的歡迎， 在美國海軍學院、西點軍校、武裝力量參謀學院、美國軍事學院等軍隊學術機構擁有很大的影響力。

據介紹，美國西點軍校、印第安那波列斯海軍學院、科羅拉多空軍學院、國防指揮參謀學院等著名軍事院校的必修課程中，都列有《孫子兵法》。美軍的最高學府國防大學，更是將其列為將官主修戰略學的第一課，位於克勞塞維茨《戰爭論》之前。

正如美國國防大學校長勞倫斯中將所說，《孫子兵法》在美國軍校中是做為教科書來學習的。在今天已成為美軍作戰原則的重要理論依據，對於美軍戰略思想和美軍戰役戰術思想兩個方面產生了巨大影響。

1984 年，《孫子兵法》被美國國防大學正式列入課程體系。這一年，為了適應重新選拔培養高級軍官為戰略家的這種轉變，國防大學軍事戰略系出版了 883 頁的戰略論文集，摘編成《軍事戰略藝術與實踐》，此書從 1980 年代中期到 1990 年代早期，一直做為美國國防大學戰略核心參考書。後來為戰略「戰略文叢」所取代，成為學生們核心戰略課程中的必讀書。

美國國防大學資訊資源管理學院從二十世紀90年代開始，每年舉辦「孫子與信息戰爭」徵文比賽。「9.11」事件後，美軍研究的重點轉向了信息戰領域。美國軍校不僅把《孫子兵法》做為教科書來學習，而且在推進新軍事變革中，美國國防大學還開辦了「孫子兵法與信息戰」論壇。

在西點軍校，有兩門研究孫子的課程。這兩門課都是在歷史系講授的。一門課是「亞洲戰爭史」，孫子主要是做為考察古代中國戰爭情況的一種分析來源。第二門課程是「戰爭與戰爭理論」。這門課程有關孫子的部分也使用索耶的譯本，系統分析了孫子做為全球軍事理論體系中的一員。

在美國軍隊戰爭學院至少開設了三門課程向學生介紹孫子——高階課程「中國軍事」、「亞洲的區域安全」和「戰略理論」必修課，內容開始於克勞塞維茨對古代和當代軍事理論的研究，接著轉移到「孫子、毛澤東和亞洲軍事思想，計三個小時的課程。研究主題主要集中於核心概念，例如：欺騙、迂迴戰法、作戰行動速度、不戰而屈人之兵。

在二十世紀80年代和90年代，孫子是被做為海軍軍事學院戰略核心課程中的一部分來教授的。在這門戰略核心課程中，通常會在該學期安排專門一講來研討孫子，選擇孫子做為代表性的戰略家。該學院還開設了一門孫子軍事思想選修課。這可能是美國軍事專業教育系統的第一門專門研究《孫子兵法》的課程。

在所有的軍事專業院校中，有關孫子的課程在美國海軍陸戰隊戰爭學院中所扮演的角色是最重要的。1990年，指揮官阿爾弗雷德·格雷創立了一個研究所，孫子研究被納入一門名為「戰爭、政策和戰略」的必修課。

美國西點軍校營房。

美國空軍學院軍事策略系給空軍軍官們開設了一門核心課程「制空權原則」，在這門課中介紹了《孫子兵法》。課程的第一部分考察了孫子、克勞塞維茨、若米尼、馬漢和科貝特對戰爭理論的論述。空軍學院另外一個教學單位制空研究學院開設了一門軍事理論基礎課，這門課程裏也包含了對孫子和毛澤東的研究。

西點軍校選址符合孫子軍事地理思想

記者驅車 80 公里，從紐約州北部向南，穿過哈德遜峽谷，到達哈德遜河西岸。這塊位於哈德遜河 「肘狀」近 50 平方公里的三角岩石坡地上，就坐落著聞名於世的美國西點軍校。該軍校得天獨厚的獨特地理位置，在全世界軍事院校中是罕見的。

哈德遜河又名赫遜河，是美國紐約州的大河，也是美國獨立戰爭中一條具有重要戰略地位的河道。該河全長 507 公里，

由義大利探險家喬瓦尼・達韋拉紮諾於 1524 年發現，河流名稱來源於英國探險家亨利・哈德遜。哈德遜河蜿蜒流向東南，至科林斯後折向東北流至哈德遜瀑布。由此逕直向南流，注入上紐約灣。

位於哈德遜河西岸的西點軍校，其獨特的地理位置令人叫絕。當奔騰不息的激流奔入紐約灣時，河水受一塊伸向河中的三角形岩石坡阻擋，突然折而向東，形成一個 S 狀的急彎。兩百年來西點軍校就舒坦地躺在這急彎口，任憑風吹浪打，我自巍然不動。

據研究西點軍校歷史的斯蒂溫 ・ 格羅夫博士介紹，西點歷來是兵家必爭之地。這主要是哈德遜河在流經西點時呈「S」狀，且彎度很急，過往的大型船舶經此必須減速，來犯敵船則因減速而易受攻擊。更主要的是河西岸的高地居高臨下，占據之人可以控制所有河運。如果在此設立軍事要塞，頗有「一夫當關，萬夫莫開」之勢。

具有獨特地理位置的美國西點軍校。

西點軍校所在的西點鎮曾是美國獨立戰爭中一個重要的軍事要塞，也是一個美洲重要的戰略地點。當時的大陸軍司令喬治・華盛頓將軍認為，西點是美國最具戰略價值的一塊陣地，是「打開美國的一把鑰匙」。1778 年，考斯俄茨科准將設計了堡壘的外形，在此建立抗英據點。1802 年美國國會定為軍事保留地。同年 7 月 4 日，美國獨立紀念日這一天，美國歷史上的第一所軍校西點軍校在此宣告成立。

考斯俄茨科是開創西點歷史的里程碑式的人物，他是一位波蘭上校、曾參加過美國獨立戰爭中扭轉戰局的薩拉托加戰役的戰鬥英雄。1778 年， 華盛頓邀請他來設計西點要塞，科修茲科設計和建立了十四個軍事據點，外形呈堡壘狀。

西點軍校憑藉居高臨下的地理優勢，控制了河道和防禦水陸兩棲進攻，各據點彼此呼應，相互支援，形成了一個即使今天看來仍極具科學性和前瞻性的防務體系。1828 年，為了紀念這位波蘭英雄，西點軍校為其豎立了紀念雕像，考斯俄茨科目光炯炯地俯視著那逶迤而去的哈德遜河。

華盛頓本人曾在 1779 年把他的司令部搬至西點。實際上，西點要塞自 1778 年 1 月 20 日屯兵以來，是美國一直在使用的軍事設施，它也是西點軍校的一個重要組成部分。美國孫子研究學者認為，西點軍校的獨特地理位置，體現了華盛頓總統的戰略防禦思想，也符合《孫子兵法・地形篇》，蘊含的豐富的軍事地理思想。

美國西點軍校《孫子》教學偏重比較研究

記者走進傳說中帶有神祕感的、令全世界軍人都景仰的美國西點軍校。但見哥德式古堡教學樓，山坡上的瞭望炮臺，河口躺著的十幾尊大炮，手持望遠鏡的巴頓將軍塑像，艾遜豪威爾的紀念銅像，還有穿著迷彩服列隊走來的西點學員，白色教堂宣揚的是博愛與和平。

在西點軍校兩百多年的歷程中，培養了眾多的美國領袖和軍事人才，出了兩位總統和包括四位五星上將在內的3,700人將軍，成為世界一流的誕生將星的超級軍校。校內的廣場、道路、建築物都是以美國歷史上著名軍事將領名字命名的，如華盛頓大樓、塞耶大樓、格蘭特大樓、艾森豪大樓和雷茲廣場等。

講解員是一位白髮蒼蒼的戴副花鏡的美國老教授。據他介紹，獨立戰爭勝利後，以開國元勳華盛頓為首的一批美國領導人和政治家意識到，必須建立一個軍事院校，以培養為戰爭這門藝術服務的職業軍官和軍事技術人才。而《孫子兵法》在英文中被翻譯成《戰爭的藝術》，與西點軍校創辦宗旨密切相關。

1966年，西點軍校開始開設漢語課，包括基礎漢語、中級漢語、漢語軍事閱讀、中國文明等。記者最感興趣的是，西點軍校是否學中國古代的軍事名著《孫子兵法》。老教授沒讓我失望，他不光知道，而且還讀過。他對孫子精髓的理解也很獨特：中國孫子的偉大之處就是「用智慧打仗，用談判盡量避免打仗，用實力讓別國不敢打仗」。

在西點軍校博物館的書店裏，記者看到林林總總的軍事書籍，其中就有英文版《孫子兵法》。書店工作人員告訴記者，西點軍校學員應該都知道《戰爭的藝術》這本書，許多人買過這本書。

實際上，長期以來，做為美國著名軍事學府，不可能將中國《孫子兵法》做為核心指導教材，而是以西方軍事理論教育為核心，重點是西方軍事理論家的經典理論，而把《孫子兵法》做為東西方兵學比較研究的主要方向。西點軍校研究《孫子兵法》是歷史系的工作，孫子被用作是對古中國戰爭情況的一種分析來源。

當然，隨著時代的發展，孫子的現代價值日益顯現，《孫子兵法》也越來越被西方軍事學院所重視。西點軍校學員說，在學習軍事理論和軍事戰略的時候，學員要學習中國的《孫子兵法》，也會學到毛澤東的游擊戰和人民戰爭的理論和實踐。

美國著名戰略學家江億恩的〈美國孫子研究〉一文中介紹說，在西點，有兩門研究孫子的課程。這兩門課都是在歷史系講授的。一門課是「亞洲戰爭史」，孫子主要是做為考察古代中國戰爭情況的一種分析來源。這門課程使用的教材是拉爾夫・索耶的譯本，與別的譯本相比這個譯本提供了關於戰國時期武器和戰術的資訊。可以說，《孫子兵法》並沒有被看做為一本戰爭史書，而是被看做為戰爭哲學。

這門課研究的主題是：孫子知道什麼是勝利嗎？換句話說，《孫子兵法》論述了如何取得勝利的許多方面，同時書中為什麼又有大量的關於軍隊和國家會被打敗的論述。這門課程更多強調的是中國與西方戰爭觀念的相似性。

身穿迷彩服的美國西點軍校學員。

第二門課程是「戰爭與戰爭理論」。這門課程有關孫子的部分也使用索耶的譯本，系統分析了孫子做為全球軍事理論體系中的一員。課程的主題強調理論家對戰爭性質的認識，進攻與防禦力量的比例，以及軍事戰鬥中客觀因素與主觀因素的比例。

曾經出版了《石油戰爭》的美國著名作家威廉・恩道爾透露，若干年前，一位前美國軍事戰略和哲學教授、西點軍校的畢業生對他說，西點軍校的所有學員都需要深入掌握和熟知《孫子兵法》。他們從這位偉大的中國軍事戰略大師所學到的最重要的格言是：「兵者，詭道。」

教學區中心的西點軍校圖書館，是美國第一個軍隊圖書館和第一個聯邦圖書館。圖書館現有藏書六十多萬冊，藏有《孫子兵法》等中國兵書。1946 年該圖書館收到第一本《孫子兵法》，是由當時訪問該校的前國民黨將領康澤贈送的。2012 年 5 月，中國國防部長梁光烈上將訪問西點軍校，向該圖書館贈送了兩百多本中國兵家文化圖書。

在總計二十種圖書和光碟中，包括中英文版《孫子兵法》、《孫子兵法・三十六計大全集》、《孫子兵法新說》、《鬼谷子匯解》、《武經七書》、《中國戰典》、《戰爭史筆記》等。梁光烈介紹，通過《孫子兵法》這些知名中國古籍，可以瞭解中國古代戰爭理論；西點軍校現任校長大衛・亨頓表示，西點軍校也學習《孫子兵法》，中國代表團贈送的書籍將成為學校重要的研究資料。

《孫子》列為美國防大學戰略學第一課

美軍的最高學府國防大學將《孫子兵法》列為將官主修戰略學的第一課，位於克勞塞維茨《戰爭論》之前。正如前美國國防大學校長理查德・勞倫斯中將於 1986 年在中國國防大學演講時指出的，孫子的理論是他們確定美軍作戰原則的重要依據。美國國防大學教官高德溫也說：「就這兩位偉大軍事家的不同之處而言，我認為，孫子的思想側重於計謀和戰略，克勞塞維茨則強調暴力。」

1984 年，《孫子兵法》被美國國防大學正式列入課程體系。這一年，為了適應重新選拔培養高級軍官為戰略家的這種轉變，美國國防大學軍事戰略系出版了 883 頁的戰略論文集，摘編成《軍事戰略藝術與實踐》，此書從 1980 年代中期到 1990 年代早期，一直做為美國國防大學戰略核心參考書。

該書共分為三個部分：戰略思考、戰略基本概念、戰略實踐。《孫子兵法》被列入此書的第二部分，儘管此書僅節選了《孫子兵法》的第一章，選自美國准將塞繆爾・B・格里菲思的譯本，該譯本在美國國防大學、海軍學院、西點軍校、武裝力量參謀學院、軍事學院等軍隊學術機構擁有很大的影響力。

據瞭解，編寫第二部分的目的是為了拓寬學生的戰略視野，學會用不同的歷史視角去看待戰略一軍事力量的政治目標是什麼？在軍事力量運用中關鍵的軍事目標是什麼？軍事力量在戰略上如何運用？薩姆・加德納為這部分撰寫了前言，簡要介紹了《孫子兵法》與其他西方軍事著作之間的不同點與相似點。

薩姆・加德納分析指出，孫子和利德爾・哈特的軍事目標是敵人的作戰意圖，而克勞塞維茨的目標是敵人的軍事重鎮。至於軍事戰略，每位作者都傾向於關注不同的戰略方法，孫子強調迂迴戰術而不是直接的軍事進攻。

美國國防大學戰略學後來的教材包含了《孫子兵法》的全本十三篇。從 1996 年起，格里菲思的譯本為索耶的譯本所取代，成為戰略核心課程中孫子的主要譯本。 美國國防大學戰略研究所所長約翰・柯林斯對孫子及十三篇作了高度評價：孫子是古代第一個形成戰略思想的偉大人物。他寫成了最早的名著《兵法》。孫子十三篇可與歷代名著、包括二千二百年後克勞塞維茨的著作媲美。今天，沒有一個人對戰略的相互關係、應考慮的問題和所受的限制比他有更深刻的認識。他的大部分觀點在我們的當前環境中仍然具有和當時同樣重大的意義。

自二十世紀 80 年代中期起，美國國防大學的學生在有關戰略的核心課程研討班，專題討論孫子。對孫子的討論是由英國著名戰略家利德爾・哈特軍事戰略評論的閱讀與研討展開。在學員們看來，孫子的思想是通過利德爾・哈特首先介紹給現代西方戰略家們，他強烈反對二十世紀早期克勞塞維茨對戰爭的觀點。關於孫子的討論很少聚焦於傳統的主題「詭道」或「不戰而屈人之兵」，更加關注的是控制戰場的難點、靈活適應戰略環境改變的需要以及指揮官與君主的關係。

而擔任美國國防大學教官的厄爾曼博士則領悟「不戰而屈人之兵」之精髓，他曾說「我一直在思考像孫子所說的不戰而屈人之兵的戰略」。1996 年他與曾指揮第一次海灣戰爭的將

美國軍事學院學員。

軍們共同研究，提出了「震懾」理論。「震懾」的目標是控制敵人的意志，「震」就是在瞬間使敵人的心理遭受創傷，「懾」就是讓對方明白自己除了放棄抵抗已經沒有什麼別的選擇了。「震懾」正是孫子「不戰而屈人之兵」思想在現代戰爭中新的運用。

從二十世紀 90 年代開始，美國防大學資訊資源管理學院每年舉辦「孫子與信息戰爭」徵文比賽。比賽的目的是為了加強對什麼是信息戰爭、理論與實踐的含義、政府與私人工業之間的組織關係、國家資訊體系的薄弱環節及其他主題的研究。到目前為止，徵文比賽已經將獲獎論文編成論文集《孫子與信息戰爭》。美國國防大學資訊工程學院院長柯基斯少將在中國國防大學演講時曾說：「美國的信息戰理論，其基礎觀點就來自中國的《孫子兵法》。」

被商業科技重重包圍的史丹佛大學

耐克創始人菲爾奈特、惠普公司創始人之一威廉・休利特、雅虎創辦人之一楊致遠、Google 創辦人之一拉里・佩奇、香港匯賢智庫的政策發展總監陳岳鵬、華人第一首富李嘉誠長子李澤鉅、臺積電董事長張忠謀……被科技集團與企業重重包圍的史丹佛大學，培養了一大批全球知名的商界領袖。

靠近三藩市的史丹佛大學是美國的一所私立大學，被公認為世界上最傑出的大學之一。根據美國《福布斯》雜誌 2010 年盤點的美國培養億萬富翁最多的大學，史丹佛大學名列第二，億萬富翁數量達到 28 位，僅次於哈佛大學。美國《福布斯》雜誌 2013 年公布全美大學排名，史丹佛大學名列前茅。

「我們學校被視作『西岸的哈佛大學』，源於周邊有個『矽谷』。」史丹佛大學的大學生在與記者交流時說，當年學校一千英畝地以極低廉、象徵性的地租，長期租給工商業界設立公司，建立了美國首家在校園內的工業園區。隨著工業園區內企業一家接一家地開張，形成美國加州科技尖端、精英雲集的「矽谷」。

史丹佛大學生自豪地說，從這裏走出的畢業生們創造了世界眾多一流企業，以及數以百計的美國知名上市公司，為人類文明、科學技術進步、世界政治經濟和現代商業發展做出了極其卓越的貢獻。

大學生告訴記者，該大學本科設有中文、古典文學、亞洲／東方研究，本科專業設有哲學與文學、經濟學、管理學，研究生設有胡佛戰爭、革命與和平研究所、國際問題研究中心，特色學院設有商學院。這些專業大都與中國傳統哲學、戰略學、管理學有關。史丹佛大學亞洲語言文化系經典演講題目是「人生老莊哲學，事業孫子兵法」。

尤其是商學院與哈佛大學商學院一起，多次在美國權威雜誌的商學院排名中並列第一，為美國頂尖商學院。史丹佛大學商學院使命是：鑽研拓展工商管理理論，培養敢於創新、堅持原則、善於洞察的改造世界的領袖。而商界領袖離不開被譽為全球經商寶典《孫子兵法》。

史丹佛大學設有三十個圖書館，藏有超過 670 萬本書籍及四萬多本期刊，其中東亞圖書館以及大學圖書館系統的亞洲典藏，收藏了各種版本的《孫子兵法》，而孫子與商業管理的書籍最受大學生的歡迎。 史丹佛大學許多學生都研讀過《道德經》、《莊子》、《孫子兵法》等中國古代經典。

哈佛商學院代表比較傳統的經營管理培訓，培養的是「西裝革履式」的大企業管理人才；而史丹佛商學院則更強調開創新科技新企業的「小企業精神」，培養的是「穿 T 恤衫」的新一代小企業家。孫子「變中取勝」等智慧使他們知道在畢業後會面臨什麼樣的商業世界，並有足夠的才智來應付二十年以後經過了變化的商業世界。史丹佛學子如是說。

史丹佛大學位於加利福尼亞州，由於定居於此的亞裔人士很多，對於新觀念的接受程度顯然也較其他的美國各州來得強。曾經有人這麼比喻加州，說加州彷彿位於東西兩股文化勢力衝突的版塊上；而也就是因為異文化的衝擊，造成加州有別於其他美國城市的都會美感。史丹佛大學把非西方社會作家的作品加入到它全年的「西方文化核心教綱中」，引起了學術界的關注和震動。

史丹佛大學亞太研究中心已成為著名防務智庫，這裏的研究員既有前政府要員，如前國防部部長佩里，也有教授、研究員，還有來自亞太各國的訪問學者，他們曾仔細觀摩中國電視劇《亮劍》、《火藍刀鋒》，研究中國指揮官的超常規思維和兵法特點。他們認為，中國軍隊那種靈活機智的戰略戰術、不講常規的作戰方式，是西方軍隊所不具備的，也是西方軍隊難

作者與史丹佛大學生交流。

以招架的。

史丹佛大學胡佛研究所為世界上最大的政治、經濟和社會變化史料文獻收藏地之一，美國前國務卿賴斯來自該研究所。這裏擁有 160 萬冊藏書，六萬多個微縮影片檔，4,300 類約 4,000 萬件檔案和 25,000 多種期刊，供學者研究調用。創立該研究所的目的，在於收集與第一次世界大戰的形成和發展有關的歷史資料和文件，研究和收藏主要圍繞在「戰爭、革命與和平」三個主題。

該研究所創辦人胡佛畢業於史丹佛大學，在中國生活了十五年，是一位中國通。他當了八年的美國商業部長，當選為美國第 31 任總統。他在華期間有計畫地收集六百多冊中國圖書，在這些圖書中有不少包括《孫子兵法》在內的中國典籍的珍稀版本。這個民間研究機構目前已成為美國白宮研究亞洲及中國問題的權威諮詢機構，現在美國參眾兩院，凡涉及中國的問題，都要來諮詢胡佛研究所。

美國哈佛商學院把《孫子》列為必修課

記者在哈佛大學瞭解到，該大學把《孫子兵法》列為必修課，在全世界名聲很大。海外媒體稱，布希的母校哈佛大學商學院從很早開始就一直在教授《孫子兵法》。1996 年，哈佛大學 57 位學者將《孫子兵法》評選為世界四千年十部影響最大的著作之一。哈佛大學建議讀的一百本書，其中就有《孫子兵法》。

哈佛大學是一所位於美國麻薩諸塞州的私立研究型大學，是一所在世界上享有頂尖學術地位、聲譽、財富和影響力的教育機構，被譽為美國政府的思想庫。在世界各大報刊以及研究機構提供的排行榜上，哈佛的排名經常是世界第一。

哈佛商學院是美國培養企業人才的最著名的學府，是如今美國最大、最富、最有名望，也是最有權威的管理學校，被美國人稱為是商人、主管、總經理的西點軍校，是一個製造「職業老闆」的「工廠」。美國許多大企業家都在這裏學習過，在美國 500 家最大公司裏擔任最高職位的經理中，有五分之一畢業於這所學院。

哈佛商學院設置了十二門必修課和多門選修課。十二門必修課包括：管理經營戰略與方針、管理控制、管理經濟學、市場行銷學、組織行為學、管理溝通、人力資源管理、生產與作業管理、財務管理、企業與政府及國際經濟、經營管理模擬訓練、怎樣做好一個總經理。《孫子兵法》融入 MBA 的戰略課程中，哈佛商學院學子幾乎沒有不知道中國孫子的。

據介紹，哈佛商學院有大約 200 名教授，每年要吸收大約 900 名研究生，這些研究生全都具有工作經驗。該學院把《孫子兵法》視作教科書，列為研究生的必修課，要學生研讀和熟背《孫子兵法》。另外，商學院每年還為大約 5,000 名公司企業的高級主管人員提供長則幾個月，短則幾天的在職培訓，《孫子兵法》也做為必讀教材。

哈佛商學院教授上課，講得最多的是公司企業的案例分析。每大類案例前，講述有關的理論知識，使學生可以在理論的指導下更深刻的理解那些戰略性、概括性、實用性都較強的案例。按照哈佛教學法的精神，每個案例後都附有一些思考題，以訓練讀者的實戰的能力。而哈佛商學院的經典案例，許多與世界著名大企業成功應用《孫子兵法》有關。

美國《幸福》雜誌的調查顯示，美國 500 家最大公司的高層管理人員中，有大約 20% 是哈佛商學院的畢業生。他們活躍在各公司的總裁、總經理、董事長等等顯赫位置上。他們所經營和管理的公司，是全美、甚至全世界聲名卓著、資產

哈佛大學書店英文版《孫子兵法》。

雄厚、獨霸一方的超級企業。從哈佛商學院走出的企業超人，都熟悉或精通《孫子兵法》。

哈佛學者研究孫子的大有人在。二十世紀 80 年代，哈佛大學的托馬斯・克利里重譯了《孫子兵法》，由紐約道布爾德出版社出版，並列入美國「桑巴拉龍版叢書」之道家著作類。1999 年，哈佛大學政府系教授 Johnstan 寫了一篇題為「在美國的孫子研究」，介紹美國社會研究和學習《孫子兵法》的情況。哈佛大學還有專門研究《孫子兵法》的經濟學課程。

哈佛大學競爭戰略之父：邁克爾・波特，是哈佛商學院著名教授，在 1983 年曾經擔任當時美國總統雷根的產業競爭委員會主席，開創了企業競爭戰略理論，並引發了美國乃至世界的競爭力討論。波特博士的競爭戰略思想中蘊含了中國古代軍事戰略家孫武的《孫子兵法》的競爭戰略觀點。

哈佛大學教授約瑟夫・奈曾出任卡特政府助理國務卿、柯林頓政府國家情報委員會主席和助理國防部長。他最早明確提出並闡述了「軟實力」概念，隨即成為冷戰後使用頻率極高的一個專有名詞。約瑟夫・奈也認為軟實力和孫子有關聯。2008 年，他在新書《領導的實力》中，就曾引用了孫子的話，講述「戰爭就是政治的失敗」。

哈佛教授成中國戰略文化領軍學者

「『居安思危，有備無患』這種憂患意識是中國傳統戰略文化的中心思想，這個觀點正好印證『先戒』原則和『先知』原則一樣，在兵家思想中具有核心地位。」美國哈佛大學教授阿拉斯泰爾・約翰斯頓對《孫子兵法》等中國典籍很有研究，成為中國戰略文化研究的西方領軍學者。

阿拉斯泰爾・約翰斯頓，加拿大人，中文名字為江憶恩，加拿大多倫多大學國際關係和歷史學士，美國哈佛大學東亞研究碩士，美國密歇根大學政治學博士。現為美國哈佛大學政府系教授，被譽為「當今美國新生代中最出色的中國問題專家」，是諳熟中國傳統文化的世界知名學者。

1995 年，江憶恩時任哈佛大學助理教授時完成了對中國戰略文化問題的研究，其博士論文《中國傳統戰略文化與大戰略》由普林斯頓大學出版。這本書出版後反響很大，被認為是近來研究中國文化難得的一流之作。

該書以《武經七書》為楔子，從明朝永樂至萬曆年間對外用兵的有關奏摺裏，對「主戰」和「主和」問題進行量化統計，總結出在中國的戰略文化中，什麼是最重要的，什麼是次重要的。江憶恩認為，戰略文化是一套宏觀戰略觀念，其基本內容被國家決策者所認同，並據此建立起一個國家長期的戰略趨向。

江憶恩選擇了包括《孫子兵法》在內的《武書七經》進行論述分析，因為這些經書糅合了儒家、法家、道家和兵家的治國之道，可謂是中國古代哲學思想的正統；又因為明太祖提倡「軍官子孫，講讀武書」，使之成為必讀書目。

江憶恩表示，西方人一直有個印象，中國傳統，重視戰略防禦，崇尚有限戰爭。鑒於華夏文明的延續性，中國是論證是否存在戰略文化和它對國家行為效應的最佳案例。為了保證戰略文化的延續性，他認為在研究所選擇的時間段裏，決策者應當受到中國傳統哲學經典和歷史經驗潛移默化的薰陶，唯有如此他們的戰略選擇才能體現出中國的戰略文化。因此，元、清兩朝因為是外族統治，不適合用來研究，兼顧到需要豐富的文獻資料，所以他決定以明朝為中心進行研究。

有意思的是，江憶恩將西方現實政治學中的一個拉丁文名詞「Parabellum」(「要和平就得準備戰爭」)譯成中國成語「居安思危，有備無患」，並將這些漢字做為該書封皮的襯底，頗具有中西合璧的意味。

在 1990 年 10 月第二屆「孫子兵法國際研討會」上，江憶恩發表了題為〈淺談西方對中國傳統戰略思想的解釋〉的論文。他指出，西方著作中對中國傳統戰略思想認識不足，並提出了不同的見解。其論文開宗明義地聲稱，論述中國傳統戰略思想的西方著作多認為，中國古代軍事思想均具有某些中國文化特徵：偏重戰略防禦，崇尚有限戰爭或有節制地使用武力，低估「純暴力」在解決安全問題中的作用。

談及中國兵書上所說的「義戰」和「權變」，江憶恩認為，「義戰」消除了「有限戰爭」所強加在戰爭目的上某些制約因素，而「權變」本質上是一種絕對的戰略、戰術靈活性的概念。「權變」也是一種決策規劃，確定在面臨某一特定戰略形勢之時，它不受任何在道義上或政治上等方面的條件制約，而是放手讓人作出適當的選擇。它特別適用於「義戰」學說，因為它促使後者更加執著地找出和運用一切必要的手段摧毀不義之敵。

江憶恩指出，「不戰而屈人之兵」的名言在中國兵書中被當作理想化的戰略。中國古兵書對運用「純暴力」並非完全反對，如《司馬法》所說的「馬車堅、甲兵利」，《尉繚子》所謂的「武」和「力」，《吳子》所強調的先發制人等，不是為了攻城掠地，就是為了克敵制勝，穩固江山。關於中國兵法偏重詭道、謀略之說，江憶恩以為，《孫子兵法・計篇》在列出十二種詭道之後，接著說的是兩種明顯的戰略，即「攻其無備，出其不意」。

哈佛大學。

值得一提的是，1991年，江憶恩又根據對《武經七書》的進一步研究，向中國孫子兵法研究會送交了對上述論文的修改稿，充實和豐富了原論文的觀點和結論。

哈佛大學教授提出軟實力與《孫子》關聯

哈佛大學教授約瑟夫・奈曾出任卡特政府助理國務卿、柯林頓政府國家情報委員會主席和助理國防部長，他最早明確提出並闡述了「軟實力」概念，隨即成為冷戰後使用頻率極高的一個專有名詞。約瑟夫・奈也認為軟實力和孫子有關聯。2008年，他在新書《領導的實力》中把軟實力與《孫子兵法》畫了一條連接線，他引用了孫子的話，講述「戰爭就是政治的失敗」。

2005年，約瑟夫・奈曾在《華爾街日報》撰文描述中國軟實力的崛起。約瑟夫・奈指出，一個國家的綜合國力既包括由經濟、科技、軍事實力等表現出來的「硬實力」，也包括以文化和意識形態吸引力體現出來的「軟實力」。一個國家的崛起，從根本上說，在於它的綜合國力的全面提升。

「軟實力」做為國家綜合國力的重要組成部分，特指一個國家依靠政治制度的吸引力、文化價值的感召力和國民形象的親和力等釋放出來的無形影響力，它深刻地影響了人們對國際關係的看法。

從 2004 年起，中國開始在海外建立孔子學院。如今，全球已建立 435 所孔子學院和 644 個孔子課堂，共計 1,079 所，其中美洲國家占了 142 所。但實際上，孫子在美國的傳播時間要比孔子早得多。二戰以後，美國軍界首先開始重視《孫子兵法》研究。上世紀五六十年代冷戰高峰時期，美國就掀起第一輪《孫子兵法》熱潮。之後直到進入新世紀，高潮不斷，此起彼伏。

在 1987 年的經典電影《華爾街》中，由邁克爾・道格拉斯扮演的華爾街大亨戈登・蓋柯，曾引用了《孫子兵法》中的一句話「去讀讀孫子，不戰而屈人之兵」。隨後，美國的商學院學生便掀起了一股閱讀《孫子兵法》的熱潮，由好萊塢這個美國軟實力的象徵來傳播中國的《孫子兵法》， 甚至連美國娛樂名人帕里斯・希爾頓，都被拍到閱讀《孫子兵法》的照片。西方媒體評論說，這不知道算不算中國軟實力最早的植入廣告。

以後有學者把軟實力引申應用於企業，形成企業軟實力的現代管理科學。孫子說：「善戰者，求之於勢，不責於人」。所以「勢」列為企業軟實力的根基。 美國世界 500 強企業在應用《孫子兵法》上不輸給日本。美國蘭德公司的著名學者波拉克曾撰文說，孫子和孔子一樣有永恆的智慧，這種智慧屬於全世界，沒有哪個國家能夠壟斷。

在西方，孫子的智慧影響力能夠從董事會的商戰蔓延到臥室裏的男女關係。無數書籍借由孫子的名號出版——《孫子論成功：如何運用兵法迎接挑戰實現人生目標》、《女人讀孫子：兵法贏商戰》、《高爾夫和兵法：孫子永恆戰略教你打好球》。美國亞馬遜上有 1,500 個以孫子為題的簡裝書名。

美國媒體對軟實力與《孫子兵法》作了精彩的描述。2002 年《洛杉磯時報》報導說，兩千年前問世的《孫子兵法》已成為全世界各行各業的致勝祕笈。在政界、商界、體壇都擁有無數忠實信徒，包括企業執行長、名人經紀、運動教練等；各種版本和闡述著作銷路歷久不衰。在美國，好萊塢把它拍成電影。電腦網路用戶對其中各種帶兵攻防策略逐字推敲，使孫子繼孔子之後，成為西方最著名的中國古代思想家。

2005 年 10 月 16 日，美國《紐約時報》刊登了一篇吸引眼球的文章，題為《美國為中國的市場開放出謀劃策》，深刻體現了美國人對中國《孫子兵法》的理解和運用。孫子「謀攻篇」有云「知彼知己，百戰不殆」。在中美匯率博弈中，精通博弈論的美國學者和官員也日漸領悟到中國孫子戰略的要旨所在。

2009 年 4 月 10 日，美國 UPRESS.COM 網站發表文章說，建立在古代戰略上的新中國與認為應該完全摧毀敵方城市和人民的西方戰略家不同，《孫子兵法》的作者、中國古代偉大的軍事戰略家孫子建議人們廣泛地使用欺詐戰、心理戰和非暴力作戰方法。孫子在其著作中寫道：「上兵伐謀⋯⋯不戰而屈人之兵，善之善者也。」孫子在今天有很多話對我們說，中國無可置疑地正在崛起——但中國的崛起方式卻十足地建立在這位古代戰略家的思想上。

2013 年 7 月 8 日，美國《防務新聞》週刊發表題為《不要低估中國》的社論：中國做為一個經濟超級大國，無論在重大公共專案、金融領域、領土主張還是軍力增長方面，均能完成雄心勃勃的目標，並因此獲得聲譽。但還是有太多人仍對其軍事進步感到驚訝。北京正聽取中國偉大戰略家孫子的建議：

哈佛大學圖書館藏有《孫子兵法》。

盡可能利用手中籌碼，令對手屈服於自己的意志——不戰而屈人之兵。

西方學者稱，一個以兵法著稱的中國古代人物，怎麼會做為中國軟實力的象徵在全世界傳播中華文明。從 2003 年開始，中國提出和平崛起、和平發展，而伴隨著美國在阿富汗、伊拉克曠日持久的戰爭，還有比說出「善用兵者，屈人之兵而非戰」的孫子，更具有和平思想號召力的人嗎？

耶魯大學領袖教育推出孫子「大戰略」

2012 年，耶魯大學為全球青年學者專案「尋找年輕的全球領導者」的消息吸引眼球，該專案面向全美國以及全世界的高中生，入選該專案的學生將在 2013 年暑期獲得到耶魯大學為期 2 周的學習、生活機會。耶魯大學曾兩次為中國 14 所頂尖大學的校長及副校長提供了培訓，還培訓了級別最高的副部長級的一批中國官員。

耶魯素有「總統搖籃」之稱。三百多年來，這所高校走出了大批影響美國乃至世界歷史進程的風雲人物，在政治、經濟、科學、文化、法律等幾乎所有領域，都能找到畢業於耶魯的頂尖人物。

截至目前，耶魯已經培養了五位美國總統，其中最近的三位，布希父子和柯林頓。 除了總統之外，它還培養了眾多美國政壇上有影響的領袖人物，如美國前國務卿希拉蕊・克林頓、美國副總統切尼等。耶魯畢業生中，有 52 人在美國政府內閣任過職，533 人當過美國國會議員，創造了一個政壇的奇蹟。

耶魯還培養了美國金融帝國的基礎，所培養的美國大公司的領袖人物比其他任何大學都多。在波音、可口可樂、TIME、IBM、聯邦快遞、寶潔、高盛公司、摩根集團等世界著名大公司擔任總裁或者首席執行官的耶魯畢業生更是不計其數。

「領袖教育」是耶魯大學的拳頭產品。從挑選學生開始，領導才能和潛力就被做為重要的標準；在大學教育中，領導學和領導藝術也總是被列優先。《耶魯領袖訓練大講義》，分個人魅力、號召力、影響力、領導力、決策力、執行力、控制力七個方面訓練，都蘊含了孫子的智慧與謀略。《孫子兵法》是領袖必讀之經典，為將五德「智信仁勇嚴」，概括了做為一個將軍、一個領袖的核心素質和心智能力。

耶魯大學 把《孫子兵法》列入高級管理戰略課程，開出一門大課，叫做「大戰略」，這是持續一年長的課程，是一種非常綜合型的訓練。課程講到《孫子兵法》、管子經濟、古希臘策略等等，做為「領袖教育」的一個重要內容，目的是培養未來的領導人如何用長遠的、大戰略的視野來觀察與思考問題。

「大戰略」特別小組由三位研究戰略最出色的教授輪流講，其中一位是耶魯大學國際安全戰略研究中心主任保羅・

耶魯大學。

甘迺迪，被稱為近二十餘年來最享盛名的國際關係史和戰略史學家，他所著的《大國的興衰》一書，曾震動世界。他的歷史研究所獲得的結論，可以說是與孫子所見不謀而合。他主持的「大戰略」特別課程，涉及中國的《孫子兵法》。

美國前國務卿季辛吉博士將向耶魯大學捐贈近一百萬件文檔和物品，並與耶魯的「大戰略」專案合作。季辛吉在美國出版發行的新書《論中國》，從圍棋文化、《孫子兵法》、《三國演義》中，探尋中國領導人的戰略思維模式。

從耶魯大學哲學系走出的博士傅佩榮，對中國傳統文化與領導力頗有研究，他主講《孫子兵法》領導處事智慧、老莊智慧、向孔子問道、向老子問道、周易與人生、易經六十四卦財運掌控篇、經營管理篇等，成為耶魯「領袖教育」的延伸品牌。

麻省理工培養全球頂尖首席執行官

麻省理工學院無論是在美國還是全世界都有非常重要的影響力，培養了眾多對世界產生重大影響的人士，尤其是許多全球頂尖首席執行官，是全球高科技和高等研究的先驅領導大學，被譽為「世界理工大學之最」。

麻省理工學院的自然及工程科學在世界上享有極佳的盛譽，其管理學、經濟學、哲學也同樣蜚聲海外。該商學院以艾爾弗雷德·P·斯隆命名，他曾經是通用汽車公司的總裁。斯隆商學院時至今日仍為全球居於領先地位的商學院之一，專精於金融、企業、市場行銷、策略管理、經濟學、組織行為、工業關係、營運管理、供應鏈管理、資訊科技等的教學和研究。

1931 年，麻省理工大學斯隆商學院創立了全美第一個企業高級管理人員的全時培訓計畫。從那以後，在職管理人員的培訓，也成為這所商學院的重要組成部分。斯隆商學院為九十多個國家培養了 16,000 多名人才，其中 50% 的人是高級管理人員，20% 的人是公司企業總裁，另外還有 650 多人創辦了自己的公司。美國著名大公司惠普電腦公司、波音飛機公司和花旗銀行的總裁都是從這所商學院畢業，畢業生們遍布於美國的各個公司。

據介紹，MIT 斯隆商學院的 MBA 專案在世界範圍內享有盛譽，尤以創業課程和創業文化著稱。近數十年興起的供應鏈管理專業也是麻省理工的強項，已多年在全美排名第一，該院和世界五百強公司建立了良好的合作關係。麻省理工學院開設有關《孫子兵法》的課程，專供企管研究所在職高級管理人員學員 MBA 課程研修。

斯隆管理學院擁有許多頂尖的學術課程，包括創新與全球領導課程的斯隆院士計畫、製造業領袖課程、大學生管理科學課程與博士課程。此外，還提供一系列不授予學位的經理人進修課程。《孫子兵法》不僅是世界級的兵學聖典，而且還是一部智慧無窮的哲學著作，它做為斯隆管理學院經理人教案，深受學員歡迎。

現在，麻省理工大學斯隆商學院每年招收大約 100 名公司企業的高級管理人員，提供為期一年的密集培訓計畫。另外還有大量長則幾個月，短則幾天的短期培訓計畫。對於現代商戰的主體企業家來說，對智慧的要求更高人一等，而《孫子兵法》恰能為其提供不竭的智慧源泉。

清華大學經濟管理學院教授、博士後金占明，1996 年赴美國麻省理工學院（MIT）進修，主要研究戰略管理理論、電子商務環境下的戰略選擇、軍事戰略與企業競爭、收購與兼併、戰略管理過程中的領導與控制等。回國後為近百家中外企業講授《孫子兵法》與跨國公司的戰略管理等課程，重點講解戰略分析、戰略選擇和戰略實施這三大戰略管理的核心和靈魂。

應邀在美國麻省理工學院 MIT 做訪問學者達五年之久的姚奎鴻教授，根據斯隆管理學院的案例，對《孫子兵法與現代商戰論》一書提供了具體指導和幫助。 麻省理工學院斯隆商學院高級訪問學者郎立君，回國後任清華大學經管學院副教授，他為清華 EMBA 講授「智道・人道・商道——戰略領先之道」專題講座 ，融入了《孫子兵法》的「道天將地法」。

彼得・聖吉是麻省理工大學 (MIT) 斯隆管理學院資深教授，國際組織學習協會 (SoL) 創始人、主席、十大管理大師之一。他出版的《第五項修煉》一書， 推動人們刻苦修煉，學習和掌握新的系統思維方法，連續 3 年榮登全美最暢銷書榜首，成為「二十一世紀的管理聖經」，他本人也被評為二十世紀對商業戰略影響最大的二十四個偉大人物之一。他的第五項修煉融入了《孫子兵法》的戰略思維。

麻省理工學院經濟學博士馬丁・魏茨曼教授是全球最有影響力的經濟學家之一。他認為，《孫子兵法》雖是軍事著作，卻也為如戰場般的商場提供現代經濟的運行方式，並直接在廠商層次上應用。《孫子兵法》折射出的光芒，其影響歷久彌深，成為企業商業等領域地位崇高的寶典。

麻省理工學院二戰牆。

哥大成美國商學院「大哥大」

「歐元之父」羅伯特・蒙代爾，「價值投資學派」的創始人、現代證券分析之父、被譽為「華爾街院長」的班傑明・格雷厄姆，世界銀行前首席經濟學家斯蒂格利茨，「現代宏觀經濟學的締造者」費爾普斯，美國計量經濟學先驅亨利・舒爾茲，美國著名股票投資專家沃倫・巴菲特……哥倫比亞大學在與記者交談該大學的商業奇才時，如數家珍，充滿自豪。

位於美國紐約市曼哈頓的哥倫比亞大學，簡稱哥大，與華爾街、聯合國總部和百老匯比鄰，因美國獨立戰爭後為紀念發現美洲大陸的哥倫布而更名，校友和教授中共有 87 人獲得過諾貝爾獎，包括歐巴馬在內的三位美國總統是該校的畢業生。

「哥大」學生告訴記者，該大學正在成為名副其實的美國商學院的「大哥大」，這與所處的地理位置有很大的關係。「哥大」坐落於世界金融中心紐約，依託與華爾街等金融界保持密切的聯繫，許多全球性企業圍在周邊的獨特優勢，學生可以和華爾街的銀行家共進午餐，商學院的主攻方向當然是瞄準金融與經濟、企業管理及市場行銷等研究領域。

商學院擁有各相關領域的權威和專家，「哥大」學生說，其中斯蒂格利茲教授在 2001 年獲得諾貝爾經濟學獎，並在 1995 年至 1997 年期間擔任柯林頓政府總統智囊團顧問。現任商學院院長格倫・哈伯德是國際知名的經濟學家，擁有哈佛大學的經濟學博士學位，曾任布希政府總統經濟顧問委員會主席、首席顧問。在《美國新聞與世界報導》兩年一次和《商業週刊》年度的商學院排名中，哥倫比亞大學商學院一直名列前茅。

「哥大」學生介紹說，哥倫比亞大學商學院高級管理人員培訓教育，始終保持在《金融時報》等調查中排名前茅。自 1951 年起至今，培養了全球一百多個國家、一千多個企業公司，超過 48,000 名高級管理人員。負責培訓的商學院副院長 Ethan Hanabury 在接受《商業週刊》採訪時談到：「哥倫比亞大學高級管理人員培訓教育，尤其在價值投資和金融方向是該領域的權威，始終保持領導者的地位。」

「哥大」商業學院取得成功，自然離不開被譽為全球商業寶典的《孫子兵法》。記者在哥倫比亞大學圖書館瞭解到，這裏總藏書量達 870 萬冊，並且收集有微縮膠片 600 萬套，2,600 萬種手稿，以及 60 萬冊善本書，20 萬份官方檔，還有中國族譜、家譜、譜牒約 950 種，甚至縣誌都可以找到，是中國的圖書館以外收集最豐富的圖書館。該大學還設有 23 座分館，每個分館都各具特色，其中東亞圖書館中有《孫子兵法》等各樣的中文書籍。

「哥大」東亞研究所研究員趙雲龍，曾經擔任聯合國全球青年領袖培訓專案總負責人，聯合國貨幣發展委員會執行主席，現任聯合國經濟發展委員會執行主席、聯合國貨幣委

作者與哥倫比亞大學生交流。

員會主席，最喜歡研讀和講解《孫子兵法》。他曾在哈佛大學商學院和哥倫比亞大學多次講授《孫子兵法》，並且在美國西點軍校交流過兵法，他出版有《雲龍講兵法》系列光碟，頗為暢銷。

「中華民族古典軍事思想如何傳承、現代人如何養成大智慧、如何用戰略思想在商戰中取勝」，成為趙雲龍研究的主題並努力在實戰中探索。趙雲龍認為，戰爭是人類競爭的最高層次，如果能體會戰爭中的鬥智鬥勇，必然是攻無不克的。兵法是一種增強你的個人修養、智慧的哲學，現代企業的經營、管理與古代的哲學思想有著密不可分的關係。

「哥大」學生對記者說，「哥大」商業學院把《孫子兵法》融入到 MBA 的課程中，要求學生熟讀此書，並列為未來的經理人員必讀書，要求背誦其中的部分章節。因此，從「哥大」走出的商業奇才們，都懂《孫子兵法》，具有發現和捕捉商機的能力，而這正是全球商界領袖的重要特質。

美國普林斯頓大學走出博弈論大師

方形城堡、圓形城堡、角樓城堡、營鐘樓、單駕戰車樓、沼澤戰場樓……位於美國新澤西州的普林斯頓大學，像個龐大的歐洲古城堡，而東派恩樓則更像一座四方城堡，敞開著古老的城門。把普林斯頓大學建成古城堡，這或許與戰爭有關。

美國獨立戰爭期間，該大學許多建築都被大規模地損壞。1777 年 1 月 3 日，喬治・華盛頓的北美大陸軍出其不意地向普林斯頓的查爾斯·瑪沃德帶領的英國和黑森軍隊進攻獲勝，普林斯頓大學第 6 任校長謝勺博士成為《獨立宣言》的簽署者之一。戰後，普林斯頓大學按哥德復興風格重建。

普林斯頓大學走出了博弈論大師約翰・福布斯・納什，他的博弈理論被廣泛應用於經濟學、管理學、社會學、政治學和軍事科學等領域，從而確立了他博弈論大師的地位。納什博弈論論文集在亞馬遜成為暢銷圖書；美國准將格里菲思翻譯的《孫子兵法》也曾連續數月雄踞亞馬遜排行榜第一名。而亞馬遜網站創始人傑夫・貝佐斯同樣是從普林斯頓大學走出的。

美國杜克大學和加州理工學院學者用博弈論來解讀《孫子兵法》，把孫子思想與博弈論作了生動說明。他們認為，二千五百多年前中國學者孫武在其所著的《孫子兵法》中，試圖對戰爭與衝突中的普遍性策略特點進行系統解釋，並據此就如何在軍事衝突中獲勝提出實際建議。孫子的智謀極大地影響了日本軍事和商業實踐，也影響了毛澤東對衝突和革命的看法。

西方學者表示，孫子思想與博弈論其實是同出一脈，《孫子兵法》甚至可以稱得上是最早的博弈論了。而與西方重於數理邏輯推理不同的是，《孫子兵法》不僅具有嚴密的邏輯性，還具有非常廣泛、獨特的哲學思想。這些思想是西方純粹理論所不具備的，而且具有非常強的指導性。《孫子兵法》具有當代意義，其中的許多思想在今天依然充滿了生命力。

普林斯頓大學最引為驕傲的莫過於走出了相對論大師愛因斯坦，他創立了代表現代科學的相對論，開創了現代科學新紀元。相對論顛覆了人類對宇宙和自然的「常識性」觀念，提出了「時間和空間的相對性」、「四維時空」、「彎曲空間」等全新的概念。而戰爭的時間和空間也從來都是相對的。攻守之道，虛實之道，奇正之道，勝敗之道，相輔相成。歷史不斷在戰爭與和平中發展，戰爭沒有真正的贏家。

愛因斯坦為核能開發奠定了理論基礎。隨著核武器的發展，不論誰先發動核戰爭，都無法逃脫遭受核反擊的命運，在一場核大戰後，將不再有勝利者或失敗者，結局將是共同毀滅。在這種核恐怖下，誰都盡力維持均勢，避免引發核戰爭，從而形成所謂「核恐怖平衡」的局面。而最完美的戰略，就是孫子「不戰而屈人之兵，善之善者也。」隨著原子彈的爆炸，全世界對孫子的「不戰」思想有了全新的認識。

普林斯頓大學的威爾遜公共和國際事務學院，為永久紀念這位老校長。 威爾遜總統四十六歲出任普林斯頓大學校長，並發表學術專著《美國人民史》，被公認為美國史上學術成就最高的總統。他從學術教育角度，第一次提出理想主義政治，與歐洲列強武力解決問題的傳統針鋒相對。理想主義政治概括起來，不外乎四點：一、人性可以改造；二、戰爭可以避免；三、利益可以調和；四、建立國際組織，保衛世界和平。

威爾遜的論點在當年是顛覆性的，他首次否認大國擴張軍力的歷史，他在競選時打出了「讓我們遠離了戰爭」的口號，在第一次世界大戰的最後階段，威爾遜親自主導了對德交涉和協定停火，發表了十四點和平原則，從中闡述了他所認為的能夠避免世界再遭戰火的新世界秩序。一戰結束後促成了國際聯

古堡式的普林斯頓大學。

盟，在第二次世界大戰後造就了聯合國，被授予諾貝爾和平獎。

有意思的是，普林斯頓大學還走出了「普林斯頓戰術」發明者皮特・卡瑞爾，他曾用這種打法率領普林斯頓大學這樣一所沒有一名學生享受體育獎學金的學校，在NCAA獲得500勝，並創造了十四次失分最低紀錄。

「普林斯頓戰術」的格言就是「強壯能占弱小的便宜，而聰明能占強壯的便宜。」體現了《孫子兵法》「以弱示強」的思想，這種強調運動和開放的靈活戰術思想，使弱者擁有了與強隊抗衡的實力。它已經被不斷的證明，可以抵消對方隊員強大的個人能力。皮特・卡里爾出過一本自傳，書名叫《聰明人戰勝強人》。

洛克菲勒成功運用中國古老謀略取勝

漫步紐約街頭，隨處可以體味洛克菲勒家族過往的輝煌：摩根大通銀行、洛克菲勒中心、洛克菲勒基金會、現代藝術博物館、在生命科學領域位居世界前列的洛克菲勒大學。記者來到坐落在紐約第五大道的洛克菲勒中心，該中心由十九棟商業大樓組成，是全世界最大的私人擁有建築群，超級雄偉，蔚為壯觀。

美國孫子研究學者介紹說，洛克菲勒成功地運用《孫子兵法》這一中國古老的智慧謀略，導演了一場驚天地動鬼神的石油大戰。他創立了標準石油，謀劃了舉世震驚的石油大聯盟，在全盛期壟斷了全美 90% 的石油市場，成為美國第一位十億富豪與全球首富，他也普遍被視為人類近代史上首富。可以說，在全球現代商戰中運用「智謀取勝」最為成功者，非洛克菲勒莫屬。

洛克菲勒懂得：「一個成功的企業領導人＝先知也」。1861 年 4 月至 1865 年 4 月，美國爆發南北戰爭之前，時局動盪不安，商人們籠罩在戰爭的陰影中惶惶不可終日。唯有洛克菲勒預測到戰爭將使交通中斷，造成物資和能源的緊缺。當時洛克菲勒經紀公司資金才 4,000 美元，他從一家銀行籌到一大筆資金，購進南方的棉花、密西根的鐵礦石、賓州的煤，還有鹽、火腿、穀物等，準備囤積居奇，大幹一場。

僅僅過了兩星期，南北戰爭就爆發了。洛克菲勒所囤積的物資頓時成了搶手貨，利潤成倍上翻。等到美國南北戰爭結束時，洛克菲勒從不起眼的經紀人，搖身一變成為腰纏萬貫的富翁。接著，洛克菲勒又以獨特的方式涉足石油領域，在賓州開採石油。按常規，既然要在石油領域奮戰，當然首先就要發起正面進攻，竭盡全力開採石油。但是洛克菲勒偏不這樣，他知彼知己，善於妙算，以迂為直，出奇制勝。

洛克菲勒對產油區進行了一次詳細的實地考察。當他看到無數投資者蜂擁而至，油井的數目和產油量都在以瘋狂的迅速增加，就預計到油價必然有下跌的一天。因此，洛克菲勒果斷地投入幾乎全部資金在賓州建造了自己的石油精煉廠。不久以後，油價果然由於無計畫的過度開採而大幅下降。洛克菲勒立即以極低廉的價格購買原油，經過自己的石油精煉廠加工後再高價賣出，很快壟斷了賓州的原油產地，並在鐵路等行業建立了壟斷地位。

「擇人任勢」，是洛克菲勒的看家本領，也是洛克菲勒家族飛黃騰達的重要祕訣。他的得力助手就是其兄弟，在美國各地長途跋涉，出色地完成了在紐約建立洛克菲勒公司、在碼頭附近建倉庫、開辦各種各樣的工廠、與華爾街的金融機構取得密切聯繫等重大業務，最後又奔走於世界各地開展業務等各種使命。

洛克菲勒創建美孚石油公司時，煉油工業區——克利夫蘭的其他石油公司多如牛毛，為了壟斷當地的煉油生產，他的「伐交」手段非常高超，與控制石油運輸的鐵路公司祕密結盟，先後吞併了二十多家中小企業；繼而又一舉取得了美國東岸地區的石油運輸控制權；然後再進軍產油區，將其納入自己的勢力範圍。1879 年後，洛克菲勒掌握了美國石油工業壟斷組織的大權，遂成全球石油霸主。

1879 年 6 月，在洛克菲勒的豪華別墅裏，美國主要的石油大亨們雲集一起，醞釀一個史無前例的戰略大聯盟。 醞釀的結果是，成立世界上第一個「托拉斯」石油工業集團。 這是一種最高級的企業壟斷集團，它由各個主要的石油企業合併而成，旨在壟斷銷售市場、爭奪原料產地和投資範圍，以獲取高額壟斷利潤。

「成功在先知，先知貴用間」。洛克菲勒先後說服了三位夥伴，並以極優厚的條件暗中進行了股票交換，使美孚石油公司成為大聯盟的實際主人。 他先後吞併了近百家中小煉油企業，全面壟斷了美國的煉油企業和石油銷售。洛克菲勒善待競爭對手，合理的補償與他正當競爭失敗的對手，被傳為佳話。

洛克菲勒的傑作是「誘之以利」。1945 年，美、英等國

位於紐約的洛克菲勒廣場。

發起成立聯合國，並決定將總部設在紐約。洛克菲勒得知此事後，慷慨地拿出 800 萬美元在紐約買下一塊地，以一美元的價格賣給聯合國，供建聯合國大樓所用。面對別人不理解的目光，洛克菲勒笑而不語。然而很快，人們就明白了洛克菲勒捐贈的目的。原來，他事先在聯合國大樓建造地周圍買下了大片土地，隨著世界各國的機構搬進大樓，周邊土地的價格迅速暴漲了二十倍，洛克菲勒一下子賺了幾十億美元。

美國孫子研究學者稱，洛克菲勒財團是以洛克菲勒家族為核心的美國八大財團的頭一個，其成功的一個重要原因是運用其智囊團所提供的《孫子兵法》「攻其要害」，採取了「利而誘之，亂而取之，實而備之，強而避之，怒而撓之，卑而驕之，佚而勞之，親而離之，攻其無備，出其不意」。這些研究《孫子兵法》的智囊團重要人物，幾乎多係華裔、華人。所以洛克菲勒財團的直線猛升的趨勢，華人是起了很大的作用。

巴拿馬萬國博覽會上演中國兵法

記者在三藩市巴拿馬太平洋國際博覽會舊址看到，這裏的建築群已化為平地，殘存無幾，造成這慘劇的是 1989 年 10 月 17 日三藩市再次發生芮氏 7.1 級大地震。三藩市華人孫子研究學者稱，萬國博覽會遺址雖殘敗不堪，但中國當年取得令世界矚目的勝利戰果卻記憶猶新，仍讓人揚眉吐氣，而中國的勝利與應用《孫子兵法》不無關係。

1915 年，巴拿馬太平洋國際博覽會在美國三藩市舉辦，中國做為國際博覽會的初次參展者，第一次在世界舞臺上公開露面，獲得各種大獎 74 項，金牌、銀牌、銅牌、名譽獎章、獎狀等共 1,218 枚，在整個三十一個參展國中獨占鰲頭。

「準備充分，有備無患」。孫子宣導不打無準備之仗，為挑選優秀參展展品，中國政府派員兵分三路，赴各省督辦和審查參賽物品，精選體現中國國格，增添中國榮光的產品。參賽前舉辦了一系列國內地方性的展覽活動，從全國十九個省選出的展品十萬多件共計 1,800 箱，重達 2,000 多噸，分布在美術、教育、文藝、工業、農業、食品、礦物、運通、園藝等九個展館中。除了東道主美國之外，中國為世界參展物品最多的國家。此外，中國還特別注重選擇一定比例的內地土特產地的商貿人才，進行有針對性的培訓。

「看準時機，一招制勝」。當時正值第一次世界大戰期間，歐洲戰火蔓延，生產遭受嚴重打擊，外貨需求大增。美國成為歐洲傳統貿易夥伴。中國做為一個原料輸出國，萬國博覽會是絕好的對外貿易機會。中國瞄準了這一大好時機。舉全國之力參會，比其他展館提前開幕。從而一舉獲得成功。博覽會當年，紐約、三藩市等地銀行和商貿企業紛紛派代表來華考察，組織貨源，準備銷往歐洲。博覽會後，銷售額增加幾乎十倍。

「善於造勢，先聲奪人」。中國館按照典型的東方建築風格建造，分為正館、東西偏館、亭、塔、牌樓六部分，雕樑畫棟，飛簷拱壁，在眾多的西方建築群落裏，格外引人注目。由於中國善於造勢，參賽品種類豐富，開幕當天到中國館參觀的人數達八萬人之多，其中包括美國總統、副總統和前總統，以及各部門的高級官員。在整個博覽會期間，到中國館參觀的人數超過 200 萬人。外國人評價中國為「東方最富之國」，有人還稱中國為「東方大夢的初醒，前途無量之國」。

「以攻為守，主動出擊」。此次參展中國首次派團亮相國際舞臺，外商對中國的茶葉、瓷器、絲綢早已熟悉，但對中國的葡萄酒卻還聞所未聞。一天，面對冷冷清清的展臺，張裕創始人張弼士決定主動出擊，倒了一杯張裕可雅白蘭地，向一位名叫莫納的法國商人推薦。莫納回味再三後詢問道：「此酒產自哪裏？」張弼士吐出四個字：「中國煙臺」。

在萬國博覽會上，初出茅廬的張裕就以獨特的風味，一舉擊敗了眾多歐洲老牌葡萄酒。張裕可雅白蘭地、紅葡萄酒、瓊瑤漿(味美思)和雷司令白葡萄酒分別獲得甲等大獎章和丁等 4 枚金牌獎章，並獲得最優等獎狀，譜寫了中國葡萄酒的一段傳奇，被美國報章評論為「最不可思議的事件」。

「出其不意，攻其不備」。國人都知道，在巴拿馬萬國博覽會上中國茅台酒醉倒世界，一舉成名。茅台酒之所以一舉成名，是應用了《孫子兵法》中「出其不意」的智謀。當時，用土陶罐盛裝的茅台酒簡陋土氣，而且又是陳列在農業館，雜列在棉、麻、大豆、食油等產品中，一點也不起眼，無人問津。

眼看展會即將結束，一位代表不慎失手，一瓶茅台酒從展架上掉下來摔碎，陶罐破碎，茅台酒香四溢。中國赴賽監督陳琪見此靈機一動，建議不必換館陳列，只需取一瓶茅台酒，分置於數個空酒瓶中，並去掉蓋子，敞開酒瓶口，旁邊再放上幾

巴拿馬萬國博覽會舊址。

只酒杯，任茅台酒揮灑香氣。專業人士經反覆品嘗後一致認定，「茅台酒」是世界最好的白酒，於是向茅台酒補發了金獎。

美國商界應用《孫子》可與日本媲美

「美國的經濟學界和企業界在對中國二千五百年前孫子頂禮膜拜上並不比日本人遜色。」美國經濟界學者表示，孫子十三篇的核心是力求以智謀取勝，是謀略學、競爭學，美國商界在應用《孫子兵法》上完全可與日本媲美。

美國諾克斯韋爾顧問傑拉德爾・麥克森在出席中國第二屆孫子兵法國際研討會的一次發言中說，四十年前我做為軍人與中國人在韓戰上見面，那時學的是戰爭的藝術即《孫子兵法》；今天我從事商業活動，商業也是一種藝術，孫子戰略也是商業戰略。

麥克森舉例說，我在一樁生意中開始以為只能賺200萬元，由於運用了《孫子兵法》出奇制勝的策略結果賺了一億多。

他從自己的經營實踐中得出結論：《孫子兵法》用於商業戰場能收到意想不到的奇效。

美國是繼日本後又一個將《孫子兵法》普遍用於企業經濟管理中去的國家。美國著名管理學家喬治在其 1972 年出版的著作《管理思想史》中，就專門提到《孫子兵法》在用人方面的論述，對今天企業管理有很大的價值。他甚至說：「你若想成為管理人才，必須讀《孫子兵法》。」

1979 年美國學者胡倫著的《管理思想的發展》一書中，推崇《孫子兵法》內含的經濟管理思想，說孫子談到率領軍隊分層次，軍官分等級，並用鑼、旗、焰火來傳遞消息。這說明孫子已經處理好直線領導與參謀的關係，認為這正是現代化企業管理所追求的組織理論。

美國財經大腕引用《孫子兵法》講述企業戰略。在美國財經界久負盛名的猶他州立大學亨茨曼商學院院長道格拉斯・迪・安德森，獲哈佛大學政治與經濟科學碩士和經濟學博士學

紐約華爾街。

位，曾經擔任美國財政部部長的代理顧問。他是總部設在波士頓的執行力發展中心的創始人和管理人之一。他的公司為兩百多個世界大公司提供過服務，包括美國電話電報公司、通用電器、強生、朗訊科技等。

他借用中國的《孫子兵法》為企業家上了一場別開生面的企業戰略課，多次引用《孫子兵法》的名言來闡述觀點：「夫未戰而廟算勝者，得算多也，未戰而廟算不勝者，得算少也……」、「故備前則後寡，備後則前寡，故備左則右寡，備右則左寡，無所不備，則無所不寡……」講座主旨是幫助企業培養戰略性思考的技巧及視角，提高商業分析能力。

「不戰而屈人之兵，善之善者也。」安德森說，正如孫子所言，商場如戰場，能夠不戰而勝才是最完美無瑕的，這就需要企業家具有戰略思維才能達到。安德森提醒廣大企業家走出戰略上策的誤區。上策不是詳盡的預算方案，也不是經營手段，更不是重新設計業務流程。「上策需要的是專注，判斷力，高效的資訊和勇於面對現實和改變的強烈意願」。

美國著名的市場行銷專家邁克爾森長期從事《孫子兵法》的應用研究工作，他撰寫的《12行銷原則》一書對《孫子兵法》進行了概括和提煉，提出了一套完整的行銷制勝體系。

美國一些著名企業的主管經常宣稱，《孫子兵法》對他們經營企業的方式影響最大。和日本一樣，美國波音、微軟、通用汽車、福特汽車、百事可樂、可口可樂等著名跨國公司，都非常重視從《孫子兵法》中尋求競爭制勝的方略。

二戰後美國研究應用《孫子》堪稱翹楚

有學者稱，最好的漢學家不在中國而在美國，最好的孫子研究專家或許在中國，但是第二次世界大戰以後對於《孫子兵法》的應用，美國卻堪稱翹楚。正如美國著名孫子專家傑拉德 ・A・ 邁克爾森所說，孫子最基本的哲學信條是，如果你能夠仔細規劃好你的戰略，那麼你就能夠獲勝；而且，如果你能夠擁有一個真正偉大的戰略，你甚至不戰而勝。這種東方的側重於用戰略智慧來擊垮對手的戰略思想與西方的大不相同，後者強調行動 (比如說發動大的戰役) 來取得勝利。

上世紀 80 年代，美國對《孫子兵法》的研究和運用已相當普遍和深入。全美著名大學中，凡教授戰略學、軍事學課程者，無不把《孫子兵法》做為必修課。美國人研究運用《孫子兵法》遍及政治、經濟、文化、外交、體育各領域。好萊塢超級經紀人歐維茲和拳壇大亨金恩都奉之為寶典，著名籃球教練奈特也動不動就引用其中的警句。

其中美國軍界對《孫子兵法》的學習和借鑒是最為突出、最有成效的。對於這一點，美國著名戰略理論家、美國國防大學校長理查德·勞倫斯中將在 1986 年訪問中國國防大學所作的演講中說得很明確。他說：「《孫子兵法》在美國軍校中是做為教科書來學習的。」

勞倫斯在闡述《空地一體戰——縱深進攻》時，認為這一作戰原則所根據的原理是《孫子兵法》的「奇正之變」和「避實擊虛」。美國 1982 年新版《作戰綱要》，直接引用了大量《孫子兵法》的名言。這部《作戰綱要》編寫組的成員對《孫子兵法》進行了長時間的認真研究。1983 年美國出版的《軍事戰略》，第二章的標題是〈軍事戰略的演變——孫子的智慧〉。美國專家依據孫子戰略威懾理論制定了國家核戰略。尼克森在其《真正的戰爭》一書中，直接運用孫子兵法的思想，批判美國當時的「相互確保摧毀」的戰略。

著名哈佛大學和哥倫比亞大學商學院把《孫子兵法》列為培養經理人員的必讀教材，並要求背誦部分章節。美國在一些設有工商管理學碩士 (MBA) 學位的高等學府將《孫子兵法》納入學生的閱讀材料。 一位叫漢德森的美國人依據《孫子兵法》寫了一本名為如何打贏爭奪市場的戰爭的書非常暢銷一版再版，被稱為商業領袖的手冊。

美國企業界將《孫子兵法》視為「金科玉律」，中國的孫子幫助許多美國企業家獲得了巨大商戰的戰果。美國商業史作家馬克 ‧ 麥克尼爾利出版了《孫子與商業藝術：經理們的六項戰略法則》一書，將《孫子兵法》十三篇簡化為西方人易於理解的六項戰略，並將它同商業戰略結合到一起，使這本被西方譯作戰爭藝術的中國兵書成為商業藝術：

1. 不戰而屈人之兵 —— 無需破壞已有市場就占領市場；2. 避實擊虛，避強擊弱 —— 在人們期望最小的地方著力；3. 善用計謀和先見之明 —— 最大化地獲取市場資訊；4. 準備充足、速度至上 —— 永遠比你的競爭對手要快；5. 樹立對手 —— 注意雇傭策略以掌握員工之間的競爭；6. 有個性的領導 —— 在喧囂時代要提供有效率的領導力。

美國機場的戰爭題材影像。

馬克的六項戰略法則已經再版了六次，並被翻譯成五種語言。這本書的暢銷也賦予了馬克一項新的使命，那就是向西方公司的管理者們解釋古老的中國智慧如何運用到商業和管理上。曾經被他用《孫子兵法》洗過頭腦的公司包括：3M、IBM、蘇格蘭皇家銀行、田納西河谷管理局等。他宣講孫子智慧的講臺包括《紐約時報》、《洛杉磯時報》、BBC 和眾多的電視談話節目和廣播節目。

馬克・麥克尼爾利在商界備受歡迎，原因是他具備西方商業管理背景，又能夠將一種古老的東方智慧移植於西方商業管理之上。他曾經在 IBM 供職二十五年，擁有明尼蘇達大學的 MBA 學位；他也從很小時就開始因為個人興趣從著名歷史學家 B. H. Liddell Hart 之處接觸到《孫子兵法》。更重要的是，他的六項戰略法則是活學活用了孫子思想。

微軟中國研發集團主席張亞勤認為，微軟的中國歷程正契合了《孫子兵法》裏所說的「道、天、地、將、法」。一位著名的美籍華人作家談道：「隨著中國經濟的蓬勃發展，美國商界人士對中國千年的《孫子兵法》愈來愈好奇，如何利用《孫子兵法》，成了西方人探討商場必勝的另一祕訣。走進美國各大書店的商業書籍欄目下，作者不同、內容各異的《孫子兵法》解釋與感悟俯拾即是，就連給美國商學院學生講演時，《孫子兵法》剛被我提起，一個微型《孫子兵法》的小語錄已經被美國學生高高舉起。」

有學者質疑，儘管二戰後美國人應用《孫子兵法》已走在世界前列，但美國人真的破譯了《孫子兵法》的密碼了嗎？其借鑒《孫子兵法》所創立的新的外交理論、軍事理論、國家戰略理論，真的能夠反映出孫子的謀略思想和智慧本質嗎？

美億萬富翁傳播《孫子》為終生事業

從全球石油大亨洛克菲勒財團到美國波音、微軟、通用汽車、福特汽車、百事可樂、可口可樂等著名跨國公司，從美國諾克斯韋爾顧問傑拉德爾・麥克森到美國高科技軟體公司的創始人加里，從華爾街紐約證券交易所到矽谷科技富翁，美國財經大腕都非常重視傳播和應用《孫子兵法》，有的還做為自己終生事業。

加里先生是世界 500 強企業——美國高科技軟體公司的創始人，美國著名企業家、知名學者。他從二十歲起就開始研究《孫子兵法》，並根據自己的研究合理制定企業戰略規劃，使高科技軟體公司在二十世紀 80 年代、90 年代一度成為美國發展最迅速的高科技企業，他本人則多次榮獲美國商會頒發的「年度最佳企業家」大獎。

加裏先生在《孫子兵法與癌症》一節中繪聲繪色地講述了自己戰勝癌症的故事：前幾年，他患上了鼻咽癌，非常嚴重。生死攸關的時刻，他根據多年來對《孫子兵法》戰略的研究，制定了四個階段的戰略開始治療。不知是戰略對頭，還是機緣巧合，他的症狀大大緩解，恢復了身體健康。這讓加里先生對中國的孫子更加推崇，將推介《孫子兵法》當作自己的終生事業，在美國《孫子兵法》研究學界號稱「Son of Sun Zi (孫子之子)」。

1997 年，加里先生成了億萬富翁。為了更好地傳播《孫子兵法》，他出售了自己的企業，成立戰略研究所，專門研究、推廣《孫子兵法》，並在世界各地進行巡迴演講。他根據自己的研究編譯英文版《孫子兵法》，還撰寫了《孫子兵法與企業管理》、《孫子兵法與戰略策劃》等十五本學術著作，在世界《孫子兵法》研究界享有一定的學術威望。

像加里先生這樣熱衷於《孫子兵法》傳播和應用的實業家，在美國不在少數，美國通用汽車公司董事會主席羅傑・史密斯就是傑出代表。

美國通用汽車公司在 1984 年銷售汽車 830 萬輛，居世界首位。他說他成功的祕訣，按照《亞洲華爾街日報》說法，因為他有「戰略家的頭腦，他能從二千多年前中國一位戰略家寫的《孫子兵法》一書中學到東西」。

這位叱吒風雲的「汽車大王」稱，《孫子兵法》是最好的商戰書，我的成功法寶是《孫子兵法》。1980 年通用汽車公司發生了自上世紀 60 年代以來的首次年度虧損，虧損額達 76 億美元。這是一次地震震源來自日本豐田汽車的衝擊，大量退貨使通用公司陷入嚴重危機之中。

受命於危難之中的史密斯，汲取了二千五百年前孫子的戰略思想，運用「遠交近攻」謀略，「遠交」，直接從日本人手中購買汽車，同時又與豐田公司搞聯營，既獲得豐田汽車生產技術，又能得到廉價汽車；另一方面把加強技術的研發做為「近攻」之舉。在史密斯的戰略布局中遠交豐田是為了止住頹勢而強化近攻則是為了超越對手。

事實證明，史密斯的這種戰略是極為正確的，他的遠交近

美國翻譯出版的《孫子兵法》和《孫臏兵法》。

攻之策在短短三年內已立竿見影使通用公司走出了虧損的低谷取得了 50 億美元的贏利。史密斯是非常推崇《孫子兵法》的人。他遠交近攻之策正是應和了孫子的不戰而勝思想。不通過交戰就降服全體敵人才是最高明的， 顯然史密斯就是那種高明的人。

華爾街不能缺少孫子的智慧與謀略

1987 年商戰電影中的經典作《華爾街》以全球金融中心的美國華爾街為背景，由邁克爾・道格拉斯扮演的華爾街大亨戈登・蓋柯，曾引用了《孫子兵法》，影片大部分操縱股市的謀略也出自《孫子兵法》。《華爾街》續集《華爾街：金錢永不眠》對股票投資的描寫中，金融大鱷對《孫子兵法》倒背如流。

華爾街是美國金融的心臟，跳動著世界金融的脈搏。華爾街市面上有不少把《孫子兵法》與商業、金融、股票之類結合起來的書，如《富可敵國》、《交易者的 101 堂心理課》、《一個對沖基金經理的投資祕密》、《華爾街幽靈》、《營救華爾街》、《華爾街智慧》、《挑戰華爾街》、《道德經》、《孫子兵法》等。華爾街有一條經典語錄，源自《孫子兵法》裏的智慧：贏在開戰前。

《華爾街日報》曾刊登〈看《孫子兵法》如何指導股市投資〉文章：不同類型的投資者，應該如何應對不同階段不同環境的股市呢？中國最經典的兵法書籍《孫子兵法》或能答疑解惑。孫子十三篇第一篇〈始計〉是通論，提出「五事七計」，五事即「道、天、地、將、法」，而「七計」從雙方政治清明、將帥高明、天時地利、法紀嚴明、武器優良、士卒訓練有素、賞罰公正來分析敵我雙方的情況。

文章指出，所謂天和地，即天時地利。在股市中，可以理解為了解市場環境，即政策面、基本面、資金面和市場風格等。善於應變的投資者，在把握市場機會方面應順勢轉變。要瞭解自己是哪類投資者，以及這個市場是如何運行的，切忌對市場和自己過於理想化。

股市如戰場，虛虛實實，變化無常。孫子的許多思想，如「兵者，詭道也」、「知彼知己，百戰不殆」、「兵無常形，水無常勢」、「兵貴勝，不貴久」等。「股市風險大，投資需謹慎！」這句股市經典廣告語，也體現了孫子的慎戰思想。

股神巴菲特的投資兵法：主動撤退，避開強敵，尋找戰機，以退為進。他最善於以逸待勞，耐心地長期持有。股市中有兩種對立的持股策略：長線與短線。他把長線視作「逸」，選對了一支股票後，只要公司情況良好就一直長期持有；把短線則視作「勞」，買了一支股票後，根據對行情走勢的判斷，高拋低吸，波段操作。

「見壞快閃，認賠出場求生存」，是著名貨幣投機家，股票投資者喬治・索羅斯投資策略中最重要的原則。索羅斯說過，金融市場天生就不穩定，國際金融市場更是如此。「見壞就閃」是求生存最重要的方式，符合孫子「合於利而動，不合於利而止」的生存哲學。

紐約證券交易所首席執行官約翰・賽恩應用謀略和膽略轉化危機，成功使紐交所上市，成功的收購泛歐交易所，果斷的決定採納電子交易系統，在華爾街贏得了「救火隊長」的雅號。他訪問復旦大學，贈送象徵牛市壓倒熊市的雕像，而復旦大學送給賽恩一卷《孫子兵法》做為回禮。

在華爾街多年的對沖基金操盤經驗的劉君，對《孫子兵法》的熱愛一直都沒有絲毫減退。「華爾街有不少對沖基金經理是猶太人，他們對中國的《孫子兵法》尤其感興趣。」在劉君看來，《孫子兵法》裏的「奇正理論」和虛實觀讓他受益匪淺。孫子軍事謀略思想的最高境界是「以正合，以奇勝」。用到投資上，就是既要遵守基本的價值投資規律，又要善於突破常人的思維局限，出奇制勝。

劉君認為，全世界優秀的金融人才都跑到華爾街，華爾街的優秀人才又跑到投資銀行，而投資銀行的精英又去做對沖基金。在對沖基金裏面，「正」就是股票，也就是「價值記憶體」；「奇」就是各種金融衍生品，真正給對沖基金帶來巨額收益的，就是這些金融衍生品。

中國留學生吳衛東獲哥倫比亞大學博士學位，在一個知名的對沖基金做股票執行交易的基金經理，在華爾街摸爬滾打了十多年。他認為，《孫子兵法》裏面有不少策略可以運用到證券交易上。如《孫子兵法》裏有一招，叫「出其所必趨，趨其所不意」，給證券市場來個出其不意。

美國孫子研究學者稱，華爾街是世界名企薈萃、巨富雲集

華爾街紐約證券交易所。

之地，翻開這些商界鉅子的發跡史，他們無不是憑藉令人叫絕的包括中國孫子在內的智慧與謀略而取得成功的。紐約證券交易所曾專門請了哥倫比亞教授，向莊家們講授《孫子兵法》，因為華爾街不能缺少孫子的智慧與謀略。

矽谷精英喜歡鬼谷子懂科技善謀略

矽谷地處美國加州北部三藩市灣以南，是當今電子工業和電腦業的王國。依託具有雄厚科研力量的美國一流大學史丹佛、柏克萊和加州理工等世界知名大學，落戶這裏電腦公司已經發展到大約 1,500 家，擁有思科、英特爾、惠普、朗訊、蘋果等知名大公司。在短短的十幾年之內，矽谷出了無數的科技富翁。

矽谷這個詞最早是由 Don Hoefler 在 1971 年創造的，開始被用於《每週商業》報紙電子新聞的一系列文章的題目。之所以名字當中有一個「矽」字，是因為當地的企業多數是與由高純度的矽製造的半導體及電腦相關的，而「谷」則是從聖塔克拉拉谷中得到的。

而美國漢學家很容易把美國「矽谷」與中國的「鬼谷子」聯繫起來，不僅是在漢語的發音上有些相似，無非多了個「子」是中國古代的尊稱，更有趣的是， 矽谷的許多科技富翁喜歡中國的「鬼谷子」。鬼谷子是中國歷史上極富神祕色彩的傳奇人物，他的弟子蘇秦與張儀兩個叱吒戰國時代的傑出縱橫家，孫臏和龐涓為著名的兵法家，他們皆出鬼谷一門。

鬼谷子既有政治家的六韜三略，又擅長於外交家的縱橫之術，更兼有陰陽家的祖宗衣缽，預言家的江湖神算，所以世人稱鬼谷子是一位奇才、全才。其著作有《鬼谷子》又叫做《捭闔策》、《本經陰符七術》言練氣養神之法。

矽谷的科技富翁不僅懂科技，也懂韜略。矽電晶體八位優秀的年輕人「鬼使神差」，集體跳槽成立仙童半導體公司，諾伊斯發明了積體電路技術，將多個電晶體安放於一片單晶矽片上，使得仙童公司平步青雲。之後，斯波克離開仙童公司，自創國民半導體公司成為 CEO；行銷經理桑德斯的出走，又使世界上出現了超微科技；諾伊斯和摩爾離開仙童成立了英特爾公司。可見，矽谷的怪才多，「鬼點子」也多。

蘋果公司創始人喬布斯，不僅是影響矽谷風險創業傳奇、引領全球資訊科技和電子產品潮流、改變世界的天才，而且足智多謀、善抓機遇，處變不驚，化敵為友，締結舉世矚目的「世紀之盟」，達成戰略性全面交叉授權協議，成為駕馭全球高科技戰場的具有雄才大略的戰略家和卓越指揮員。

矽谷不僅有兵法家，也有縱橫家。Facebook 三人組——首席執行官紮克伯格，首席運營官桑德伯格和首席財務官伊博斯曼，就是矽谷傑出的縱橫家。當初在哈佛宿舍裏面的一個計畫竟然在短短的五年裏鬼斧神工地成就了一個用戶超過十億，市值超過 600 億美元的社交巨頭。

矽谷的華人精英更懂鬼谷子和孫子的智慧謀略。做為矽谷第一位華裔創業家李信麟，早在 1972 年在矽谷未成型之時已在那裏創立了「魔鬼系統」。在矽谷，幾乎每家公司研發部門的華人目前都超過了 10%。有的公司更多，員工中有近 70%。有一項調查說，五分之一的矽谷工程師具有華人血統。預計今後矽谷的總裁中，將有 17% 以上是華人。

從政治學博士到商界奇才的矽谷知名企業家楊俊龍的成功，源於他對哲學的思考，對中國傳統文化的熱愛和對生活藝術的判斷把握，使他不單單只是個創業家，也同時成為一位結合科技文化特長的專才。楊俊龍說，他的四大戰略取之《孫子兵法》。矽谷的華人科技者不單本身體現著優秀的中西文化的

矽谷蘋果公司總部。

結合體，也身體力行地傳播著中華文化，而不同文化需通過互相學習交流而發揚光大，這也是他多年來的文化感悟。

有學者評價， 矽谷是一個拚搏的戰場，創新、求變是矽谷的靈魂，不怕失敗是矽谷的兵家文化氛圍，應用中國人的智慧謀略是華人的專長。那裏的華人科學家勤勞，智能，富於開拓精神，因此必將創造出新的矽谷奇蹟。

美籍中國智慧女人懂兵法會妙算

在紐約曼哈頓街頭，記者看到高樓大廈上有中國女人融入美國社會的招貼畫，十分醒目，讓路人不時抬頭仰望。這幅畫使人想起周勵撰寫的《曼哈頓的中國女人》，曾給人帶來巨大的震撼。如今，又有著無數優秀的中國智慧女人，在美國創造了非凡的業績。記者在美國採訪期間，聽到了許多有關她們的許多故事。

朱津寧是國際暢銷書作家、著名講演家，曾與美國前總統卡特和英國前首相梅傑同台演講。她又是著名策略家，曾擔任美國策略研習協會主席、亞洲市場開發顧問公司總裁。她為可口可樂、通用汽車、微軟、波音等世界500強企業提供諮詢和員工培訓，被認為是東方謀略和策略方面的專家。

上世紀70年代，朱津寧從臺灣移居美國時，只帶了兩本書，一本是《孫子兵法》，再一本就是《厚黑學》，這兩本研習了很多年，使她成功在美國立足，成為著名的東方策略學者。她把東方的靈性潛力，轉化為生存競爭的武器。她主要是從理性角度分析兵法，形成了做為女性學者的鮮明個性特色。

她的著作包括《新厚黑學》、《新厚黑學2：不勞而獲》、《新厚黑學之孫子兵法：先贏後戰》等，由英文原著被譯為十七種語言，共有六十多國讀者。世界最大書店鮑威爾書店老闆邁克・鮑威爾稱，朱津寧為成年人開始生活和事業撰寫了一部權威性的教科書，它應成為美國每一所學院和大學一門必修課的指南。

從蘇州大學中文系畢業的才女、美國軟體設計公司傑魔的創辦人傅蘋，2012年接受美國公民與移民服務局授予的「傑出美國人」榮譽稱號，她也是繼前美國勞工部長趙小蘭之後第八位獲此榮譽的美籍華人。

1983年，傅蘋隻身飛往三藩市，口袋裏只有80美元，她要去新墨西哥大學學習英語。但是當她來到機場櫃檯前的時候，機票價格已經漲了。她回憶說，「我還差5美元，買不到機票。有個美國男人站在我後面，給了我5美元。我學到了一個教訓：永遠不要低估預算」。

《孫子兵法》的開篇始計就是講的計算、妙算。在美國超級計算應用中心，她在接觸電腦這種人工語言後，從此開始進入電腦軟體行業並取得成功。1997年，傅蘋創辦傑魔公司；

2010 年擔任白宮創新與創業顧問委員會的顧問；2013 年 1 月，傅蘋把公司出售給了 3D Systems，並出任新公司的首席戰略官。

同樣精於妙算的還有天資聰慧的華裔女企業家曾毅敏，她是擁有數千華裔精英會員的矽谷華源科技協會歷史上唯一一位女性主席，堪稱矽谷華裔女性企業家中的翹楚。

2005 年 2 月 8 日，中國農曆大年三十。曾毅敏以網路公司首席執行官的身分與全球網路設備龍頭老大思科公司簽署了一份收購合同，使得公司市值從兩年半前最初投資時的 650 萬美元一下躍升到 6,500 萬美元，翻了十倍，這在經常創造神話的矽谷第一次創造了華裔女企業家的神話。

矽谷當時還處在「9.11」事件和互聯網泡沫破裂後的陰影中，矽谷幾乎每天都有公司倒閉。而曾毅敏偏偏選擇在這麼一個非常時機自立門戶，她精於計算、善於抓住機遇，展現了華裔女性過人的智慧和膽略。

曼哈頓街頭中國女人融入美國社會的招貼畫。

在美國被傳為美談的，陳李琬若成為美國歷史上第一位華裔女市長，先後出任福特、卡特、柯林頓三任總統的政府高級顧問，曾被柯林頓總統褒獎為「具有東方文化教養的美國政壇魅力女神」；董繼玲擔任美國商務部少數族裔商業發展局副局長，成為繼美國勞工部長趙小蘭後又一位在美國政壇嶄露頭角的華裔女性。

西方孫子研究學者稱，《孫子兵法》不只是寫給男人的，女性研讀和應用《孫子》有與男性不同之處，具有女性獨特的審美眼光和思維方式，更為周密精細，更善於妙算，也更能融入現實生活和事業之中。孫子提倡「以柔克剛」，中國古代「柔」與「剛」都是武器，「柔」是鉤，「剛」是劍，在戰場上有時鉤比劍的作用和威力要大，在商場上也一樣。正如美中國際基金會負責人周佳莉所說，美國女性企業家很關注《孫子》在商戰中的運用。

楊壯稱《孫子》是全球企業的致勝巨著

美國福坦莫大學商學院副院長楊壯撰寫的《知彼知己，百戰不殆》的文章，用《孫子兵法》的精髓，對跨國公司在華成功的經營和中國企業國際化進行全面系統的分析，有獨特的見解。他高度評價說：「《孫子兵法》是戰略理論領域的傳世之作，是世界兵法史上的經典之作，是一本企業致勝之道的巨著。」

楊壯出任北大國際 MBA 美方院長、北大中國經濟研究中心兼職教授、新東方教育科技集團董事，有著豐富的管理學教學與諮詢經驗，曾為輝瑞製藥、諾華製藥、西門子、朗訊科技、寶馬汽車、中國銀行、聯想集團、泰康人壽、創維集團、河南移動通訊、湘財證券等多家著名跨國公司和國內公司提供管理培訓和管理諮詢，並協助在美國的日本公司實施本土化。他的管理課程多次被學員評為「最有收穫的課程」、「最啟發思考的課程」和「最實用的課程」。

早在二千五百年前，孫子就精闢地指出：「知彼知己，百戰不殆」。楊壯說，這一至理名言對正在走出國門、走向世界，參與全球化競爭的跨國公司和中國企業仍具有重大的意義。無論是中國還是外國，任何企業都必須熟悉經營國所面臨的三種環境，即企業內部環境、任務環境和外部綜合環境，要瞭解科技文化特徵、合作夥伴特徵、重要客戶特徵、勞動力市場特徵，以及所在國的法律、法規和法制特徵等，這就叫「知彼知己」。

楊壯拿中國與德國做比較，德國人關注單一的事情，而中國人喜歡同時處理很多事情；德國人的計畫一旦知道後，勢必要去實施，而中國人的安排卻總在變化，計畫永遠趕不上變化；德國人崇尚工程師的頭腦和細膩的系統思維方式，而中國人擅長藝術的直覺和靈活的應變能力；德國人認為權力是至高無上的，而中國人則喜歡繞彎子靠「關係」辦事。

在華成功的經營跨國公司，無不遵循孫子「知彼知己，百戰不殆」的教誨。楊壯說，外國公司進入中國之前，對中國的國情、政策法規、投資環境、文化背景等都作了詳細的瞭解，制定了全球化或本土化戰略，在國際化管理理念方面作出選擇：或注重連貫性、全球化、標準化和規模效益的全球化戰略，比如麥當勞、星巴克；或注重當地國的國情、文化、歷史等人文因素，根據不同地域和不同消費者的特點實施本土化戰略，比如家樂福、諾基亞。

楊壯分析說，從戰略層面看，這兩種國際化戰略必須符合「從全球角度思考，從地方角度行動」的國際化經營理念，這一理念符合孫子「知彼知己，百戰不殆」的理念。實踐證明，不論採用哪種國際化戰略，都需要瞭解對方，瞭解自己。迄今為止，在中國成功的任何一家跨國公司的行為、戰略、市場行銷方式、文化特徵，通常與中國的國情、民俗、消費心理、員工文化和政府政策有著密切的關聯。

在談到跨國公司在華投資成功要素時，楊壯指出主要有五個方面：總部對中國市場瞭若指掌，充滿信心，並作了長期投資的打算；對中國的經營環境和國情進行詳細的可行性調查研究；掌握中國消費者心理和文化，提供具有突出文化品位的世界級品牌產品；熟悉中國的法律法規，與政府搞好關係；建立具有人情味的人力資源政策和企業文化。

楊壯舉例說，韓國三星公司手機在2002年的中國才只有5億美金的銷售，而目前已達到19億美金，其中最重要的原因是其對中國市場的消費心態和取向有很深刻的瞭解，能夠針對中國消費者設計、製造時尚而富有吸引力的產品。星巴克從1999年到中國發展至今，已成為中國咖啡店的第一品牌，在北京開了26家店，在上海開了三十多家店。星巴克使飲茶為主的中國顧客萌發去咖啡店的雅興，在中國掀起了前所未有的「咖啡熱」。

摩托羅那在中國發展了一套相當完整的文化理念和人力資源政策，總裁戈利文曾說，摩托羅那是一個家庭企業，什麼都能變，就是我們的信念不能變，那就是對人保持不變的尊重。摩托羅那公司在員工招聘上強調內部推薦，在工作上主張崗位輪換，在就業上提倡「紅酒法規」，即在公司工作越久的人越值錢。在員工離開公司之後，公司還提出「歡迎回來，大門永遠敞開」的政策，使員工感到「相見時難別亦難」。

美國福坦莫大學商學院副院長楊壯。

楊壯表示，中國企業家要不斷學習，中西知識都需要有。中國的國學博大精深，有很多很多的東西可以去學。從《論語》到入世道裏面很多東西，老子《道德經》、《孫子兵法》等東西，都是值得我們去學習，認真去學習、思考、探討的問題。

可口可樂應用「因糧於敵」推向世界

二戰期間，可口可樂通過「以戰養戰」、「因糧於敵」，從第二次世界大戰的全球戰場上把產品和品牌推向全世界。記者在位於美國亞特蘭大的可口可樂總部獲悉，二戰以來，可口可樂公司只提供了全世界產品總量原料的 0.31%，僅此一項，每年就獲得利潤 1.5 億美元

據介紹，可口可樂是早在第二次世界大戰以前就已問世的一種味美價廉的軟飲料，一直雄踞全球飲料市場，幾乎沒有飲料產品可以與之抗衡，其銷量遠遠超越其主要競爭對手百事可樂，被列入吉尼斯世界紀錄。

可口可樂第二任可口可樂公司董事長羅伯特・伍德魯夫提出了一個宏偉的目標：要讓全世界的人都能喝上可口可樂。當時適逢第二次世界大戰，美國幾乎出兵世界各地，伍德魯夫聽說在國外作戰的美軍又熱又渴，居然異想天開地登入國防部大門推銷產品，又邀請軍人家屬、國會議員、社會名流和記者赴宴。席間，大講美軍在菲律賓叢林作戰是如何熱、如何渴一類的話，把可口可樂的作用與槍炮彈藥相提並論。

輿論不脛而走，迫使美國國防部同意將可口可樂列入軍需物資。隨後，伍德魯夫下令以 5 美分一瓶的價格向服役軍人兜售可樂，美國大兵帶上國產的可口可樂奔赴世界各地。可口可樂公司還印刷了取名為《完成最艱苦的戰鬥任務與休息的重要性》的小冊子宣稱：由於在戰場上出生入死的戰士們的需要，

可口可樂對他們已不僅是休閒飲料， 而是生活的必需品了，與槍炮彈藥同等重要。不用多久，全世界就知道了可口可樂的品牌。

為了讓可口可樂享受軍事船運的優先權。伍德魯夫仿照美軍使用脫水食物的方式，把可口可樂濃縮液裝瓶輸出，並在駐區設立裝瓶廠 ，共派遣了 248 人隨軍到國外。這批人隨軍輾轉，從新幾內亞叢林到法國里維拉那的軍官俱樂部， 一共賣了 100 億瓶可口可樂。除了南北極以外，可口可樂在戰時建立了 64 家裝瓶廠。於是，可口可樂的裝瓶工廠隨著美國軍隊推向全世界，這一舉措使可口可樂在歐洲和亞洲國家獲得了占絕對優勢的市場份額。

據傳，五星上將巴頓把一地窖可口可樂當作必需品，無論他轉戰何處裝瓶廠都跟著搬遷。更富有傳奇色彩的是，艾森豪從戰場凱旋歸來，美國人舉行了一次豐盛的午宴。在午宴之後，有人問艾森豪將軍是否還要點什麼？ 艾森豪脫口道：「給我來杯可口可樂！」這讓可口可樂名聲大振。

戰後，可口可樂銷量又急劇下降，伍德魯夫又採取向海外轉讓一定的技術、出售製造權、搞聯合企業等戰略。像飲料這樣的一般消費品，轉讓技術和出賣製造權，在當時是沒有先例的。

孫子在〈作戰篇〉提出「因糧於敵」的策略，即部隊在外線作戰，其糧食的供應可以從敵方那裏取得，他指出：「善用兵者，役不再籍，糧不三載。取用於國，因糧於敵，故軍食可足也」。如果軍隊攻擊遠處敵國的目標，而部隊所需的糧食要從國內長途運輸而來，這樣必然會勞民傷財，大大增加國家的負擔。故孫子強調「國之貧於師者遠輸，遠輸則百姓貧」，進而主張「智將務食於敵」。

伍德魯夫的對策是，在當地設工廠，在當地招募工人，在

可口可樂公司創始人雕塑。

當地籌措資金。除了可口可樂的祕密配方外，所有製造可口可樂的機器、廠房、人員以及銷售都由當地人來充任，可口可樂總公司只派一名全權代表主持有關工作。可口可樂公司允許他們利用可口可樂的商標，做廣告。這個特別的裝瓶系統，從此產生可口可樂的工廠遍地開花。

美國孫子研究學者表示，由於採用孫子「因糧於敵」的策略，使可口可樂的生產成本大大降低，在市場競爭中更增加了優勢。可口可樂暢銷 206 個國家和地區，從海外獲取利潤占其總利潤的 60% 以上。目前，全球每天有 17 億人次的消費者在暢飲可口可樂公司的產品，全世界大約每一秒鐘就有 10,450 人在喝可口可樂。

可口可樂廣告大戰變換無窮出奇制勝

記者在亞特蘭大可口可樂總部看到林林總總的廣告畫精彩

紛呈，一部刺激多種感官的電影，帶人尋訪可口可樂絕密配方的冒險之旅，發現遍及全球的可口可樂如何給全世界帶來快樂。講解員說，可口可樂成為全世界最認可的飲料，在全球擁有超過 450 個品牌，甚至在世界上最偏遠的地方也能找到它的身影。

美國孫子學者認為，孫子在〈虛實篇〉中論述「因形而錯勝於眾，眾不能知。人皆知我所以勝之形，而莫知吾所以制勝之形。故其戰勝不復，而應形於無窮。」謂隨著敵方態勢而變化。而可口可樂廣告變化無疑在全球變化最大也是最為成功的。可樂大戰是典型的廣告大戰，其間充滿「戰勝不復，應形無窮」的案例。

1888 年，可口可樂就開始在火車站、城鎮廣場的告示牌上做廣告。初創時的廣告詞是「可口可樂是一種好喝、助興、提神解勞的飲料，此外並能治療一切神經痛、頭痛、歇斯底里與憂鬱症」。1907 年南部邦聯的 994 個郡中有大約 825 個郡禁酒，該公司及時打出「可口可樂是偉大的禁酒飲料」的廣告詞，反響強烈。

在上世紀 20 年代，可口可樂並沒有真正競爭對手，在市場上所向無敵，當時廣告詞有意刺激消費者，如「口渴不分季節」、「停下來喝一口，精神百倍」、「真正的魅力」、「口渴與清涼之間的最小距離——可口可樂」、「在任何一個角落」、「 可口可樂——自然風韻」、「純正飲品」、「世界上最好的飲料」。

1937 年，可口可樂公司推出第一臺投幣自動售貨機，發起了以生活風格為主題的廣告，該廣告突出了該產品在消費者生活中的重要性而不是產品本身的屬性，該產品在二十世紀 30 年代最著名的廣告詞是「 美國的歡樂時光」。

第二次世界大戰期間，可口可樂公司以每本 1 毛錢的價格賣出成千上萬冊《瞭解戰鬥機》，當時的美國小孩幾乎人手一冊，同時出版《我們的祖國》，並成為廣播節目《勝利大遊行》的贊助者，雇請了一百多個樂隊在全國各軍事基地演奏。這些都不以打廣告的形式出現，卻勝過廣告。為配合美軍參加二次大戰，打出「世界友誼俱樂部——只需 5 美分」的廣告詞，在美軍中影響很大。

可口可樂廣告詞順應潮流，一再變換。1950 年打出「口渴，同樣追求品質」；1951 年打出「好客與家的選擇」；1952 年打出「你想要的就是可樂」；1956 年打出「可口可樂使好東西更可口」；1957 年打出「美味的標幟」；1958 年打出「冰涼有勁的可樂滋味」；1959 年打出「真正的提神」。

上世紀 70 年代，可口可樂的廣告詞追求浪漫和幸福。1971 年，一群來自世界各地的年輕人聚集在義大利的一座山頂上，同時高唱：「我想請全世界喝瓶可口可樂」；1972 年打出「可口可樂——伴隨美好時光」；1975 年打出「俯瞰美國，看我們得到什麼？」1976 年打出「可樂加生活」。到了 1979 年，可口可樂打出「喝可口可樂，笑一下」的口號。

上世紀 80 年代，可口可樂正處於激烈競爭之中，可口可樂的新廣告「這就是可口可樂」，在美國三大電視網同步播映，輕快的歌曲，配上溫馨的畫面，立刻風靡全美，可口可樂在促銷上又打了一場漂亮的仗。1985 年美國太空人隨挑戰者號將可口可樂帶進外太空，成為人類在太空飲用的第一個汽水飲料。1988 年日本推出的玻璃瓶裝可口可樂，瓶上的「風林火山」四個字來自中國的《孫子兵法》：故其疾如風，其徐如林，侵掠如火，不動如山。

到了新世紀，可口可樂廣告詞變得趨於時尚。如 2000 年的「心在跳，我們努力活出真精彩」；2003 年的「激情在此燃燒」；2010 年的「你想和誰分享新年第一瓶可口可樂」；

中西結合的可口可樂瓶。

2011年的「積極樂觀美好生活」。2013年，悄然推出針對中國市場的新包裝，「可口可樂」四個大字已經「退位」，取而代之的是諸如「文藝青年、高富帥、白富美、天然呆」等網路流行語。

可口可樂廣告大戰創造了世界許多之最：全球最大的球狀可口可樂廣告位於日本名古屋車站樓頂，全球最大的可口可樂看板在智利的艾爾哈切山上，全球最大的可口可樂瓶在紐約時代廣場。全球最大的可口可樂卡車在瑞典，全球唯一擁有一系列與人差不多大小由混凝土製造的可口可樂瓶在澳門……

紐約時代廣場「造勢」達到登峰造極

古代兵家人物、當代軍事將領、二戰結束之吻雕塑、世界和平種子瓶、中國武術太極、兵馬俑、星球大戰、赤壁之戰……被稱為美國文化中心、堪稱紐約乃至美國標誌、「世界的十字路口」的紐約時代廣場，在成千上萬個商業廣告片中，沒有忘卻戰爭與和平這個永久的主題。

而紐約時代廣場最令人神往的是「造勢」，已達到登峰造極的地步，在全世界堪稱鳳毛麟角，無可比擬。這裏成為世界上最會「造勢」的地方，也是全世界商業廣告「勢頭」最旺的地方。

美國孫子研究學者稱，《孫子兵法·兵勢篇》闡述的戰勢變化和造勢用勢，在這裏演繹的精妙絕倫。孫子提出「奇正相生」、「變化無窮」等戰略造勢思想，善於指揮打仗的將帥十分注重「造勢」，造成一種有利的戰略態勢，利用「勢」獲得自己利益最大化。在全球商業競爭全面來臨的時代，商業廣告的「造勢」的領頭羊非紐約時代廣場莫屬。

孫子說，善於指揮作戰的人，總是指望通過造成有利態勢去奪取勝利。紐約時代廣場已成為全球遊客熱點的集中地，是每一個觀光客來到紐約必到之處，也是紐約做為一個國際城市最重要的宣傳的中心地帶，幾乎在世界上知名的品牌都希望在這一個寸土寸金的地段，把自己的宣傳能夠擠進去，以吸引全世界的眼球，獲得廣告效應的最大化。

孫子說，戰勢不過奇正，而奇正的變化卻無窮無盡。紐約時代廣場彷彿從天上飄向人間的彩練，又彷彿從高空灑向地面的顏料，上下左右，四面都被繽紛的色彩緊緊包圍。映入眼簾的是滿眼的廣告、霓虹燈和巨大的螢幕，五顏十色、爭奇鬥豔，色彩時而強烈，時而柔和，時而豔麗，時而明快。半圓柱型的NASDAQ巨幅廣告，不停地變幻著黑藍紅的冷熱面孔，似乎在告示著這世界金融中心的股市風雲變幻。

孫子說，奇正互相轉化，就像圓環一樣無始無終，誰能找到它的終端呢？在紐約時代廣場，商業廣告片的轉換可謂神奇莫測。或如排山倒海勢，向人們撲面而來，或如小橋流水，向地面溫柔流淌。那跨年水晶球這個「圓環」，在時代廣場上空能發出1,600萬種醒目的顏色，變幻出數十億種瞬息萬變的顏色，如萬花筒般絢麗多彩，無始無終，找不到它的終端，令人眼花撩亂。

孫子說，善於用兵打仗的人，他所造成的客觀兵勢是險峻的，他所採取的行為節奏是短促的。險峻的兵勢就像張滿的弓弩，短促的節奏就像猝發弩機。在紐約時代廣場播放的中國威海形象片，由十六個「動靜結合，以動為主」的鏡頭組成，國際帆船賽事在藍色海灣舉行，鐵人三項選手沿著旖旎海岸線競發，滑板少年飛躍城市地標，精英人士在高爾夫綠地上揮杆擊球，就體現了孫子的「險峻與短促」。

孫子說，善於出奇制勝的人，其戰術變化，就像天地萬物那樣無窮無盡，像江河之水那樣通流不竭。日月運行，晝夜往復。紐約時代廣場無論白天和黑夜，無數巨幅電子看板二十四小時不停息地、以數秒鐘的速度變換著的藝術精緻的廣告短片，散發出耀眼奪目的光芒，讓人只記得那些美麗耀眼的看板，分不出燈光與日光相輝映的白天，燈光有如日光的夜間。

孫子說，善於指揮軍隊作戰所造成的態勢，就如同將圓石

紐約時代廣場。

從萬丈高山滾下來那樣，這就是所謂「勢」。紐約時代廣場在世界政治和經濟上扮演著不可替換的重要角色，在這裏湧動的是世界不同膚色、不同國家、不同民族勢不可擋的人流，展示的是一個沒有舞臺的聲勢浩大的舞臺，沒有導演卻導演出氣勢磅礴的世界舞臺劇。

美國際科技公司制定孫子科技發展戰

美國國際科技應用公司近年專門制定了孫子科技發展戰，受到了美國國防部、能源部、總統科技委員會的高度重視，認為在同西歐、日本等的科技競爭中很有參考價值。

美國孫子學者認為，《孫子兵法》不僅具有無與倫比的軍事價值，也蘊含著永恆的極高的科學價值，其謀略智慧完全可以運用到科技領域。「知彼知己，百戰不殆」、「夫地形者，兵之助也」、「知天知地，勝乃無窮」。對於科技企業來說，謀略智慧就是其競爭之本，生存之道。在當今日趨激烈的全球科技競爭中，要做到用計為首，未戰先算。

孫子為將五德把「智」放在首位，這種高度重視人才制勝、重視戰略情報的思想，越來越受到以美國為首的西方各國的重視。第二次世界大戰以來，美國為了吸引外國高智力的人才，兩次修改移民法，先後從其他國家挖到 22 萬名各類高級專門人才。近年來，美國政府擴大外國科學、技術、工程與數學特定學位專案，把一批高智商的國際學生吸引到美國。正是這些高智力人才使美國的科技、經濟實力在世界上保持著領先地位。

孫子在總結和研究各類戰爭經驗的基礎上，提出了「不戰而屈人之兵」為謀略的最高原則。美國孫子學者坦言，在科技競爭中可將其引申為以最小的代價獲取最大的利益。在科技競爭中，美國試圖採用政治、外交、經濟、資源、科學技術等綜合手段戰勝對手，以達到「不戰而屈人之兵」的目的。

隨著高科技的發展，「冷戰爭」進入「熱戰爭」，美國科學家從來沒有懷疑中國古代傳統的軍事智慧，正在不斷研究《孫子兵法》，並進行各方面的運用。譬如美國發展太空武器，利用並占領太空，就是對於《孫子兵法》中〈九地篇〉的運用。發展太空武器，利用並占領太空就是對於戰略制高點的爭奪，孫子云：「善攻者，動於九天之上」。太空在未來的戰爭中顯然是各大國先敵制勝的「爭地」。誰控制了太空，誰就掌握了戰爭的主動權，誰就能先敵制勝。

美國許多高科技企業高層主管要接受《孫子兵法》，矽谷的許多科技富翁喜歡中國的孫子和鬼谷子。矽谷的科技富翁不僅懂科技，也懂韜略。位於矽谷被科技重重包圍的史丹佛大學，培養了一大批全球知名的商界領袖。該大學許多學生都研讀過《孫子兵法》，從這裏走出的畢業生們創造了世界眾多一流企業，以及數以百計的美國知名上市公司。

微軟公司的董事長、首席設計師比爾・蓋茨，在短短二十年的時間裏，聚集的私人財富，超過世界上三十八個國家的國民生產總值。比爾・蓋茨總結了對機會的四大標準：最大的趨勢是現在沒有將來會有、現在少將來會多、現在多將來會普及；最大市場全球化通過互聯網能瞬間做到全球化光的速度；最少的競爭；最小的風險投資。這四條每條都符合孫子的智慧謀略。

孫子曰：「兵貴勝，不貴久」。對於企業來講，競爭的核心問題同樣是速度的競爭。比爾・蓋茨在其《未來時速》一書中描述：「在未來的十年中，企業的變化會超過它在過去五十年的總變化。如果說 80 年代是注重品質的年代，90 年代是注重在設計的年代，那麼二十一世紀的頭十年就是注重速度的時代，是企業本身迅速改造的年代，是資訊管道改變消費者的生活方式和企業期望的年代。」

比爾・蓋茨本人就親歷過一次以速度取得勝利的事情：二十世紀 80 年代，美國蓮花公司在「蓮花 1-2-3」研製的基礎上，趁勢為「麥金塔」電腦開發軟體，名為「爵士樂」。比爾・蓋茨在透徹分析了「蓮花 1-2-3」的優劣後，決定超越蓮花公司，盡快推出世界上最高速的電子表格軟體，並將該軟體定名為「超越」。市場報告表明：「超越」以 89：6 的絕對優勢，遠遠超過了「爵士樂」。

孫子曰：「凡戰者，以正合，以奇勝。」美國的數字電腦公司深諳奇正之道。該公司始創於 1957 年，當年銷售額僅 7 萬美元，是個微不足道的小企業。但二十年後，它的銷售收入已達 20 億美元，成為全球最大的微型電腦製造商。探求它成功的祕訣，原來也是在技術開發上不斷創新，以奇取勝。

美國電腦科技大師葉祖堯精通《孫子兵法》，他成為聯合國、美、日、新加坡等國的科技顧問，以及 IBM、西門子、AT&T、日立、富士通等多家大公司的企業管理顧問，還出版

史丹佛大學中國問題研究所。

英文著作《商道》、《零時》，把很多大公司的經營祕訣寫進去，介紹《孫子兵法》在商場上的運用之妙，還把很多大公司用孫子的智慧的經營祕訣寫進去，這本書出版後相當受歡迎。

美國孫子學者表示，《孫子兵法》可廣泛應用到科研定向、計畫選題、科學研究、技術推廣、人才培養等諸多方面。科技競爭也要「兵貴神速」，持久競爭不利於勝利。孫子的謀略智慧要運用於科技開發的全過程，包括情報資訊要迅速準確，科技專案決策要果斷快捷，科技創新要遙遙領先，科技成功運用要占得先機。只有這樣才能不戰而勝，贏得對手。

美國大數據上升到國家戰略層面

微軟用大數據幫助所有用戶從原始數據中獲取新的市場洞察和預測分析，谷歌住房搜索查詢量變化可對住房市場發展趨勢進行預測，得益於大數據分析的成功運用，亞馬遜在 2015 年的銷售額極有可能超過 1,000 億美元……一大批知名美國企業紛紛掘金大數據，很多初創企業也開始加入到大數據的淘金隊伍中。

在波士頓甲骨文公司負責電腦軟體開發的李仁雄，是民國時期《孫子兵法》研究第一人李浴日的次子。他認為孫子的「妙算」靠的是數據和情報。《孫子兵法‧用間篇》說：「明君賢將，所以動而勝人，成功出於眾者，先知也。」「先知」用兵之道，強調只有預先瞭解敵情，掌握資訊，進行科學分析，運籌計算，才能做出正確的情況判斷，勝負預測和定下決心，再通過主觀努力去爭取勝利。

如今，美國已進入「大數據」時代。「大數據」對資訊爆炸時代的嶄新描述，它的基本單位是「太」(TB)，而一千個太則等於一「拍」(PB)。美國國會圖書館是世界上最大的圖書館之一，它所有印刷品的資訊量加起來只有 15 太，而全美國僅在 2010 年一年的新增數據量就足足有 3,500 拍，這比十三億中國人人手一本 1,500 頁的書加起來的資訊量還要大。

美國通用汽車衛星導航服務，提供司機和遠程車輛診斷和回應緊急情況管理，每年已經開始處理多達 3PB 的數據。全球最大的零售商美國沃爾瑪公司建立了一個全新的數據中心，它的存儲能力竟然高達 4PB 以上，已經超過了 4096TB，是一個真正的天文數字。

李仁雄服務的美國甲骨文公司成為了業界首個以全面、軟硬體集成的產品滿足企業關鍵大數據需求的公司。它可幫助客戶進一步提高效率、簡化管理並洞察數據的內在本質，從而最大限度地挖掘數據的商業價值。美國一些大型公司已經開始贊助大數據相關的競賽，並且在為高等院校的大數據研究提供資金。美國 IT 巨頭紛紛通過收購「大數據」相關企業來實現技術整合。

美國著名政治評論家、大數據領域的超人 Nate Silver 發表了一場有關大數據的演講，他告訴創業公司去尋找那些和大數據相關、容易出成果的領域。「尋找那些你有數據可用、但卻從沒有人拿這些數據進行過分析的領域，這樣競爭更小，你也更容易成功。」

2011 年，美國總統科技顧問委員會提出政策建議，指出大數據技術蘊含著重要的戰略意義，聯邦政府應當加大投資研發力度。做為對這一建議的回應，白宮科技政策辦公室在去年 3 月 29 日發布了《大數據研究和發展計畫》，同時組建「大數據高級指導小組」，以協調政府在大數據領域的 2 億多美元投資。此舉標誌著，美國把大數據提高到國家戰略層面，形成了全體動員格局。

歐巴馬政府意識到大數據技術的重要性，將其視為「未來的新石油」。2012年3月，歐巴馬政府在白宮網站發布了《大數據研究和發展倡議》。美國國家科學基金會、國家衛生研究院、國防部、能源部、國防部高級研究局、地質勘探局等六個聯邦部門和機構承諾，將投入超過2億美元資金用於研發「從海量數據資訊中獲取知識所必需的工具和技能」，並披露了多項正在進行中的聯邦政府計畫。

美國國防部高級研究計畫局正在開展多級別的異常監測、軍事電腦網絡間諜活動威脅、加密數據的編程計算、視頻與圖像檢索與分析工具，以及機器讀取、心靈之眼、彈性雲等專案，旨在發現並及時報告重要的作戰資訊，從而使作戰人員能夠及時地採取相應措施應對發生的重要事態，為軍事情報分析家開發一個系統，使其能利用收集到的海量視頻內容，在某些事件發生時即可發出警報。

美國中央情報局的首席技術官格斯・漢特便在三藩市舉行的一次討論會上透露了大數據技術對追蹤恐怖分子和監控社會情緒的作用。漢特說，就像可口可樂等消費公司借助數據分析掌握消費者習慣一樣，中情局也通過大數據技術來尋找恐怖分子的蹤跡。此外，他還以「阿拉伯之春」舉例說，大數據分析可以瞭解多少人和哪些人正在從溫和立場變得更為激進，並「算出」誰可能會採取對某些人有害的行動。

美國國家天氣服務局不僅開通了推特、臉書等社交媒體帳號，還推出了一種叫做天氣收音機的預警產品。一旦氣象預警後，平時沉默不語的「收音機」會立刻成為「鬧鐘」。

麥肯錫全球研究所的一份報告說，美國需要150萬精通數據的經理人員，以及14萬至19萬深度數據分析方面的專家。目前，已有美國大學專門開設了研究大數據技術的課程，培養下一代的「數據科學家」，一些美國公司也在向大學提供研究資助，並贊助與大數據有關的比賽。目前美國正在握緊大數據這個人類科技領域的最新儀表盤，以求繼續保持科技領先地位。

美國孫子研究學者表示，如今是大數據大行其道的世界，大數據可以帶來巨大的成就，在軍事、經濟及其他領域中，決策將日益基於數據和分析而做出，而並非基於經驗和直覺。正如《孫子兵法》所說：「知彼知己，百戰不殆」。所謂知者，乃數據也，數據要「未卜先知」。在大數據時代，「知彼知己」、「未卜先知」能夠更加容易地實現。

美國文化界推崇孫子文化大有人在

美國文化界中對孫子推崇備至者大有人在。美國著名的亞洲家世小說家詹姆斯・克拉維爾在為美國出版的一本《孫子兵法》英譯本所寫的前言中，就有這樣一段熱情洋溢而又充滿風趣的話：「所有的現役官兵，所有的政治家和政府工作人員，所有的高中和大學學生都要把《孫子兵法》做為必讀材料。」

曾經出版了《石油戰爭》、《糧食危機》、《霸權背後》等書的美國著名作家威廉・恩道爾稱，他自己寫書的過程中向《孫子兵法》尋找靈感。恩道爾說，他最喜歡的中國思想家之一是非常有名的孫子，就是二千五百年前的兵法大家，最欣賞的孫子語錄是「知己知彼，百戰不殆」，孫子對戰略戰術的簡潔表述至今無人超過。當我試圖理解世界性事件的時候，《孫子兵法》對我的影響非常大。

記者在休士頓書店買到了一本繪本驚悚小說《孫子兵法》。這是由兩位美國人從中國古代兵書中找到了靈感，合力將《孫子兵法》改編的現代版繪本驚悚小說，由哈潑柯林斯公司出版。此書作者凱利 ・ 羅曼保留了古書的結構，將故事放到 2032 年前後，重新演繹。此時中國已是全球首屈一指的經濟帝國，掌控著華爾街的命脈。

美國對《孫子兵法》的濃厚興趣，其中一個重要原因在於文化層面，美國需要瞭解中國和中國文化。對此，美國文化界人士樂此不疲。美國人類學家魯思・本尼迪克特受美國政府委託進行了包括《孫子兵法》在內的一項專門研究。2006年，美國企業研究所研究員丹・布盧門撒爾與助理研究員克里斯托弗・格里芬合寫了一篇文章，題目是〈理解戰略配合默契的舞蹈〉，副標題是「美國必須理解中國的文化和策略」。

位於東西兩股文化勢力衝突板塊上的美國史丹佛大學，對中國文化的研究興趣一直很濃厚。大學圖書館收藏了各種版本的《孫子兵法》，許多學生都研讀過《道德經》、《莊子》、《孫子兵法》等中國古代經典。胡佛研究所已成為美國白宮研究亞洲及中國問題的權威諮詢機構，該所圖書中有不少包括《孫子兵法》在內的中國典籍的珍稀版本。

美國商業史作家馬克・麥克尼爾利說，孫子是最熟悉的陌生人，無論是對於西方的管理者還是中國的商業人士，孫子都成為他們難以繞開的管理戰略大師，很多西方作家將《孫子兵法》 中古老的軍事策略移植到公司管理和商業擴張上。

他在專欄上說：「正如中國是美國消費品公司未打開的市場，中國也是待發掘的商業智慧的源泉。」他寫道：「在1990年代和本世紀初期，《管理者們的孫子兵法》 和《孫子與商業藝術》 這類書賣得很好。」他寫這篇專欄時剛剛從阿斯本的財富論壇回來，在那裏，他發現人們熱衷於引用中國的古老的兵法來解釋自己的商業戰略。

美國華裔作家趙健秀是當代重要的美國華裔作家。做為一位獨立特行的文化人，趙健秀作品中多次出現「生活是戰爭」的引言：「孫子曰：生活是戰爭。戰爭關係到國家命運、生死存亡、榮辱之大事。因此，參戰之前，要先做研究，要用心研究。」然而，對照《孫子兵法》並沒有「生活是戰爭」這樣一句話，而只有：「兵者，國之大事，死生之地，存亡之道，不可不察也。」

天津理工大學美國華裔文學研究所徐穎果指出，趙健秀在《刀槍不入佛教徒》中大段大段地引用《孫子兵法》，多數是直接引語。那麼他引用的孫子語錄來自哪裏呢？趙健秀談到中國經典的英文翻譯時說：「最好的和最有權威注釋的翻譯都是美國人做的。」趙健秀所說的「孫子曰：生活是戰爭」，應該是從《孫子兵法》的英文譯本中得到的，而英文翻譯者又是從何處讀出「生活是戰爭」這句話的，無從考察。

由於趙健秀認為「生活是戰爭」出自孫子，而孫子又是他十分欣賞的軍事家、戰略家，因此，這句話被趙健秀廣泛引用。在趙健秀看來，這句話不但道出了生活的真諦，而且蘊含著豐富的戰略戰術。趙健秀認為，要想在生活中成為勝利者，就需要真才實學。除了戰鬥精神，還要有戰略戰術。「生活是戰爭，所有的行為都是策略和戰略⋯⋯寫作是戰鬥。」

戰略家孫子對趙健秀的影響非常之大。在《刀槍不入佛教徒》中，趙健秀摘錄了大量的孫子語錄，全書中共有四十段之多，最長的一段孫子原文是 168 個漢字，把趙健秀引用的英文譯文翻譯成漢字，漢語譯文長達三百多漢字。趙健秀引用的孫子語錄主要有兩類，一類用來表達他對戰爭的認識，另一類用來表達對要取得勝利就必須具備戰略戰術之重要性的認識。

趙健秀根據孫子的語錄詮釋：「指揮軍隊作戰的最高境界是使人看不出任何痕跡，因此無論深藏的間諜或是高明的智者都不能謀劃出辦法對付你」；「因此，我每次取得的勝利，採用的作戰方法都不是簡單的重複，而是根據情形有無窮的變化」；「戰爭中最難的莫過於制勝的策略。難在要把迂迴的路變成直便的路，把不利的條件變成有利的條件」。

徐穎果認為，「生活是戰爭」及其他由此而來的趙健秀口

史丹佛大學圖書館。

號，都深受孫子的影響。《孫子兵法》做為中國經典文獻之一，不但影響到趙健秀的人生態度，而且影響到他的創作思想。在美國華裔作家中，趙健秀以言辭激烈著稱，他的作品火藥味十足。他所「引用」的這句孫子的語錄，成為其招牌式口號。

與莎士比亞著名的「人生是舞臺，每個人都是演員」相比較，趙健秀聲稱的「生活是戰爭，每個人天生都是戰士」可謂截然不同。趙健秀的口號源於他認為的《孫子兵法》，源於中國文化。徐穎果說。

繪本驚悚小說《孫子兵法》在美出版

記者在休士頓書店買到了一本繪本驚悚小說《孫子兵法》。這是由兩位美國人從中國古代兵書中找到了靈感，合力將《孫子兵法》改編的現代版繪本驚悚小說，由哈潑柯林斯公司出版。此書作者凱利 · 羅曼保留了古書的結構，將故事放到 2032 年前後，重新演繹。此時中國已是全球首屈一指的經濟帝國，掌控著華爾街的命脈。

小說主人公也叫凱利・羅曼，他從俄亥俄來到紐約，調查兄弟的離奇死亡，發現他生前受雇於頭號金融戰略家和中國主權財富基金的掌門人孫子。凱利想方設法接近孫先生，成了他的門徒。他用日記記下老師的言行，並捲入了孫子和生化怪物「王子」之間的戰鬥。凱利雖然做過特種兵，卻要通過鑽研中國古代兵法，力求智勇雙全，方可九死一生。

凱利・羅曼的合作者、畫師邁克爾・德維思曾為紅歌星女神卡卡的流行曲《阿萊杭德羅》畫過分鏡腳本，此番在《孫子兵法》中以紅黑兩色描繪生死惡鬥。作者諳熟《孫子兵法》的精髓，在小說中大量引用了孫子的警句、格言、語錄，並進行了深入淺出的詮釋。

作者在〈始計篇〉介紹，孫子說：兵對國家至關重要，這關係到生存與死亡，是通往安全之路還是毀滅之路，因此它是一門沒有理由被忽視的研究課題。《孫子兵法》由「道天將地法」五個不變的因素組成，即道德法律、天空、世間、指揮官、方法和訓練。

道德法律導致人們完全的按照他們的規則；天空標誌著白天與黑夜、 冷與暖、時間與季節；世間包含距離、偉大與渺小、危險與安全、生命與死亡的機會。指揮官代表著「智信仁勇嚴」為將五德，即智慧、真誠、仁愛、勇氣、嚴格的美德方法與訓練。要理解哪些用品可以到達軍隊和控制軍費的開支的道路的維護。所有的戰爭起因是欺騙當我們很接近時，我們必須讓敵人相信我們還離得很遠，「利而誘之」，如果他在安閒的休息，不要給他喘息的機會。

作者在〈作戰篇〉告誡，如果戰爭還有很久才到來，那麼男人的武器將會變得遲鈍，也將會抑制他們的激情，你的力量將會被耗盡，你的財富也將消耗，其他首領將會冒出來利用你處於絕境的優勢，沒有人能夠扭轉後果的產生，我們只聽到過戰爭中匆忙的愚蠢，從來沒有聽過長時間的拖延與聰明聯繫在一起，從來沒有一種情況是一個國家能在持續很久的戰爭中獲益。

為了能消滅敵人，人們必須被憤怒所激起，挫敗對手獲得優勢，必須對他們進行獎勵，被捕獲的士兵必須被仁慈的對待和保護，這被稱為用征服來增強自身的實力。在戰爭中，你的偉大目標是勝利，不是長時間的戰役。因此必須知道，軍隊中的領導者是人民命運的主宰者，取決於是否國家應在和平時期還是在危難中的人。

作者在〈謀攻篇〉中對孫子的最高境界「不戰而屈人之兵」解釋的非常透徹：在實際的《孫子兵法》運用中，最好的事是整個並完好無缺的掌管敵人的國家，擊垮和毀滅並不是最好的。因此，在所有的戰役中戰鬥和征服並不是最卓越的。最卓越的勝利在於不用戰鬥打破敵人的抵抗。一般來說，不能控制他刺激，將會導致他的人民像成群的螞蟻一樣的攻擊，純熟的領導者是不用戰鬥來壓制敵人的部隊。

獲取城市不是用圍攻，推翻他們的王國不是靠長時間作戰。運作戰爭中的規則是，如果我們以十打一就包圍他，如果以五打一就攻擊他，如果以二打一就將我們的軍隊分成兩路，如果數量一樣，我們可以提出挑戰。因此，一次頑強的戰鬥可以用一小部分部隊，最終會被一支強大部隊捕獲不打無準備之戰，做到「知己知彼，百戰不殆」。

作者在〈虛實篇〉中寫道，孫子說：聰明的戰鬥者強加他的意願在敵人身上，不允許敵人的意志強加於自己表現出優勢，可以導致敵人按你的方法行動。如果攻擊敵人的軟肋，能確保你在攻擊中獲勝。如果保持位置使之不能被攻擊，能確保你的防守的安全。一般來說，掌握純熟的攻擊技能，你的對手不知從何防守。

如果你移動的速度快於敵人，你可以安全地在敵人的追擊中退去；如果能發現敵人的排兵佈陣並使自己不可預見性，我們可以保持自己勢力的集中度，而使敵人的部隊被分開；如果我們希望打仗，敵人將被強迫交戰，即使他都在很高的壁壘和很深的壕溝之後。

在美國出版的繪本驚悚小說《孫子兵法》。

作者在〈軍形篇〉中對善戰者作了評價：古之所謂善戰是一個人不只贏了，而且贏得相當容易。因此，勝利能帶來智慧的美譽和勇氣的讚譽。在〈兵勢篇〉中，作者對孫子的奇正之術領悟很深：在你的指揮下與一支龐大的軍隊戰鬥和與一支較小規模的軍隊戰鬥沒有不同，這僅是實行上的智慧謀略問題。

美《霸權背後》作者向孫子尋找靈感

曾經出版了《石油戰爭》、《糧食危機》、《霸權背後》等書的美國著名作家威廉・恩道爾稱，他自己寫書的過程中向《孫子兵法》尋找靈感。

《霸權背後》詳細描述了美國運用祕密經濟戰爭、人權、民主等各種方法，來弱化和孤立以中國為代表的其他國家。該書通過超強思維和翔實史料，以辛辣的筆觸，揭示了美國精英階層利用政治、經濟、軍事、外交、宗教等種種手段，來保持其對世界的控制，維繫美國全方位主導世界的地位。

恩道爾揭露，美國在走向全球霸主的道路上，已經把自己變成了一個不擴張就不能「生存」的國家，甚至是一個「大兵營式的國家」。為了稱霸世界，美國就必須越來越多地依靠軍事力量，於是國防部——五角大樓占據了國家政策的中心。一百年以來，美國精英制定的戰略就是控制世界，善良的人們對此基本上是完全不知情的。

恩道爾是美國人，他這樣毫不留情地徹底揭露美國傷害全世界的霸權戰略，並不是因為他不愛國。他是這樣說的：他不能看著他關切最深的國家實行自我毀滅。他必須對美國和這個世界講清楚，這樣走下去只會自取滅亡。恩道爾明確地指出，美國的經濟政策、外交政策、軍事政策，都建立在一個最終自我毀滅的模式上。他認為自己責無旁貸。

恩道爾在前言中寫道：正如偉大的戰略家孫子在二千六百多年前說過的：「知己知彼，百戰不殆。不知彼而知己，一勝一負；不知彼，不知己，每戰必敗。」拙作是我有關當代歷史和地緣政治系列著作中的一部。它探討了美國權力精英為保持對世界的控制所做出的種種抉擇，即如何維繫美國世紀、美國的世界主導地位及 1945 年二戰勝利後確定的美元體系。

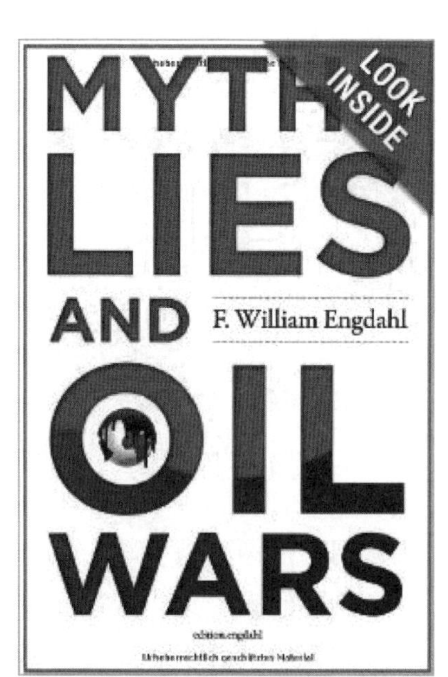

美國熱銷的《霸權背後》一書。

恩道爾提醒說，在西方，尤其是在美國，人們幾乎不可能通過媒體和政府所提供的資訊，瞭解這些攸關人類文明未來的事件重要性以及事態已經變得多麼危險，為此，我撰寫了本書。本書的主線是闡述美國為什麼會變成這樣，它要往哪裏去，以及對世界和平構成的威脅。

恩道爾還寫道，華盛頓選擇了處理世界心臟地帶問題的另外一條道路。他選擇了祕而不宣的計畫、欺騙、流言、謊言和戰爭，企圖用軍事力量來控制這個心臟地帶。某些人認為，這是實現一百年前西奧多・羅斯福鼓吹過的美國「天定命運」的大好時機，另一些人則認為這個是建立美國的全球帝國、主宰亞洲歐洲、主宰整個亞歐大陸的大好時機。

曾擔任中國《孫子兵法》研究會會長的李際均中將指出，做為正直的美國學者，威廉・恩道爾先生在他的書中發問：「曾經因對外國人開放的態度和輕鬆的生活方式受世界各地羨慕的美國人民，怎麼能允許自己的國家變成邪惡的強權，在伊拉克、阿富汗和很少得到報導的世界其他地區實施殘忍無情的暴行和酷刑。」

威廉・恩道爾的回答是：「通過規模之巨大難以想像的社會工程，美國完成了國內社會轉型，從根本上把美國變成一個斯巴達國家、處於永恆的戰爭狀態。」這是何等沉重的警世之言！李際均評價說。

美《石油戰爭》成書受孫子思想影響

在著名石油城市休士頓，記者看到美國著名作家威廉・恩道爾出版的《石油戰爭》一書仍在熱銷。書店工作人員介紹說，恩道爾由於幼年的一場疾病，不得不常年依靠輪椅生活，但是他卻並不放棄，依靠自己的努力，成為了獨立經濟學家和新聞調查記者。

恩道爾是美國普林斯頓大學政治學學士、瑞典斯德哥爾摩大學比較經濟學碩士，美國著名經濟學家、地緣政治學家，長期旅居德國，從事國際政治、經濟、世界新秩序研究逾三十年。做為獨立經濟學家和新聞調查記者，他的研究涵蓋領域極為廣泛，並定期為世界全球化中心及許多國際出版物撰寫文章，還經常為歐洲主要銀行和私募基金經理提供諮詢。

恩道爾曾透露，若干年前，一位前美國軍事戰略和哲學教授、美國陸軍精英學校西點軍校的畢業生對他說，西點軍校的所有學員都需要深入掌握和熟知《孫子兵法》。他們從孫子這位偉大的中國軍事戰略大師所學到的最重要的格言是：「兵者，詭道也。」他也在《孫子兵法》中，找到了不少靈感。

恩道爾說，他最喜歡的中國思想家之一是非常有名的孫子，就是二千五百年前的兵法大家；最欣賞的孫子語錄是：「知己知彼，百戰不殆；不知彼而知己，一勝一負；不知彼不知己，每戰必敗。」孫子對戰略戰術的簡潔表述至今無人超過。當我試圖理解世界性事件的時候，《孫子兵法》對我的影響非常大。

他是《石油戰爭》的作者，而石油是霸權國家操縱世界的武器。彼得・馬斯在《赤裸的世界·石油的暴力暮年》一書中指出，石油導致現代史上最具毀滅性的戰爭。恩道爾則認為，石油不是造成戰爭的原因，而是美國少數利益集團制定的政策導致了戰爭，他們只不過是利用石油做為控制世界的武器。

曾經在美國軍火工業重鎮德克薩斯生活過的恩道爾，對他的人生產生影響。他童年耳聞目睹了軍工企業和石油企業的很多事情。十八歲那年，他聽到了甘迺迪被暗殺這個舉世震驚的消息。「他的遇刺對我產生了深遠的影響。我的世界忽然被劇烈地震撼了。後來我才知道，這是美國軍工企業希望看到的。」恩道爾說。

《石油戰爭》是恩道爾多年專注於世界石油地緣政治研究

的成果。書中描繪了上世紀90年代石油戰爭石油寡頭以及主要西方國家圍繞石油展開的地緣政治鬥爭的生動場景，解析了石油危機、不結盟運動、馬島戰爭、核不擴散條約、德國統一等重大歷史事件背後的真正原因。英國經濟學家斯蒂芬・路易斯評價說：「對於那些對世界經濟運行奧祕真正感興趣的人來說，這本書非常有用。」

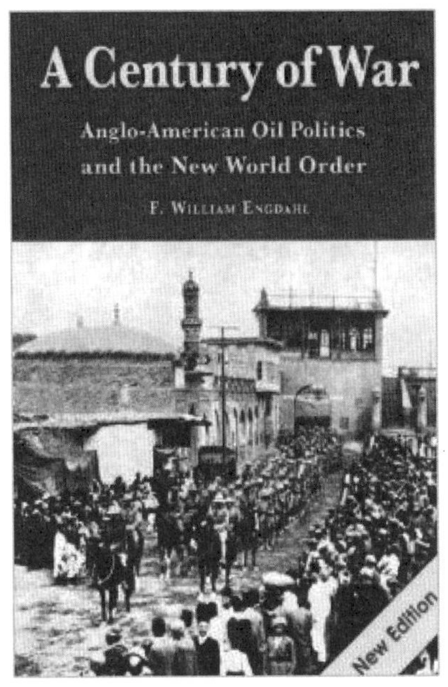

美國熱銷的《石油戰爭》一書。

該書第一章英帝國的新戰略；第二章德國的經濟奇蹟；第三章合縱連橫，控制石油的全球爭奪戰；第四章運籌帷幄，開闢近東石油戰場；第五章明爭暗鬥，英美爭當世界霸主；第六章步調一致，英美聯手收拾德俄；第七章排兵佈陣，建立英美石油美元秩序；第八章內外交困，英鎊危機和德法聯盟的威脅；第九章逆流而動，人為製造石油危機；第十章各個擊破，壓制一切獨立的發展力量。有學者評價，《石油戰爭》各個章節明顯受《孫子兵法》的影響。

美華人作家說古論今話「道」

美國美華藝術學會會長、北加州作家協會會長林中明稱，《老子》說「道」，論「為」；孔子說「仁」，講「學」；《孫子》說「兵」，教「戰」。他們三人都說到「道」，但是《孫子》所講的「道」跟孔孟、老莊所講的「道」在方向上很不一樣。

《孫子》重「人、勢」，講「奇、正」。因為知道「人決定戰爭」，所以把兵法藝術當作「導引」「人、勢」的要道。

《老子》的道，意在天地人「三才」中的「天」；孔子的道，意在「地」上的政府社稷；《孫子》的道，專注於人。《孫子》說「道者，令民與上同意也」，固然是說政府對人民可以「導之以政」，共度艱難，或將軍可以領導士兵出生入死。林中明認為，中國傳統文化之道，竟然也離不開兵法原則。

林中明喜歡稱自己為中國文化的研究者和愛好者。他說，《孫子・虛實篇》裏踵《老子》之道，亦曰「兵形象水」，在〈行軍篇〉裏又說「令素行以教其民」，在〈九變篇〉裏也講「告之以文，齊之以武」。應用《孫子兵法》，把讀者導引到作者所安排的情境，這是武道文用。

美籍華人作家林中明參加孫子研討會。

孫子以「道、天、地、將、法」做為用兵的五個要素，以「智、信、仁、勇、嚴」將道的五大要求。林中明闡述說，孫子重視時序，所以把「道」和「智」放在兩類之首，以為領航。因為「道」和「智」都是主動的推進器，「法」與「嚴」則是被動的「剎車機制」，主從有別。但把管控的「法」和「嚴」放在最後把關，首尾呼應，大開而密闔。《孫子》的將道五校，也是「智」、「法」平衡，既講實際，又見智慧。

林中明主張用東方的智慧解決世界的衝突問題，他認為「東方的智慧」實際上更多的指中華經典中所蘊含的智慧，比如孔孟之道這樣的儒家文化和孫子的兵家文化。現在很多人對中國傳統並不瞭解，殊不知中華的典籍中蘊含著無窮的大智慧。

林中明指出，西方世界尚武，即使沒有敵人也會製造一個假想敵；東方文化則完全有別於西方，東方是講究「和為貴」的。而現代社會，在進步的時代中，利益的獲得並非只能依靠暴力，而應該用智力壓倒對方取得利益。

我們為什麼還要選擇「流血殺人」？現實證明，戰爭方式不是一種最小付出最大收益的有效方式，美國深陷伊拉克戰爭泥淖便是最好的例證。林中明說：「一陰一陽為道，陰是軟實力，陽是硬實力；軟實力是精神領域的，硬實力是物質領域的。孫子『不戰而屈人之兵』是最佳方式。」

林中明用「文武之道」、「文心雕龍」來解釋這個道理。他說，「文」的最上乘定義是把自己的快樂建立在別人的快樂之上，是一種創造性；「武」的最下乘定義是把自己的快樂建立在別人的痛苦之上，是一種物質性。單獨和過分的 「文」或「武」，都不是中華文化中所謂的「道」，動能結合的「文武之道」， 稱之為「文心雕龍」才具有現代實用性。「武」是物質基礎，而「文」是一種創造，二者相結合可以彌補物質世界的不足，使有限拓展成無限。

提到哈佛商學院最近推出的暢銷書《藍海戰略》，林中明認為，「藍海戰略」便是東方式的「文心雕龍」之術在西方的體現。「藍海戰略」相對比於以前的以「零和策略」為基礎的「紅海戰略」，提出了用一種創造性的新思維創造財富。這種「創造學說」所產生的收益是迴圈的，是雙贏的，因此也會更持久更穩定。

林中明表示，「文武之道，一弛一張」，這可以說是中國五千年來傳統文化的特色，但是現在許多人卻很少注意。一陰一陽，一虛一實，一文一武，這些都是中華典籍中最古老的智慧，古為今用後，二者相調和所產生的能量在現代社會中仍是無窮的。近代以來，東方人學習西方時，「實的東西」學得太多，卻把中華文化最本源的「文之道」丟了。當今的時代，需要「文心雕龍」，需要「藍海戰略」，同時也需要《孫子兵法》這種高屋建瓴的大戰略之道。

美籍華人作家論《文心雕龍》與兵略運用

南北朝著名文學理論家劉勰讚譽「孫武兵經，辭如珠玉，豈以習武而不曉文也！」美國美華藝術學會會長、北加州作家協會會長林中明表示，劉勰在《文心雕龍》裏說「孫宙綿邈，黎獻紛雜，拔萃出類，智術而已」。中華的智者，都認為各種學問，其實都是「大道」或「智術」的一枝而已。《孫子兵法》已歷經二百五十個小劫，兩個半大劫，居然還能面目如新，東征西討，這當然是「活智慧」，可以放心使用。

林中明是美籍華人，著名漢學家，1944 年出生於四川成都，祖籍廣東新會。他是一位中國文化的研究者，一位戰略學、國際關係方面的專家，同時也是一位電子晶片設計專家、一位在美國有著三十七項多項設計專利的高科技設計者。他對中國傳統文化造詣很深，主講過「無所不在的《孫子兵法》」、「《孫子兵法》文武相濟——從科技、文藝到企管、環保的戰略和應用」和「《文心雕龍》裏的兵略運用」。

細細考究中國的文化、文論史，縱觀中國古代作詩論文的作品，我們不難發現「文武合一」、「兵略文用」的影子無處不在。據林中明考證，兵略用在中國文化、文論史上屢見不鮮。

唐朝的杜牧精詩善文，曾注《孫子》，表現出他在兵法和文學上的胸襟造詣。宋朝詞人薑夔論詩也用兵法，他說：「一波未平，一波已作。如兵家之陣，方以為正，又複是奇，方以為奇，忽複是正；出入變化，不可紀極，而法度不可亂。」把《孫子》奇正通變化入文論，可見兵法和文學的關係似乎已普及到了「純文人」都能接受的地步。

自被人們尊奉為「百世談兵之祖」的《孫子兵法》竹簡傳世以來，最有系統將兵法運用於文學創作的莫過於南北朝時期的劉勰。他的文學理論巨作《文心雕龍》，秉著大膽的突破創新精神，首次把《孫子兵法》提升到「經」的高度。劉勰熟識《孫子兵法》和兵略，並將之運用於文學理論作品《文心雕龍》的創作；同時，劉勰在《文心雕龍》中對於文學創作的要求，也多處體現了兵略的特點。

劉勰祖籍東莞莒地。早在戰國時代，齊國的田單以莒與即墨為齊國的最後據點來抗拒燕國覆滅齊國，運用兵略智術一月之內復齊七十餘城，使得莒地成為了歷史上有名的戰爭名城。想必劉勰的祖輩父輩，對此事應該都津津樂道，在劉勰心中或多或少留下對兵略智術的憧憬和嚮往。而《孫子兵法》的作者孫武，他祖父田書因伐莒有功，齊景公賜姓孫氏，封邑樂安。西元前 532 年，齊國內亂，孫武避亂出奔吳國，和劉勰祖先自山東投奔南朝相似。大概是由於以上的原因，劉勰嫺熟兵法。

劉熙載在《藝概》論文章之法式裏說：「兵形象水，惟文亦然。」《文心雕龍・書記篇》裏的「管仲下令如流水，使民從也」相呼應。他還用大量的軍事術語、兵略思想來表述文學理論，如奇正、通變、謀、勢、詭譎、首尾、要害等等。這些例證舉不勝舉，從中可以發現《孫子兵法》有許多相通之處，孫子的兵略思想不僅影響了劉勰的創作，而且在文學理論巨著《文心雕龍》得到了應用。從宏觀上而言影響有三：

首先，體系構建上用兵講布陣，行文講謀篇。如《孫子兵法・九地篇》論用兵布陣，要求首尾呼應，「如常山之蛇」，《文心雕龍・附會篇》論行文謀篇則謂「首尾周密」「首尾相援」。《文心雕龍・附會篇》裏說「群言雖多，而無棼絲之亂」。《孫子兵法》是中國少有的自成體系的著作，相對獨立的十三篇形成一綱舉而萬目張的總體構架，劉勰在創作時完全承襲了《孫子兵法》的構思特點，所作《文心雕龍》體系完整，結構嚴密，布局嚴謹，體大思精。

其次，指導思想上《孫子兵法》屬於兵權謀，「奇正相生」，以奇為正，以正為奇，變化無窮，使敵莫測，而這也是劉勰在《文心雕龍》中所宣導的一以貫之的文學創作原則。如〈定勢篇〉云「舊練之才，則執正馭奇」，〈通變篇〉亦云「望今制奇，參古定法」。《孫子兵法》的「正」是以「五事」和「七計」為基礎的，是發展變化，向前看的，而《文心雕龍》的「正」是「經」，實際上是儒家經典，是文本，是向後看的。

再次，指導方法上《文心雕龍》關於「作文」的寫作方法與《孫子兵法》關於「作戰」的用兵方法——「通變」思想是相似的，都講究一般規律和具體方法的結合。劉勰認為，各種文體的基本寫作原理是有定的，但「文辭氣力」等表現方法卻是不斷變化發展的，因此文學創作要對有定的原理有所繼承，對無定的方法要有所革新。

林中明指出，「文」「武」兩字，從古至今，無論中西，都是意義相對的一組詞。「文學」和「兵略」這兩組強烈對立的觀念，不僅可以相通相融，甚至可以相輔相成。相較而言，千餘年前的劉勰能融會貫通地利用傳統文化，引「兵」入「文」，用兵略的邏輯謀略創作了文學理論巨著《文心雕龍》。劉勰的文論思維中，引用了不少《孫子》的兵略思想，而且用《孫子》來分析文藝創作，以至於詩畫、散文，並使它成為當之無愧的文學理論巨著。

好萊塢看好《孫子》等中國兵家經典

硝煙瀰漫，火光沖天，飛機爆炸，戰艦燃燒。位於美國洛杉磯的好萊塢環球影城，這座世界上最大的電影製片廠和電視攝影棚，電影舞臺每天向全世界的參觀者上演戰爭大片製作過程那震撼人心的恢宏場景，展示了《孫子兵法・火攻篇》的真實畫面。

早在 1987 年的經典電影《華爾街》中，由邁克爾・道格拉斯扮演的華爾街大亨戈登・蓋柯，曾引用了《孫子兵法》中的一句話：「去讀讀《孫子》，不戰而屈人之兵。」

《孫子兵法》等「中國題材」經過好萊塢的創作加工將很快被世界範圍內的觀眾認可。據好萊塢電影製片人彼得・羅異聲稱，好萊塢將正式開拍《孫子兵法》，耗資達 5,000 萬美元以上。同時在籌備《成吉思汗》、《封神天下》、《楊家將》、《花木蘭》等經典中國兵家文化故事，「中國元素」大有井噴之勢。

2012 年，好萊塢大片《超級戰艦》在京舉行中國首映，導演彼得・伯格出席首映禮。《超級戰艦》投資 2 億美元，是去年好萊塢投資最大的科幻大片。影片講述海軍中尉赫伯乘坐美國驅逐艦參加環太平洋聯合軍演，卻意外遭遇來征服地球的外星先遣戰艦，展開了一場海上地球保衛戰，用《孫子兵法》打敗外星人，拯救了世界。《孫子兵法》這個中國元素很關鍵也很討巧，為《孫子兵法》在全世界又作了一次公益形象廣告。

《超級戰艦》用《孫子兵法》做賣點的情節讓人印象深刻。主人公活學活用《孫子兵法》中的「聲東擊西」，打贏了外星人。觀影中，觀眾看到這個環節，無不會心一笑。而該片導演此前不僅聲稱喜歡《孫子兵法》，而且透露，影片將這部奇書的思想運用到了其中。

影片在夏威夷海域實景拍攝，不僅有多艘美軍驅逐艦、戰列艦及航空母艦真實出鏡，甚至還有美國總統歐巴馬的鏡頭。「我們找到了歐巴馬在夏威夷對海軍講話的真實素材，經過白宮允許，用在了電影鏡頭裏。」彼得・伯格說。

《超級戰艦》中有男主角通過活用《孫子兵法》，最終戰勝外星艦隊的劇情，彼得・伯格表示，這並不是因為考慮到亞洲市場，而是因為他父親喜歡《孫子兵法》，常解釋其中典故與思想。他很小就開始練習拳擊，他的拳擊老師經常和我提起《孫子兵法》，視之為打敗對手的方法。

好萊塢科幻大片《鋼鐵人 3》首次融入了大量的中國元素，不僅在中國取景拍攝及中國演員加盟，大反派曼達・林也從一個中國人變成混血兒，並且熟讀中國軍事經典《孫子兵法》。影片展現出他用許多中國的符號還有龍等圖案來包裝自己，表現出他對《孫子兵法》的著迷和研究。導演沙恩・布萊克透露，

好萊塢展示《孫子兵法 ・ 火攻篇》的真實畫面。

他對《孫子兵法》頗有研究，還懂得起義暴動的技巧。

2013 年，卡梅隆旗下公司與中國合作的電影 3D《孫子兵法》將開機。卡梅隆對《孫子兵法》這一題材非常關注，非常期待著把這部中國文化史詩搬上 3D 銀幕。他的團隊也將參與到這部影片的拍攝當中，為影片提供技術輔助，將使影片具備衝擊奧斯卡的品質保證。這也意味著，《孫子兵法》這部電影將有機會衝擊奧斯卡獎。

孫子研究學者認為，好萊塢超級經紀人歐維茲將《孫子兵法》奉之為寶典。一些外國影視產品，包括一些電子遊戲中，《孫子兵法》成為古代中國神祕高深軍事智慧的象徵。近年來國內外一些影視作品中屢見《孫子兵法》，其中的理解未必準確，但通過好萊塢大片的傳播，《孫子兵法》在世界範圍內影響更廣、熱度上升卻是顯而易見的事實。

好萊塢越戰大片引發反戰銀幕浪潮

記者在好萊塢環球影城看到，戰爭大片的海報，戰爭大片拍攝的場景，戰爭大片部分片段的演繹，把參觀者帶進了血淋淋的戰火之中，令參觀者產生極強的恐懼感和傷痛感。美國軍方支持的好萊塢戰爭大片已超過一千部，而好萊塢戰爭大片中表現的最殘酷、最血腥的莫過於越戰片。

越戰片是美國影壇上一個獨特的片種，也是好萊塢戰爭片中的重要組成部分，四十餘年來一直成為好萊塢的導演們拍攝的題材。這些影片或通過真實的戰爭場景描寫越戰的殘酷，或者描寫生命的可貴，或探討戰爭給美國人帶來的不幸，從而引發了一股股反思越戰的銀幕浪潮。

越戰是二戰以後美國參戰人數最多、影響最重大的戰爭。從 1961 至 1975 年，美國入侵越南進行的長達十四年的越南戰爭，這場戰爭不僅使美國越陷越深，而且使美國丟盡了臉面，並付出了傷亡四十一萬多人的代價，最終不得不以失敗告終。如此好的一個戰爭題材不能不吸引好萊塢的眼光。

「越戰」影片從英雄主義到反思災難，好萊塢對於越南戰爭的描寫基本上都站在懷疑、批判的角度。1978 年，邁克爾・西米諾的《越戰獵鹿人》和亨利・阿什比的《回家》，向人們展示了戰爭時期前方和後方顯然不同的場面，掀起了第一股反思越戰的銀幕浪潮。《越戰獵鹿人》講述三個軍人在越南戰場上的不同後果，描寫了戰爭帶來的恐懼和人性扭曲，把戰爭的無意義和破壞本性赤裸裸展現在觀眾面前。

《第一滴血》描寫的是在美軍特種部隊退役的藍波，在越南戰場上賣命，自己的兄弟們都死了，只剩下他一個人。回國後已無法融入美國社會成了流浪漢，沒有人雇用他，人們對他總是一臉的防備，還受到警官的驅逐和虐待。戰爭帶給他的傷害是無法抹掉的，戰爭的後遺症也讓他生活維艱，心情壓抑，看了讓人揪心。

在所有越戰電影中，《現代啟示錄》被評論界認為是最深刻、最有代表性的一部越南戰爭影片。該片以其宏偉的敘事方式，將炮火漫天的越戰，塑造成人類末世的地獄景觀，成就了科波拉對於戰爭使人異化的深切反思。一位越戰老兵的評價成為該部影片最高褒獎：「如果有人問我越戰是什麼，我就請他去看《現代啟示錄》。」

同樣具有深刻反思內涵的影片還有庫布里克的代表作《全金屬外殼》，跨越了一個普通士兵參與到戰爭中的各個不同的心理歷程，從戰爭場面表層上的震撼深入到參與戰爭的人物內心的質變之中。該片紀實風格強烈，反戰意識堅定，矛頭直接指向戰爭本身和戰爭意識，稱之為「反戰經典」絕不過分。

著名大導演奧利弗・斯通曾是越戰老兵，那段日子成了他

位於美國華盛頓的越戰紀念牆。

永遠揮之不去的痛苦記憶。他先後拍攝了《前進高棉》、《生於 7 月 4 日》和《天與地》，形成「越戰三部曲」，這些影片毫不留情地描繪了戰爭的瘋狂。《前進高棉》成為震撼美國人心的電影，狂掃美國各大影院的票房。這三部影片獲奧斯卡獎之後， 這位大導演第四次涉足越戰片，將揭祕美軍在越南臭名昭著的「美萊大屠殺」。

美國前國防部長羅伯特·麥克納馬拉曾積極支持並親身指揮過越南戰爭，他在一部名為《戰爭之霧》的越戰的好萊塢紀錄片中，公開承認越戰是一大錯誤，而對許多美國家庭來說更是一場嚴禁。

美國孫子研究學者認為，好萊塢越戰大片融入了對人性、對戰爭、對現代文明的哲學思考，引發反戰銀幕浪潮，讓美國觀眾深切體會《孫子兵法》的「不戰」、「慎戰」的和平思想。記者在好萊塢中國劇院前看到國際著名影星和導演成龍寫下的「我愛和平」，這代表了相當一部分好萊塢戰爭大片導演和影星的心聲，其中不乏有奧利弗·斯通這樣的「反戰先鋒」。

被遺忘的韓戰及好萊塢影片

坐落在美國華盛頓的國家廣場的韓戰紀念碑，紀念著在這場戰爭中失去生命的54,269個美國人，其用意是想確保美國人永遠不要忘記那場被稱為「被遺忘的戰爭」的戰爭。

而韓戰確確實實被美國人遺忘了。在美國銀屏上，反映韓戰的影片約有十三部，1951年《鋼盔》，1952年《決不撤退》，1953年《戰地天使》，1954年《戰艦英雄》，1955年《獨孤里橋之役》，1956年《沙場壯士赤子心》，1957年《悍將》，1959年《豬排山》等影片。這些影片知名度都不高，早已被美國觀眾忘卻。

有電影評論家稱，好萊塢習慣歌頌勝利、塑造英雄，但韓戰在三八線的停止，是一場沒有勝利的戰爭，卻讓好萊塢不明白這究竟是勝利還是失敗。好萊塢反映韓戰的電影實在不多，堪稱大製作的更是鳳毛麟角。美國觀眾也評論說，這十三部韓戰影片都講述了一場被遺忘的戰爭，所以影片也同時被遺忘。

《鋼盔》是公開發行的第一部有關韓戰的好萊塢大片。該影片真實再現了朝鮮戰場的殘酷現實。與其說該片是表現韓戰，倒不如說是表現了美軍內部的各種種族背景的人在戰爭中如何處理相互關係。因此，該片曾經被批評為「批判美軍」。

《戰艦英雄》通過航空母艦的軍醫向朋友敘述戰事的方式，想給予觀眾一種客觀的角度。美軍飛行員都希望早些完成任務，早些吃上一頓熱飯，回到溫暖的被窩進入夢鄉。然而，戰爭是殘酷的。許多經歷了二戰的老飛行員總是在自問為什麼要來朝鮮打仗？

《獨孤里橋之役》1956年獲第28屆奧斯卡最佳效果獎。影片再現了美軍對參加韓戰的意義感到迷茫。影片人物兩次悲歎他們的戰爭是「在錯誤的地方打的一場錯誤的戰爭」：第一次是航空母艦司令回憶他兩個兒子在二戰對日作戰中犧牲，哀歎韓戰不值得犧牲這麼多人命；第二次是主人公布魯貝克中尉在與北朝鮮士兵槍戰中，預感到自己必死無疑而發出的哀歎。

《沙場壯士赤子心》反映了戰爭殘酷和軍人良心的衝突。影片中主人公的這一段自白被認為是經典的反省：「也許，我通過戰爭的痛苦，最終作出了我以前一直未能作出的善行。我在超越自我中，找到了自我。」

《豬排山》由當紅明星格里高利・派克主演，講述發生在朝鮮的戰爭故事。影片由米高梅公司出品。影片描述的戰役就是中國影片《上甘嶺》所再現的上甘嶺戰役。據說擔任影片軍事顧問的就是當年率兵進攻的美軍連長。導演試圖通過影片中殘酷的戰鬥場面，讓觀眾知道為政治權利鬥爭而死去的生命是多麼地不值得。影片再次對美國參加韓戰「為自由而戰」提出了質疑。

《豬排山》雖然有著精良的製作、一流的導演水準、豪華的演員陣容，但是卻幾乎沒有在影史留名。這也許與韓戰在美國「被遺忘」有關。

這場被美國人稱為「被遺忘的戰爭」，絕對不堪回首。正如美國電影史專家理查德 ・ 梅爾所說，美國人不知道該怎樣描繪一場看起來勝利，但實際上失敗了的戰爭。美國人對於韓戰的歷史回顧是極其艱難的。於是，在美國國內的歷史教材上，韓戰也越來越多地被模糊了本來的面目，甚至悄悄地消失。

具有諷刺意思的是，2015 年 6 月 25 日是韓戰爆發六十週年紀念日，也是流行音樂巨星邁克爾・傑克遜逝世週年忌日，美國媒體對傑克遜去世一週年及其豪宅能賣多少錢刊登在顯著位置，而對韓戰爆發六十週年的報導卻是輕描淡寫。正如一位好萊塢影迷所說，一場被遺忘的戰爭不會有賣點的，沒有賣點的片子必賠本，好萊塢豈敢違背市場法則？

美國韓戰紀念碑。

《孫子兵法》成為好萊塢反戰影片的「靈魂」

在好萊塢環球影城推出讓遊客親身體驗電影場景拍攝，每天座無虛席。其中戰爭大片最吸引世界各國遊客的眼球，「世界大戰」、「水上大戰」，讓人目睹戰爭慘烈與驚險。

好萊塢環球影城的導遊對記者說，好萊塢許多戰爭大片描寫戰爭的殘酷和人性的悲哀，好萊塢願意反思戰爭，批判戰爭，回味失敗，讚美和平。《西線無戰事》、《光榮之路》、《搶救雷恩大兵》等作品，贏得了觀眾對於戰爭的重新思考，渴望擁抱和平。

第一次世界大戰是人類有史以來第一場牽涉國家眾多、死傷人數巨大的戰爭。從爆發之初，其合理性就遭到質疑，因此好萊塢表現「一戰」的影片也大多以批判戰爭為出發點。

1930 年的奧斯卡最佳影片《西線無戰事》，描述一戰期間一群德國少年兵的經歷，處處閃耀著人性的光輝，被推崇為「影史上最偉大的反戰電影」之一，是一部具有濃重反戰色彩的作品。攝於 1957 年的《光榮之路》也具有濃厚的反戰思想，重複了「一將功成萬骨枯」的道理。

以第二次世界大戰為歷史背景的影片數量、種類、主題最為豐富。其中既有對重大戰役的描繪，也有對歷史人物的書寫，而戰爭對人性和尊嚴的摧殘、踐踏則是他們共同的主題。《拯救雷恩大兵》就是宣揚反戰思想的一部力作，是一部赤裸裸表現極端暴力、但從骨子裏讚美人性與和平的作品。

影片編織了一個派美國大兵前去拯救四位參戰兄弟中唯一存活者的故事，將人們帶到近距離搏殺的殘酷場景中去，據說拍攝中鏡頭經常被血弄髒，當炮火聲突然停息後，空氣中仍然瀰漫著傷兵的呻吟。美國影評人吉恩・西摩稱，《拯救雷恩大兵》代表了最新戰爭片的走向，致力於表現自然危險和戰爭的破壞性影響。

華盛頓的美國二戰紀念碑。

此外，影片《桂河大橋》、《細細的紅線》、《克萊利上尉的曼陀鈴》、《珍珠港》等二戰及大量的越戰題材影片，都試圖用戰爭場面的血淋淋和戰爭空隙間的溫情脈脈作對比，更強調和平的主題，體現反戰思想。

冷戰時期和伊拉克、阿富汗戰爭，好萊塢也拍攝了《黑鷹墜落》、《太陽的眼淚》、《獅入羊口》等一批有力度的反戰影片，讓觀眾感悟的是在死亡與殺戮所滲透出來的人們對戰爭的恐懼與無奈，從而厭惡戰爭，遠離戰爭。華裔導演吳宇森反戰影片《獵風行動》也揚威好萊塢。

好萊塢不僅有勇氣製作立意鮮明的反戰影片，而且與美國民眾一起參與反戰行動。美伊戰爭爆發前，好萊塢明星們紛紛扛起反戰大旗，進行了不少反戰行動，如百位演藝界知名人士聯名上書布希總統，好萊塢影星將全球百萬人反戰書送至安理會，好萊塢巨星帶領成千上萬民眾在美國各大城市進行反戰遊行示威活動等。好萊塢眾多著名影星及導演成了「反戰鬥士」，其中包括美國女影星珍・方達。

據悉，美國還成立「不戰而勝藝人聯盟」，許多好萊塢影星加盟，該聯盟名稱語出《孫子兵法》，美國前總統尼克森也用它做為書名。孫子提出「不戰而屈人之兵」的最高境界，受到好萊塢的青睞，成為演繹反戰主題影片的「靈魂」。

美國 NBA 球星喜讀兵書愛做「孫子」

2013 年 7 月，剛剛獲得 NBA 新賽季總冠軍的熱火球員德懷恩・韋德出席球迷見面會獲贈中英文版本的《孫子兵法》，小皇帝奧多姆在之前收到了一本《孫子兵法》，拉瑪爾・奧多姆領到《孫子兵法》，安德烈・伊戈達拉最近在推特上面透露他正在看一本中國很有名的書籍《孫子兵法》……

希望自己成為一名「全能扣籃戰士」伊戈達拉，在推特上面曬出了他目前正在看的一本書，中國歷史上著名的兵書《孫子兵法》。他讀孫子的名訓：「約束不明，申令不熟，將之罪也；既已明而不如法者，吏士之罪也。」他理解孫子是強調治軍要嚴，對籃球職業聯盟來說，也需要嚴。

據報導，伊戈達拉愛看《孫子兵法》，這對於他自己和掘金都是好事情。讀好書使人進步，讀一本好書當中的好書更是能讓人學到很多東西。《孫子兵法》是中國古典軍事文化遺產中的璀璨瑰寶，同時也是中國優秀文化的代表之作，在世界兵書上也能排得上號。由於其內容博大精深，思想精邃富贍，邏輯縝密嚴謹，是很多人喜歡看的書籍，並且不僅僅是那些軍人喜歡看，就連 NBA 的球員也願意欣賞。

NBA 即美國籃球職業聯盟，是美國第一大職業籃球聯賽，也是公認的世界上最高水準的籃球賽事，轉播信號覆蓋全球。NBA 聯盟喜歡《孫子兵法》的球員很多，NBA 最機智球員科比懂《孫子兵法》，把孫子的攻守思想發揮的淋漓盡致。他是聯盟中最好的防守人之一，入選 NBA 最佳陣容第一陣容以及 NBA 最佳防守陣容第一陣容。他還經常擔任球隊進攻的第一發起人。

熱火的勒布朗・詹姆斯也喜歡在閒暇時光捧著一本兵書，這給了詹姆斯很多啟發。詹姆斯一次參加比賽破例沒有帶自己喜歡的遊戲機，也沒有帶好萊塢的大片碟，而是帶了一本書，就是《孫子兵法》。在漫長的征程中，詹姆斯仔細地研讀著這本舉世聞名的兵書，努力參透著其中的玄機。

養傷的時候，詹姆斯隨身帶了一本英文版《孫子兵法》，訓練和比賽時也帶在身邊。從密爾沃基到波特蘭，從洛杉磯到丹佛，再到芝加哥，這本古書始終陪伴小皇帝左右。有熱火的跟隊記者開玩笑說，詹姆斯此前缺席背靠背第二場與掘金的比賽，正是源於《孫子兵法》啟發才做出的決定。

熟讀兵書，這本來自中國的《孫子兵法》，讓詹姆斯在擁有天賦級的身體之外，而且還能有戰略家的思想。在他眼裏，《孫子兵法》是古今中外公認的兵書之王。仔細研讀後，他明白了一件事，那就是以逸待勞，不爭一時之勝，才能一舉破敵。《孫子兵法》不僅對詹姆斯產生了一定的影響，對整個聯盟都具有很大的借鑒意義。

聯盟中喜歡看《孫子兵法》還有一位球員，他就是尼克斯的球員斯塔德邁爾，當他還是太陽的球員，他就看起了世界兵書裏面的代表作。 小斯具有可怕的爆發力，力量速度彈跳兼備的球場霸王，因而人送稱號「小霸王」。而他給自己取了個新外號叫「孫子」。

美國 NBA 洛杉磯主場。

斯塔德邁爾之所以起這樣的一個外號，可能是因為他在《孫子兵法》當中悟到了一些對比賽非常有用的東西。更為有趣的是，在上賽季，林書豪在第一場對陣籃網的比賽裏面開始了他的神奇表現之後，在接下來對陣爵士的比賽裏面，再次拿到了當時均創職業生涯新高的28分、8次助攻。賽後，因家事休戰的斯塔德邁爾就搬出了《孫子兵法》，他將林書豪比喻成中國古代的軍事家孫子。

《孫子兵法》成了小斯最喜愛的一本，那也是他的偶像、歌手圖派克・阿瑪魯・夏庫爾生前的最愛。小斯空閒時間好好地琢磨其中的精髓：「這是本關於戰爭心理的書，我試圖在籃球場上來運用它，『知己知彼，百戰不殆』。」他受孫子的影響看起來相當大，打開他的博客，會發現他已經把博主的名字從斯塔德邁爾改成了「孫子」。

NBA 教練神算子和禪師精通孫子妙算

在美國 NBA 洛杉磯主場前，解說員切克・赫恩的雕塑吸引眾多球迷與之拍照留念。做為湖人隊史乃至 NBA 史上最知名的傳奇解說員，他創造了在三十六年裏不間斷直播 3,338 場 NBA 比賽的輝煌紀錄，為 NBA 太多經典時刻留下了太多經典的評論詞語。主教練傑夫・範甘迪也出任過 ESPN 的解說員，他的解說充滿了兵法的神奇。

洛杉磯華人球迷在 NBA 洛杉磯主場向記者介紹說，《孫子兵法》在 NBA 很流行，不光是球員，很多教練也對它愛不釋手。熱火隊總經理和前任教練帕特・萊利就非常喜歡這本書。另外，菲爾・傑克遜等一些老教練也都讀過《孫子兵法》。

中國的兵書對 NBA 教練和球員有很大影響，這位華人球迷說，《孫子兵法》講的是戰場上的藝術，而 NBA 把籃球賽比作是一場戰鬥。這本兵書裏介紹了許多戰場策略，可以用來處理籃球場上極其複雜的賽場環境，判斷球員的表情和下一步的動作。他要根據不同情況排出不同的陣容，運用各種複雜的戰術。所以，一本兵書對於籃球教練來說同樣具有意義。

帕特・萊利執教過洛杉磯湖人隊和紐約尼克斯隊，共率隊取得了 1,122 場勝利，是 NBA 勝場第四多的主教練，還曾 9

次做為主教練參加了全明星賽。萊利「神算子」的名頭絕非憑空而來， 他喜歡阿瑪尼西裝，研究《孫子兵法》，頗為精通孫子的「妙算」。自從離開熱火隊之後，用了三年的時間精心布下了這一個大局，獲得了無可比擬的成功。

在萊利執教湖人的九個賽季中，先後 7 次率領球隊殺入總決賽，5 次奪得 NBA 總冠軍，勝率均在湖人歷史上排名第一。在這九年裏，湖人平均每個賽季常規賽獲勝場次達到驚人的 59 場，其水銀瀉地般的進攻型打法被世人稱之為「Show Time」，而萊利無疑就是這齣大戲的「神算子」，他手上握有「防守至上」、「籃板第一」、「中鋒優勢」三大法寶。

傑克遜至今已經獲得 13 次 NBA 總冠軍，其中 11 次教練和 2 次球員，他曾帶領兩支不同球隊獲得總冠軍。由於傑克遜對東方哲學特別是禪宗的深厚興趣，常被媒體尊稱為「禪師」。每次到客場比賽，傑克遜最喜歡去的地方就是圖書館和博物館，他博覽群書，尤其喜愛東方文化，因為他信奉精神的作用。

禪師與神算子有一個共同的愛好，他們都喜歡研究中國軍事家孫子的戰術思想，以及他著名的《孫子兵法》。傑克遜還非常喜歡送《孫子兵法》給球隊。據當地媒體報導，在湖人隊開始六個客場之旅前夕，傑克遜按照每年的慣例，贈送給每一位湖人球員一本書。而奥多姆收到了一本《孫子兵法》，禪師對此書的評語是：這是本關於如何提升競爭能力的書。

孫子研究學者認為，對籃球運動而言，孫子的戰法同樣適用。善於指揮籃球攻防作戰的教練組和球場核心及組織指揮者，總是能使對手力量分崩離析，形不成一個整體，讓其前鋒後衛互不相顧，核心主力與角色球員互不相依，戰術思想支離破碎，上下意志得不到統一，球員精力得不到集中，士氣得不到提升。同時通過尋找對方的弱點，避實就虛尋找突破點，抓住有利條件，伺機而動，贏得勝利。

美國 NBA 洛杉磯主場解説員雕塑。

休士頓火箭隊高中鋒譜寫兵法傳奇

美國 CNN 體育主持人在接受記者採訪時評價說：「孫子云：『善攻者，動於九天之上』。休士頓火箭隊是『善攻者』，『動於九天之上』就在於他們居高臨下的巨人般的高度。」

這位主持人介紹說，休士頓火箭隊是一支位於德克薩斯州休士頓的 NBA 籃球隊，是一支有高中鋒傳統的球隊，從早期的摩西・馬龍、拉爾夫・桑普森到奧拉朱旺，以及 2002 年首輪選中的中國中鋒姚明，再到 2013 年轉會過來的德懷特・霍華德，無一不是叱吒 NBA 數年的傳統中鋒，譜寫了「動於九天之上」的兵法傳奇。

1976 年，休士頓火箭隊得到傳奇人物摩西·馬龍後，該隊的成績才有較大上揚。摩西・馬龍是 NBA 歷史上又一名全才英雄，也是 NBA 歷史上爭搶進攻籃板最出色的球員。他連續五年霸占籃板王，在 80 場比賽中平均摘下 14.8 個籃板，並連續第四年入選全明星。

從喬治 ・ 邁肯的到威爾特・張伯倫，再到賈巴爾，聯盟中大個子的身高不斷增加。1983 年和 1984 年，拉爾夫・桑普森和阿基姆・奧拉朱旺組成聯盟前場的最高雙塔，兩個身高都超過 2.10 米，堪稱雙塔奇兵。1984 年至 1985 賽季火箭排出的巨人雙塔是聯盟前所未見的。1993 至 1994 賽季，火箭隊終於第一次登上 NBA 頂峰，成功衛冕總冠軍。這位主持人說。

在奧拉朱旺退役之後，火箭隊又選擇了「小巨人」姚明，以期在他的帶領下，再次向 NBA 總冠軍發起衝擊。這位主持人對記者說，東方人的涵養使如何打得更凶更猛？這個課題將一直縈繞在姚明及他的教練頭上。而在姚明身上可以看到孫子「風林火山」中的其疾如風，其徐如林，侵掠如火，不動如山。

記者告訴 CNN 體育主持人，「小巨人」姚明不僅來自古老的中國，而且他的祖籍地是《孫子兵法》誕生地吳頭越尾，

休士頓火箭隊。

他的家鄉震澤古鎮是吳越戰爭的主戰場。早在兒童時期，姚明就對《孫子兵法》耳熟能詳了。

CNN 體育主持人也告訴記者，有一個出版人向紐約一家出版社推薦兩本中國圖書，一本是新版《孫子兵法》，一本是關於姚明的書。他對出版商說，如果你們賣本姚明的《孫子兵法》，一定非常成功。

「2012 年，林書豪加盟宣告休士頓火箭隊一個新的時代開始了。」 這位主持人打開手機讓記者看他採訪林書豪的照片，讚不絕口地說，「林風暴」席捲了包括美國總統和 NBA 總裁在內的所有美國人，受到媒體和球迷追捧，難怪小斯將林書豪比喻成中國古代的軍事家孫子。

許多球迷對休士頓火箭隊中鋒的高大身影和奇特的戰術給予很高評價，也正是有了這些超級中鋒，火箭隊才於 1994 年和 1995 年兩圓 NBA 總冠軍之夢。球迷們感歎道：「我們終於找到了《孫子兵法》的現場版。」

美國主流媒體連篇累牘報導《孫子》

美國最有影響的《紐約時報》、《華爾街日報》、《洛杉磯時報》、《華盛頓郵報》、《紐約郵報》，多年來連篇累牘報導《孫子兵法》。《洛杉磯時報》曾報導，有二千四百年歷史的中國《孫子兵法》在美國洛陽紙貴。「9.11」事件後，由美國准將薩謬爾・格里菲思翻譯、牛津大學出版社的 1986 年版的平裝本《孫子兵法》，在一個月內就賣出了 1.6 萬冊。

據《紐約時報》1980 年 8 月 8 日報導，美國總統卡特決定採取一種與福特的孫子核戰略更加接近的新的核戰略。該報稱，美國不但制定了「孫子的核戰略」，而且又按照《孫子兵法》制定了新戰術。改變過去的攻堅戰戰術，按照孫武的「攻其無備，出其不意」原則，制定了旨在快速、機動和深入敵後作戰的所謂「空運戰術」。二千多年前冷兵器時代的孫子，竟成了西方制定核時代戰略、戰術的精神支柱，這是孫武萬萬沒有想到的。

1990 年 12 月 16 日，在海灣戰爭臨戰前，美國《波士頓環球報》副主編格林在《華盛頓郵報》上撰文稱，「我願意想像布希總統的床頭櫃上有一本《孫子兵法》，並且不時閱讀它，以便在海灣危機中對他加以指導。在我的想像中，我看到，孫子的一些話已經被標出來，並且還在書頁邊作了一些批註……。接著他從『十三篇』中選出十句或十小段孫子名言並聯繫實際作了批註。

1991 年 2 月 18 日美國《洛杉磯時報》報導稱，《孫子兵法》是亞洲各軍事學校長期受到尊重的讀物，它的許多格言，已引起美國部隊的興趣，並對美國陸戰隊的基本戰術變革亦有貢獻。報導接著說，1990 年 8 月起，一本九十頁的英譯《孫子兵法》，已經運往沙烏地阿拉伯沙漠，供應年輕的陸戰隊隊員閱讀。報導還說，陸戰隊指揮官凱利將軍已於當年將這本書列為年度讀物，即每個陸戰隊隊員都應該閱讀。凱利認為《孫子兵法》是所有機動戰的基礎。

2003 年 4 月 10 日，退役的情報官員拉爾夫·彼得斯在《紐約郵報》上撰文指出，美軍以孫子的戰略原則行動，伊拉克軍隊的俄羅斯顧問則效法克勞塞維茨的理論，吸取了 1812 年俄羅斯抗擊拿破倉大軍的衛國戰爭的經驗。彼得斯寫道：今天，這種兩百年前成功的戰略在以《孫子兵法》發動的戰爭面前毫無勝算。在這場戰爭結束三年後，熟悉美國軍情的專家公認，鮑威爾的後繼者的確曾取法孫子。

2003 年 11 月 9 日美國《紐約時報》發表米爾特·比爾登撰寫的文章說，抵抗運動的戰略，是中國軍事家孫子發明的。

孫子在二千五百年前寫的〈謀攻篇〉中說：上兵伐謀，就是破壞對方的戰略。根據孫子的〈謀攻篇〉，次之伐交，就是破壞對方的聯盟。根據孫子的〈謀攻篇〉，再次伐兵，就是進攻其軍隊。孫子說：「知己知彼，百戰不殆。」二十世紀的歷史給我們留下兩大教訓：凡是對另一個主權國家發動戰爭的國家都沒有贏過。每一個對付外國占領的抵抗運動最終都獲勝了。

2005 年 11 月 11 日，美國較有影響的報紙《國際先驅論壇報》撰文指出，偉大的思想家孫子在其寫於約二千五百年前的著名的《孫子兵法》中闡釋了戰爭為何不僅僅是突發事件，它還涉及對事物的認知和豐富謀略。當前湧現的危機也是如此，由於它們很可能改變未來的全球格局，現在迫切需要一部新的「危機應對法」。

2007 年 12 月 27 日，美國《旗幟日報》發表題為《中國的不對稱戰略》文章認為，反介入的不對稱戰略與中國古代的作戰理論一致，由軍事和政治因素構成。中國的軍事理論家孫子曾寫道：「不戰而屈人之兵，善之善者也。」看起來這是該戰略的首要目標：通過擴充不對稱軍力進行成功的外交脅迫，從而轉化為一種兵不血刃的政治勝利。

2011 年 6 月 14 日，美國《華爾街日報》報導，美國陸軍軍事學院教授來永慶近幾個月來在美國和海外向軍隊高級官員宣傳的一種論調，稱圍棋是中國戰略思想和作戰藝術的完美體現，學習這種被稱作「圍棋」的古老棋盤遊戲可以教外國人以中國領導人的視角來看待地緣戰略的「棋盤」。報導稱，美軍還定期學習中國《孫子兵法》和古希臘人色諾芬的《遠征記》等古典名著，讓現代官兵接受古人的教導。

《華盛頓郵報》專訪了美國網路問題專家多米尼克 · 巴蘇爾托。這位網路專家指出，「震網」和「火焰」的應用，淋漓盡致地體現了《孫子兵法》中的思想。戰爭的形式或許會變，但《孫子兵法》的精髓沒變，他引用這部兵書中的名句「兵者，詭道也。故能而示之不能，用而示之不用，近而示之遠，遠而示之近」，來闡釋網路戰的訣竅。他相信，在網路武器風行的時代，《孫子兵法》描繪的藍圖可以得到準確無誤地執行，孫武的夢想終於走進了現實。

美聯社、美國廣播電視和網站也很熱衷傳播孫子思想。美國學習頻道 (Learning Channel)「偉大之書系列」開設了《孫子兵法》課程，由美國華裔《孫子》研究大師朱津寧擔任主要撰稿人。1983 年 2 月 19 日，美聯社報導美國軍方根據孫子「兵貴神速，攻其無備，出其不意」的謀略，制定了強調速度、機動和深入敵後的新戰術。美國 CNN 電視臺體育主持人經常用孫子語錄和警句講解體育賽事。

2011 年 8 月 16 日美國《福布斯》雙週刊網站發表〈關於中國航母、商業和《孫子兵法》〉文章稱，地中海行動是深入挖掘中國古代經典著作《孫子兵法》的號令。《孫子兵法》推行「不戰而屈人之兵」的思想。儘管「瓦良格」號是一艘二手航母，在數年內不可能完全執行軍事任務，而且一艘航母不足以把空中力量延伸至別國海岸——但中國人還是要讓「瓦良格」號成為引人注目的新聞。中國並沒有遵循美國二戰或冷戰後投資軍事技術來推動海外經濟增長的模式，而是沿著這些路線在發展與經濟力量相匹配的軍事力量。

2012 年 2 月 29 日，美國 local10 網站發表美國佛羅里達州眾議員艾倫 · 韋斯特文章稱，盤點了 21 世紀美國面臨的新挑戰。文章稱，美國應該謹記《孫子兵法》中的名言：「知己知彼，百戰不殆」。如果不能明白這個簡單的原則，那麼，等待美國的將是一片黑暗。但這種黑暗不僅會籠罩美國，也可能籠罩整個世界。

設在亞特蘭大的美國 CNN 總部。

美商界精英評價《孫子》影響美國社會

美國著名管理學家喬治在《管理思想史》中頌揚《孫子兵法》說：「今日，雖然戰車已經過時，武器已經改變，但是，運用《孫子兵法》思想，就不會戰敗。今日的軍事指揮者和現代經理們，仔細研究這本名著，仍將很有價值。」「你想成為管理人才嗎？必須去讀《孫子兵法》！」

像這樣頌揚《孫子兵法》的還有美國著名管理學家、行銷大師、經濟學家、市場學家、企業巨頭和投資顧問等一大批與美國商界相關的專家學者。美國是一個典型的由精英階層和大企業主導的國家，這些商界精英說的話，對美國社會影響力很大。

美國當今著名經營戰略學家哈默在他的文章中多次引用孫子的語錄。他說：「僅估計已知競爭者的當前戰略優勢無助於瞭解潛在競爭者的決心、持久力與創造力。孫子，一位中國軍事戰略家，三千年前就曾論證道：『出其不意、攻其不備』。」

美國行銷大師菲利浦・科特勒也曾在其《行銷管理》一書中，探討了兵法在行銷中的應用。美國軍事家和市場學家法蘭克・哈伍德博士認為，《孫子兵法》中許多古老原則實際上在本世紀已經在商戰和兵戰中得到廣泛應用。

來華講授經濟學的美國學者約翰・阿利將「swot」與《孫子兵法・虛實篇》聯繫在一起。他指出：「《孫子兵法》的虛實之分及其宣導的以實擊虛的效果，與現代 swot 分析方法的效果如出一轍。swot 分析法是行銷中流行的策略性方法。這種方法給出公司強弱的領域，給出市場的機會與風險。應用實力去追尋機遇的觀點，可以說是《孫子兵法》的再版。這完全是換一種說法說出了我們計畫要做的事情。」

位於美國芝加哥的石油大廈。

這位學者還專門撰寫了一篇文章，題目是〈孫子七字謀略——行銷經理如何應用孫子兵法〉。他在文中寫道：「《孫子兵法》雖然古老，卻可能成為未來的藍圖。」

美國福坦莫大學商學院副院長、北京大學北大國際 MBA 美方院長楊壯說：「《孫子兵法》是戰略理論領域的傳世之作，是世界兵法史上的經典之作，是一本企業致勝之道的巨著。」

美國另一學者胡倫在《管理思想的發展》中也推崇《孫子兵法》說：「中國孫子寫出了最古老而聞名的軍事著作。」並就《孫子兵法》中「多算勝，少算不勝」等觀點發表議論說：「這說明直線和參謀問題，至少已經存在二千五百年之久了。」

美國蘭德公司的著名學者波拉克曾撰文說，孫子是軍事史上最負威名的思想家之一。他的思想不但在中國，而且對中國之外的許多國家，都有很大的影響。它是名副其實的兵典，學者和軍人總能從中獲得教益。

美國有兩家大的商業諮詢公司專門研究如何將以孫子為代表的戰爭藝術應用到市場開發和產品競爭上，提出了一套完整的理論很受美國一些大公司的青睞。

美國有近百個《孫子》研究學會和俱樂部

美國學者稱，《孫子兵法》在美國受歡迎，因為這是一部對高層決策者培養戰略博弈思維的高水準指導著作，無論是軍方高層還是企業高管，都能從這部近似哲學的高深著作中汲取營養。據不完全統計，除軍界和專門研究機構外，美國民間目前已有近百個研究《孫子兵法》的學會、協會或俱樂部在頻繁活動。

美國商戰電影中的經典作《華爾街》，由邁克爾・道格拉斯扮演的華爾街大亨戈登・蓋柯，曾引用了《孫子兵法》，影片大部分操縱股市的謀略也出自《孫子兵法》。連美國娛樂名人帕里斯・希爾頓，都被拍到閱讀《孫子兵法》的照片。美國 NBA 教練神算子和禪師精通孫子妙算，NBA 球星喜讀中國兵書，有的把博主的名字改成了「孫子」。

據介紹，美國人對《孫子兵法》的研究晚於日、英、法、俄等國，但後來居上。二戰以後，美國軍界首先開始重視《孫子兵法》研究，上世紀 5、60 年代，正是冷戰高峰時期，美軍很需要瞭解中國和中國軍隊的思維，開始掀起了研究《孫子兵法》的熱潮。

到了上世紀 80 年代，美國對孫子研究已相當普遍和深入，《孫子兵法》成為各院校 MBA 的必讀材料，成為許多培訓課程的重點科目。美國陸、海、空三個軍種的多所軍事院校中都開設有《孫子兵法》課程，全美著名大學中，凡教授戰略學、軍事學課程者，無不把《孫子兵法》做為必修課。在美國軍校和培訓高級軍官的高級軍事院校中，學員們閱讀並討論孫子的理論。

美國學者對《孫子兵法》研究離不開翻譯出版，有一批有較深造詣的 《孫子兵法》研究學者從事圖書翻譯出版，譯者身分多為軍人、漢學家、小說家、教授與易經學者等 ，並出現不同學科人員合作翻譯現象，譯者的翻譯意圖與翻譯策略也逐步演變，呈現出多姿多彩的英譯本。

中國將軍陶漢章所著《孫子兵法概論》一書英譯本在美出版發行，即被列為上世紀 80 年代最為暢銷的軍事理論書籍之一；在世界最大的「亞馬遜」網上書店裏，目前有多達 1,500 個以孫子為題的簡裝書名，其中由美國准將格里菲思翻譯的《孫子兵法》，曾連續數月雄踞排行榜第一名，一度創下一個月 1.6 萬本的銷量。

上個世紀，在美國的《孫子兵法》英譯本不斷改進完善，先後出版發行的版本至少有十多種之多。翻譯目的更趨多元化，有的為普及中華文化與哲學思想，解讀其哲學思想，有的偏重強調孫子理論的實用性，還有的致力於體現出中華文化的獨特意象，為美國的孫子研究提供了豐富的參考依據。

進入新世紀以來，美國「孫子熱」方興未艾，僅在2003年，

美國書店林林總總《孫子兵法》英譯本。

就出版了十九種《孫子兵法》相關圖書。季辛吉在新著《論中國》書中，專門開闢了一章〈中國政治與孫子兵法〉。美國人還不斷將孫子的思想創造性地運用於理論創新和軍事實踐，應用於商業和社會領域，掀起一波又一波研究熱潮，並取得了一系列令人矚目的成果。

美國對《孫子兵法》研究非常注重實用，應用到企業管理中的研究也非常普遍。特別是美國出版了幾部影響較大的專著，如美國著名戰略學家馬克・麥克內利的《經理人的六項戰略修煉：孫子兵法與競爭的學問》，美國著名行銷專家傑拉爾德・麥克爾森所著《孫子兵法與現代商戰謀略》，美國行銷專家戈瑞・加利亞爾迪的《孫子兵法與行銷策略》，使美國的《孫子兵法》應用研究走在了世界的前列。

大量華人助推美國《孫子》研究傳播

被譽為民國時期「孫子研究第一人」的李浴日，其旅居美國的五個子女，繼承其遺志，成立李浴日基金會，建立李浴日著作網路版，出版《李浴日全集》，翻譯李浴日兵學著作英文版，在美國傳播中國兵家文化。

李浴日次子李仁雄正在延續先父的《孫子兵法》研究。他對記者說，傳播中國兵家文化既是一種夙願，也是一種責任。我們要繼承先父的遺志，傳承中國兵家思想，回饋海內外孫子兵法研究機構及孫子崇拜者和愛好者，使《孫子兵法》在全世界發揚光大。

像李浴日兒女這樣熱衷傳播孫子文化，幫助美國研究《孫子兵法》的美籍華人和華僑，在美國有許許多多。中國遠征軍第 54 軍原副軍長葉佩高將軍之子葉祖堯，是美國電腦科技大師，在美國的二十年間開了3家軟體公司，成為聯合國、美、日、新加坡等國的科技顧問。葉祖堯精通《孫子兵法》，他用英文寫了一本《商道》，把很多大公司的經營祕訣寫進去，介紹《孫子兵法》在商場上的運用之妙，這本書出版後在美國相當受歡迎。

美籍華人朱津寧是國際暢銷書作家、著名講演家，曾與美國前總統卡特和英國前首相梅傑同台演講。上世紀 70 年代她從臺灣移居美國時，只帶了兩本書，一本是《孫子兵法》，再一本就是《厚黑學》，這兩本研習了很多年，使她成功在美國立足，成為著名的東方策略學者。她是少數能把《孫子兵法》運用到「出奇入化」的孫子研究大師，對孫子在美國和世界的傳播及應用是有特殊貢獻的。

朱津寧把東方的靈性潛力，轉化為生存競爭的武器。她主要是從理性角度分析兵法，形成了做為女性學者的鮮明個性特色。她的著作《新厚黑學之孫子兵法：先贏後戰》等，由英文原著被譯為十七種語言，共有六十多國讀者。世界最大書店鮑威爾書店老闆邁克・鮑威爾稱，朱津寧為成年人開始生活和事業撰寫了一部權威性的教科書，它應成為美國每一所學院和大學一門必修課的指南。

1922 年出生於廣州的美籍華人學者薛君度，是著名的歷史學家、國際問題專家。他 1949 年赴美國深造，進入哥倫比亞大學攻讀政治系，1953 年獲碩士學位，嗣後繼續在哥倫比亞大學攻讀博士學位，1958 年考獲哲學博士學位，曾任史丹佛大學、馬里蘭大學、哈佛大學、紐約州立大學等大學教授。現任美國黃興基金會董事長、美國大西洋理事會理事。

1999 年薛君度出版《孫子兵法與新世紀的國際安全》一書。《孫子兵法及其現代價值——第四屆孫子兵法國際研討會論文集》，由薛君度和黃樸民、劉慶主編。在三藩市舉行的美國政治學會第 92 屆年會，連同世界各國前來參加的學者在內人數共達六千餘人。薛君度以亞裔政治學者組織負責人的身分，組織並主持討論「中國威脅論」的圓桌會議，評駁「中國威脅論」。

美國首位華裔國學大家何炳棣考證，《老子》的辯證思維源於《孫子兵法》，而《孫子兵法》成書早於孔子半個世紀，為最早的私家著述。美國北加州美華藝術家協會會長林中明教授是一位戰略學、國際關係方面的專家，同時也是一位電子晶片設計專家、一位在美國有著三十七項多項設計專利的高科技設計者。他對中國傳統文化造詣很深，主講過「無所不在的《孫子兵法》」、「《孫子兵法》文武相濟—從科技、文藝到企管、環保的戰略和應用》」和「《文心雕龍》裏的兵略運用」。

畢業於北京大學中文系、曾任北京首都師範大學古代文學教授的美國《美華商報》社長周續庚，曾多次參加孫子國際論壇並發表演講。他酷愛《孫子兵法》等中國傳統文化，其專著《準備贏得一切》，充滿了孫子的哲理。

美籍華人吳瑜章最愛讀的一本書就是《孫子兵法》，曾將孫子謀略遊刃有餘地運用在沃爾沃卡車運營上。他在寫一本《孫子兵法與市場戰爭學》的書籍，將孫子思想成為管理者的「充電器」和獲取經濟利益的「方法庫」。他開創了全新「中西相容、貫通古今的中國式行銷管理哲學」，即吳氏「兵家」行銷管理哲學。

美國福坦莫大學商學院副院長揚壯撰寫的〈知彼知己，百戰不殆〉的文章，用《孫子兵法》的精髓，對跨國公司在華成功的經營和中國企業國際化進行全面系統的分析，有獨特的見解。他高度評價說：「《孫子兵法》是戰略理論領域的傳世之作，是世界兵法史上的經典之作，是一本企業致勝之道的巨著。」

中國孫子兵法研究會理事、美籍華人許巴萊博士現任華宇投資執行長，美國徽龍科技創辦人，六一國學講座創辦人。他在美國研讀《孫子兵法》、《周易》、中醫理論、素書、陰符

美國華人餐廳門前的中國兵家文化壁畫。

經以及桐城派古文法。加入美國國籍以後，當選北美州移動通信網絡標準委員會主席，並成為美國出席聯合國國際電聯在日內瓦的談判代表。

美國孫子研究學者披露，洛克菲勒財團成功的一個重要原因是運用其智囊團所提供的《孫子兵法》智慧謀略。而這些研究《孫子兵法》的智囊團重要人物，幾乎多係華裔、華人。所以洛克菲勒財團的直線猛升的趨勢，華人是起了很大的作用。

美國華裔《孫子》研究女大師朱津寧

在記者出訪美國前，得知美籍華人孫子研究知名女學者朱津寧已不在人世，就採訪了曾為她的《新厚黑學》寫過書評的馬來西亞孫子研究學者陳富焙。他評價說，朱津寧老師是少數能把《孫子兵法》運用到「出奇入化」的孫子研究大師，她從感性的角度分析孫子思想，她對孫子在美國和世界的傳播及應用是有特殊貢獻的。

朱津寧是國際暢銷書作家、著名講演家，曾與美國前總統卡特和英國前首相梅傑同台演講。她又是著名策略家，曾擔任美國策略研習協會主席、亞洲市場開發顧問公司總裁。她為可口可樂、通用汽車、微軟、波音等世界 500 強企業提供諮詢和員工培訓，被認為是東方謀略和策略方面的專家。她還擔任美國學習頻道 (Learning Channel)「偉大之書系列」《孫子兵法》單元的主要撰稿人。

陳富焙告訴記者，他曾多次出席朱津寧在吉隆坡的講座，和她面談過，得到她的指點獲得啟示。每隔幾年，朱津寧都要來馬來西亞講課，他幾乎每場都到場聆聽，向她詢問討教，寫學習心得，同時也閱讀她的所有著作，並經常寫電郵和她溝通。朱津寧到過印度修行，她一些書中的內涵很深， 不是一般人可以掌握的。

朱津寧上世紀 70 年代從臺灣移居美國時，只帶了兩本書，一本是《孫子兵法》，再一本就是《厚黑學》，這兩本研習了很多年，使她成功在美國立足，成為著名的東方策略學者。她後來出的書都基本跟這兩本書有關。

朱津寧認為，二十一世紀是東方文化昇華的時代，雖然東方文化不會取代西方文化，但是會得到平等的對待。她把東方的靈性潛力，轉化為生存競爭的武器。她主要是從理性角度分析兵法，形成了做為女性學者的鮮明個性特色。

陳富焙介紹說，朱津寧所開創的《新厚黑學》，是《孫子兵法》的奇正創新， 即《孫子兵法》+ 厚黑學 = 新厚黑學。她的著作包括《新厚黑學》、《新厚黑學 2：不勞而獲》、《新厚黑學之孫子兵法：先贏後戰》等，由英文原著被譯為十七種語言，共有六十多國讀者。世界最大書店鮑威爾書店老闆邁克・鮑威爾稱，朱津寧為成年人開始生活和事業撰寫了一部權威性的教科書，它應成為美國每一所學院和大學一門必修課的指南。

朱津寧創新運用《孫子兵法》，成為一派宗師，在海外揚名。 陳富焙說，二千五百多年來，世界各國人民不斷地在探索《孫子兵法》，發掘它的價值，弘揚它的精華，而《新厚黑學》正是汲取了《孫子兵法》的精華。孫子思想的精華包括五事七計、知彼知己、奇正、詭道、虛實等 。她的《新厚黑學之孫子兵法：先贏後戰》，體現了孫子「勝兵先勝後求戰」的戰略思想。

她對《孫子兵法・虛實篇》的掌握，已達到爐火純青地步。她認為，〈虛實篇〉其實就是弱者的戰術，，包括「致人而不致於人」，「避實而擊虛」，「形人而我無形」。在《新厚黑學》中第 5 章，她提到「以弱點致勝之道」，強調天生我才必有用，以及善用本身的弱勢。該篇中提到很多的例子做為佐證。

在第8章〈詐而不欺之道〉中，她談到東西方對「詐」的不同觀點。西方人一面行詐，一面又假裝沒有進行欺騙。《哈佛商學院沒有教你的功課》一書的作者馬克・H・麥科馬克，則把「詐」說成「談判策略方面，說和做是兩回事」。而東方人的「詐」有著深層次、高層次的內涵，《孫子兵法》所說的「兵不厭詐」，「兵者，詭道也」，說的是高層次的謀略和智慧，而不是低層次的欺詐。

朱津寧的《新厚黑學之孫子兵法：先贏後戰》。

朱津寧的作品受到西方新聞媒介的高度讚揚。美國有線電視新聞網（CNN）脫口秀主持人桑亞・弗雷德曼博士讚美說，朱津寧對人類心靈智慧具有出人意表的瞭解，你可以從中得到一百個妙計，幫助你獲得人生和事業更大的成功。美國《成功》雜誌編輯鄧肯・安德森稱讚，朱津寧撰寫了關於凝聚內在力量而鼓舞人心的教科書，從朦朧的中國古代延綿當今美國企業界。這部神祕而實用的書將會使你立即變得更加聰明。

陳富焙表示，朱津寧致力於推動《孫子兵法》在美國的傳播及跨國界的應用。她應用孫子哲理並融會貫通，開創了《新厚黑學》並使所著的十六篇成為暢銷書，她給我們留下許多寶貴知識，可以做為我們在新世紀的競爭中賴於成功的寶典。她在西方企業中揚名立業的那套方法，是值得亞洲華商加以研究的。

民國著名兵學家李浴日在美國的兒女

「先父李浴日是民國時期中國著名兵學家，現代中國兵學理論體系的宣導者和構建人，現代中國文人介入兵學研究的先驅」。李仁雄在接受記者採訪時，對父親崇拜有加，對父親的成就如數家珍。

李仁雄是民國時期《孫子兵法》研究第一人李浴日的次子，生在南京，長在臺灣，臺灣交通大學畢業，美國喬治華盛頓大學電腦博士，現在波士頓服務美國甲骨文公司，專攻電腦科學。他說，家父博學多才，畢生盡瘁兵學，在民國兵學領域，他的研究堪稱多個第一。據不完全統計，他譯著兵書 12 種，達 160 餘萬言，集中國兩千年來兵書之精華數十種，編成《中國兵學大系》。

他兄妹五人均旅居美國。長兄李仁師，臺灣大學畢業，美國加州理工航空工程博士，維吉尼亞大學教授系主任，美國生物醫學工程學院院士，曾任全美生物醫學工程學會主席，現退休，在美國南加州任某生技公司總裁；姐李仁芳，臺灣大學畢業，美國紐約大學心理學碩士，現任某網路軟體研發公司副總裁；妹李仁美，臺灣大學畢業，美國維吉尼亞大學藥學博士，電腦碩士，現服務紐約州政府；弟李仁繆，臺灣大學畢業，美國小動物臨床醫師，現服務美國國家衛生研究院，從事實驗動物基因轉植研究。

李仁雄告訴記者，有一天，他在網上用中文谷歌搜索先父「李浴日」出版過的書籍，意外的發現竟有八百餘連線。先父已於 1955 年在臺灣過世，看到他在中國兵學上的研究和著作，竟能在五十多年後被人們繼續引述和檢討，非常驚訝。有一位網友說他讀過先父著作《孫子兵法新研究》十六次，這是對他個人最有助益的三本好書之一。於是，激起他將《孫子兵法》

著作重新研究的決心。

小時候家裏多珍藏先父出版和編譯的軍事書籍，最珍貴的就是他收集的中國古兵書。李仁雄感慨地說，現在再讀先父的書，雖然他的音容已稀，但也勾起了對他的無限懷念，我打算成立李浴日基金會，並建立網站，把先父的著作放在網路上與世人分享。於是，我把這個想法告訴兄弟姐妹後，他們也都非常贊同。

弟弟李仁繆更自告奮勇，很快就擬定了李浴日基金會的宗旨和章程。基金會是一非營利性公益組織，它的宗旨是： 紀念並延續李浴日研究古今中外兵法的志業； 闡揚「孔孟為體，孫武為用」的中華哲學，促進個人修齊治平；聯合世界有志之士，發揚《孫子兵法》和中國兵學思想，富國強兵，進而在國際間合縱連橫，消除兵戎，促進全人類共進世界大同。2008 年 2 月，李浴日基金會和世界兵學社在美國馬里蘭州正式註冊。

李仁雄介紹說，我們的第一個目標是把《孫子兵法新研究》和《孫子兵法總檢討》編成電子版，將先父首創先母開展的世界兵學社在網上公開發行，做為先父的百年冥誕獻禮；第二個目標把先父的兵法書籍系統整理出來，把遺漏的歷史資料挖掘出來，出版《李浴日全集》；第三個目標是把先父的全部著作翻譯成英文。

目標確定後，我們兄弟姐妹分頭努力，密切配合，展開了網站運作和書籍出版，侄女李佳玲也加入了行列，負責網站的設計製作。到目前為止，前兩個目標已初步實現，李浴日著作電子版及「李浴日生平事蹟」、「世界論壇」、「我的博客」已上線，《李浴日全集》今年已出版了兩部，第一部是《兵法》，第二部是《戰略》，第三部是其他方面的論述，準備今年年底出版，全集約 100 萬字，準備放進美國圖書館。第三個目標翻譯成英文書也在進行之中。

李浴日之子出版的《李浴日全集》。

李仁雄對記者說，做為民國著名兵學家李浴日在美國的兒女，傳播中國兵家文化既是一種夙願，也是一種責任。我們要繼承先父的遺志，傳承中國兵家思想，回饋海內外《孫子兵法》研究機構及孫子崇拜者和愛好者，使《孫子兵法》在全世界發揚光大。

李浴日之子在美國談先父兵學思想

李浴日之子李仁雄在美國接受記者採訪時表示，「《孫子兵法》宏大精深，其闡釋雖日新月異，然其哲理卻歷久彌堅。先父李浴日以科學研究的體制來辨證孫子，再相容並蓄各家論述，意在喚發讀者獨立論斷的精神，在現代孫子研究史上誠為創新之舉」。

李仁雄介紹說， 先父生於 1908 年，畢業於上海暨大，曾赴東瀛鑽研兵法。青年時代誓以發揚《孫子兵法》與中國兵學為志業。民國時期曾擔任國民黨國防部政治廳宣傳研究會副主任、國防部新聞局第二處副處長、廣東省編譯室主任、世界兵學社社長、國民黨第 35 集團軍少將參議、廣東省參議員、黃埔軍校教官、陸軍大學教授、臺灣金門防衛高參等職，1955 年在臺灣逝世。

李浴日一生致力推動兵學研究，為文人治武學的先驅。他獨創「救人救世」的兵學思想，在民國歷史上對中國兵法的貢獻堪稱第一。他先後出版了《孫子兵法之綜合研究》、《東西兵學代表作之研究》、《孫子兵學新論》、《孫子新研究》和《孫子兵法總檢討》，以及《抗戰必勝計畫》、《閃電戰論叢》、《中山戰爭論》、《國父革命戰理之研究》、《兵學論叢》、《兵學隨筆》兵學專著。

在抗戰爆發的三個月內，李浴日以超遠的眼光寫了《抗戰必勝計畫》一書。他用孫子戰爭原理科學分析這場戰爭，提出「舉國一致堅持到底＝日本必敗中國必勝」。他還提出要與日本打持久戰，因而他也成為抗戰以來第一個提出打持久戰的人。他認為持久戰在三年以上，中國有打五至十年的條件。結果，抗日戰爭打了八年。

該書出版後，引起國內朝野的重視，蔣介石曾兩次親自召見他，並請他在全國軍委會幹訓團演講〈從孫子兵法證明抗戰必勝〉，對激發全國人民的愛國熱情、增強將士們抗日鬥志做出了很大的貢獻。它比蔣介石發表的〈抗戰必勝的條件與要素〉早了四個多月。

1941 年李浴日創辦「世界兵學社」於廣東曲江，出版《世界兵學月刊》，以「闡揚中國固有兵學，介紹各國最新兵學」為宗旨，出版各種兵學著述，並在《世界兵學月刊》上介紹各國新兵學。

他提出中國人要有自己的戰略思想，建立中國的兵學體系，並做為他人生最高目標，也是他畢生的宏願。他所輯古籍定名為「中國兵學大系」，是中國首次對二千多年以來中國兵學理論的總結和檢閱。如此全面和系統，在當時的整個中國是空前的，在二十世紀 80 年代以前的中國也絕無僅有。

1947 年，以張治中、于右任、梁寒操等為贊助人， 李浴日與國民黨軍界、社會名流發起籌建蘇州孫子紀念亭，為《孫子兵法》立碑。

同年，李浴日著文呼籲建立「救人救世」的兵學思想。他說，歐美的兵學思想，自克勞塞維茨以來已走入歧途了：即他們全以「徹底殲滅」的殺人主義為本。所以到了工業發達以後，便競相致力於武器的發明，尤其到原子彈發明之後，殺人的技術與威力愈加巧妙而猛烈，一舉便可以殺人數十萬。像這種「殺人」的兵學思想，如果再任其發展下去，恐怕全世界都要毀滅，全人類都要死亡了。

李浴日認為，我們要糾正這種錯誤思想，非把「救人」的兵學思想建立起來不可。他又說，我國向來的兵學思想，都是以「救人」為本，像孔孟所宣導的「仁師」、「義戰」；老子所宣導的「慈以戰則勝」；孫子所宣導的「全國為上」、「不戰而屈人之兵」；吳子所宣導的「綏之以道」、「五戰者禍」；又司馬法所宣導的「殺人安人，殺之可也；攻其國，愛其民，攻之可也；以戰止戰，雖戰可也。」

李浴日主張武力應運用於「止戰」、「救人」，應該建立「以仁義為經，以和平為緯」的「救人救世」的兵學思想。這種「以人為本」，主張和平的兵學思想，時至今日都值得宣導，以抵制「殺人為本」、主張戰爭解決一切問題的兵學思想。

李浴日的一系列兵學研究，曾使中國掀起《孫子兵法》研究的新熱潮，標誌著孫子研究一個新時代的開始。他因此被譽為「孫子研究第一人」。他的研究成果至今仍為海內外學者所

臺灣中正紀念堂展出的李浴日《孫子兵法新研究》。

重視。國民黨元老于右任讚他「與孫子同不朽」。當代孫子研究大家吳如嵩將軍也給予高度評價：「在我看來，寫東西方軍事思想比較方面文章的，都還沒有超出民國時期李浴日編的《東西兵學比較研究》。李浴日是一個很有成就的兵學家。」

李仁雄說，先父膾炙人口的《孫子兵法新研究》創作於1950年，初版後即廣受讀者的歡迎，在臺期間曾再版多次。《孫子兵法總檢討》為其彙集研究孫子二十年的心得與當代其他學者專家的著作編纂而成。惜完成後不及三月，即以四十七歲英年早逝。先母賴瑤芝以撫傷療痛之心，戮力完成先父的遺願，將《孫子兵法總檢討》與其生前搜集的所有中國古兵書輯成《中國兵學大系》陸續付梓，足慰亡靈。

李浴日之子在美國延續孫子研究

被譽為民國時期「孫子研究第一人」的李浴日，其旅居美

國的五個子女，繼承其遺志，成立李浴日基金會，建立李浴日著作網路版，出版《李浴日全集》，翻譯李浴日兵學著作英文版，在美國傳播中國兵家文化。尤其是次子李仁雄正在延續先父的《孫子兵法》研究。

「父親的兵學書放在書架上幾十年了，每當看到它，就像看到父親伏案寫兵書的情景。」李仁雄對記者說，父親的兵學書，是解讀孫子哲學的書，還原了孫子的原文思想，融入了西方的哲學思想，還汲取了大量古往今來的戰略思想，與眾不同，激起他的極大興趣。加上翻譯父親的兵學著作英文版，首先要讀懂父親的書，更要讀懂《孫子》。於是，他從 2005 年正式開始研究《孫子兵法》。

李仁雄認為，中國數千年的歷史文化，諸如《易經》、《道德經》、《孫子兵法》等，都是中華民族的偉大遺產，都應被發揚光大，與全人類共同分享。《孫子兵法》十三篇，其兵法理論有一氣貫通、歷久彌新的雄壯氣勢。《孫子兵法》不是玄學，而是教課書、智慧書、文學書。

《孫子兵法》十三篇的注釋、譯本、研究，已經遍及世界各地。李仁雄說，同時，《孫子兵法》的許多理論也已經被廣泛的、分別的運用到許多領域，如在管理、商業、競技、股票交易上等等。善用孫子智慧謀略，可讓人們事半功倍、得到勝利的戰果或滿足。

「知彼知己，百戰不殆」、「勝兵先勝，而後求戰」、「善戰者之勝也，無智名，無勇功。」這樣的原則，不只適用於戰爭，它是適用在各行各業的。孫子的名句，更可讓人們隨時隨地的記得決勝的要訣。如「將者，智、信、仁、勇、嚴也」，它簡潔的說明了一個領導者應具有的要素。

從另一方面去看，歷史進入二十一世紀，世界各地還是戰禍連綿，弱勢民族仍遭到強權的虐待和屠殺，世界上太多的人還未能真正讀懂並運用《孫子兵法》來避免戰爭，取得和平環境及平等的生存權利。孫子的偉大求和求勝思想是我們今天要弘揚的。在全球化的今天，各國、各民族合作共贏，整個人類社會才能和諧共生。

李仁雄指出，為了讓更多的讀者能夠很快的瞭解其中的精華，應將《孫子兵法》普及化、現代化、世界化。如教材推廣要層次化，小學普及孫子的練兵故事，中學誦讀孫子的名言警句，大學研讀孫子的謀攻致勝理論，軍事學校突出孫子戰略理論。

中文注釋現代化。用現代的人文事物為背景，來講解孫子的戰略戰術思想，並引證於古今戰例。預期做到使孫子不與時代脫節，合乎現代戰爭的需要，力求五年和十年來一次新注解。新的注解，新的研究，應隨時而興。

英譯注釋世界化。《孫子兵法》是中國也是世界最寶貴的東西，研究和應用孫子思想非常有意義。而要讓全世界都研究和應用，必須翻譯成英文。《孫子兵法》十三篇雖然只有六千餘字，由於是二千五百多年前的事物和背景，有些文句是很難用現代的語言去解說清楚的。而且各篇的重要性、易讀性是不相對稱的，要讓一般讀者很容易的去瞭解全書的要義，引發他們探討其中的奧妙，是一件不容易的事。

李浴日次子李仁雄。

李仁雄透露，他正在翻

譯李浴日兵學著作英文版，已花了五、六年時間，修改了多次仍不滿意，目前還在改。他希望全球孫子研究者把現代中文注釋和各類《孫子兵法》教材翻譯成英文，共同將孫子思想發揚光大，使之運用無窮，造福無盡。

李仁雄表示，在中國人的智慧得到全世界的認可，中國已一步一步發展成一個富強康樂的國家的時候，我們有志發揚中華偉大精神遺產的炎黃子孫，應更努力的把《孫子兵法》傳播到世界各地，消弭戰爭，促進人類大社會的和平。

世界兵學社發行李浴日《政略政術》

美國世界兵學社今年初發行民國兵法第一人李浴日著的《政略政術》，編輯委員會成員由美國麻州李浴日次子李仁雄、美國馬州李浴日三子李仁繆和中國雷州李龍擔任。全書分〈一般篇〉、〈計知篇〉、〈領袖篇〉、〈集團篇〉、〈用人篇〉、〈制敵篇〉六篇共 94 章，約一萬字左右。初稿大概是 1933 至 1937 年李浴日在日本留學時完成的，1955 年去世之前做過修正。

臺灣交通大學南加州校友長青會會長張孚威在序言中表述說，李浴日將軍是中國近代著名軍事理論家，與蔣百里、楊傑同為中國近代軍事巨擘，馳名海內外。《政略政術》一書內容雜採易理的變，儒家的仁，法家的術，道家的虛柔，墨家的尚賢，戰國的先，兵家的無常，是中國千年文化之集大成，不可多得的好書。李浴日將軍上世紀七、八十年前有此高瞻遠矚，古為今用，與時遷移，隨物變化的眼光及廣大胸懷，更是我輩必須學習之處。

李仁雄編者前言中寫道，1950 年先父將其所收集的中國兵學書籍，放在一個箱子裏從大陸帶至臺灣。他過世之後，先母捨不得丟棄它們，1976 年又把它們帶至美國，存放在我家裏。2013 年初，我們兄弟決定出版為紀念先父的《李浴日全集》，主編要我再找些先父的書信手札時，讓我想起了那箱收藏。再度檢閱它們時，赫然的發現了此書的原稿。

李仁雄稱，本書的原稿是先父用毛筆字寫在稿紙上的，從未公諸於世。他在留學日本期間，看到日本軍國主義的強大和列強對中國無情的侵略剝削，因而專注在軍事、兵學方面的研究，希望以軍事上的建設去抵禦外侮、鞏固國防為優先。回國之後就積極的加入了中國抗日戰爭的行列，以闡揚中國固有兵法，介紹列國最新兵學，造成文武合一風氣和提高抗日戰士鬥志為己任。即使在國共對抗期間，國內外的氛圍亦是以軍事為主，此稿就被擱置於一旁了。

本書〈一般篇〉充滿了《孫子兵法》的智慧謀略，從章節標題上就顯而易見：第 1 章智、仁、勇，第 3 章奇正相輔，第 4 章權謀詐術，第 5 章鬥爭象水，第 6 章仁師義戰，第 7 章防患消禍，第 9 章誠與術，第 10 章機動，第 11 章知所變通，第 14 章組織、作勢、造形，第 15 章自強與任勢，第 16 章掌握先機，第 17 章敗中求成，第 19 章謹言慎行，第 20 章利害相生，第 21 章死生度外，第 23 章變是常理。

〈計知篇〉則體現了孫子的先知思想：動莫大於不意，謀莫大於不識；知為行之始，行為知之終。知則必先知己知彼，以至知時。知己者，知我之虛實也。知彼者，知敵之虛實也。知時者，知環境時勢也。由知而計，依計而行，是行不失於盲動矣；夫計畫仍有如此變動，此為吾人不可不先知也；見微知著，見此知彼，見真知偽，見止知動，以至於無所不知；祕密之所以存在者，基於彼一切之祕密也。故破之極難。然亦非無法。其法在於先知；因敵制宜，水流無常形，制敵亦無常策。策而至於常，敵必知之。敵知之，是我不能制敵，反而敵制我也。故善制勝者，無留戀，不拘泥，唯因敵之變化而立策以制之，是謂之神。

值得關注的是，在該篇第六章歸納了43計：美人計、苦肉計、迂迴計、色圍計、孤立計、稱病計、托宴計、詐降計、震駭計、遷延計、逃避計、空城計、勇示怯計、智示愚計、富示窮計、強示弱計、近示遠計、用示不用計、先親後離計、先與後取計、先散後集計、先危後安計、親而離之計、卑而驕之計、佚而勞之計、借此制彼計、虛結金蘭計、政略結婚計、因糧於敵計、逐個擊破計、以毒攻毒計、聲東擊西計、遠交近攻計、宗教利用計、鬼神假託計、調虎離山計、借屍還魂計、移屍嫁罪計、登高去梯計、破釜沉舟計、狡兔三窟計、堅壁清野計、將計就計計，其中許多計謀都出自《孫子兵法》。

〈領袖篇〉彰顯了孫子的「為將之道」：思慮、用人、指揮、應付；領袖之危，猶豫不決、自恃而不好謀、舉棋不定、親小人而遠賢人、賞罰不公、不正己，任下放恣；領袖之六強六弱，度量寬宏、開誠布公、廣攬人才、愛護同志、努力求知、歡迎忠言，勇於改過，此謂之六強也；不舍小過、用人不專、僥倖得失、事後多悔、吝嗇金錢、溺於不良嗜好，此六弱也。大凡領袖知古，亦須知今，知政治，亦須知軍事。

〈集團篇〉提出籌畫、賞罰、增進效率、對外鬥和；集團之生存力為感化力、強制力和經濟力。集團之七害為陰結小組，肆意傾軋；專講是非，以私動眾；竊取機密，私通敵人；談相算命，妖言惑人；見害巧避，見利先爭；夤緣運動，納賄害公；視上若閑，工作敷衍。一個集團，既須有健全之首腦，亦須有忠純之手足，此易明之事也。善鬥者，善用其主，亦善用其佐。佐者，因主而用之也。主孰有道，將孰有能，兵眾孰精，機械孰良，天地孰得，內部孰固，財政孰足，生產孰富也。合此八者而比之，吾知勝負矣。

〈用人篇〉宣導孫子的「擇人任勢」：知人之法，知人難，有知之才，知之法，則不難。夫用人者，用其忠，用其才也。全才難得，苟有一藝一技之長，均可用也。而最關重大者，莫若其忠。適材、適地、適時、用人貴乎適材適地。故善用人者，必隨時物色新的人才。用人之術、使人之法、分合之術、栽培新血 欲圖大舉，誠以下層力量，乃上層之基礎，如樹之於根，若水之於源。基礎固，是攻守得矣。

〈制敵篇〉通篇貫穿孫子的「克敵制勝」：認清敵友者，鬥爭之大事也。先立於不敗之地，實可以破虛，虛亦可以破實。制勝之道，不能即取，即須待機。然必先治己。是故以靜待躁，以勇待怯，以佚待勞，以正待邪，以治待亂，此致勝之道也。避實擊虛，敵之攻我者，避我之強，沖我之弱也。亂而取之，政爭之要。衢地合交，方與敵爭。非利不足以取之，非用不足以滅之。學會因時與敵、克敵之法 、亂敵之法 、分化敵人、善用外交 、以謀取勝、敗裏求生。

美籍華人吳瑜章解讀《孫子》十三篇

「市場學是戰爭學，市場是沒有硝煙的戰場，也是你死我活的商戰。《孫子兵法》用於市場競爭，找到問題的關鍵和對手的弱點，避實就虛，贏得主動權，這是孫子謀略的奧妙之處」。創建吳氏「兵家」行銷管理哲學的美籍華人吳瑜章，別開生面地用市場競爭解讀《孫子兵法》十三篇，引起孫子研究學者和海內外企業界的關注。

《孫子兵法》開章明義講「先謀而後動」，制定市場戰略決策首先瞭解市場，瞭解市場要掌握環境的變化，這是第一。我們很多人一上來說一拍腦袋，坐在這兒開始腦子缺氧了，已經不是人了，是神了。當不做市場調研的時候，他肯定失敗。通過資源、能力分析，就能知道是不是老大。再往下戰略決策分析對手，分析要打什麼仗，世界汽車市場到底在哪兒。你自己以為你是領導者，實際你是小不點。為什麼本田、寶馬成功，人家知道自己是小不點，不輕易跟大的打什麼仗。

《孫子兵法》第二篇，「兵貴勝，不貴久」。市場競爭貴在準備，貴在神速。速度是非常重要的，中國企業勝過國外企業的是什麼？就是速度。我們近來這些年，很多國外企業到中國第一年說這麼快，在國外需要做十年的事情中國只需要兩年，國外需要三十年的事中國只需要五年。所有人說離開中國一年回來不認識了，這說明的是速度。速度非常關鍵，因為在打仗的時候，久則鈍兵挫銳。在商場上打仗上就是這樣，99.999% 都是失敗，只有百分之百是成功。要麼就別打，一打就要打到百分之百。

《孫子兵法》第三篇講謀攻，我們就瓦解。在吳瑜章看來，競爭對手基本都是這樣，在瓦解對方的同時要飛速壯大自己。市場攻勢讓對手感受與我合作則雙贏，與敵合作則兩敗，其後可以組成強大統一戰線。攻山頭要守得住，否則攻上去損失很大，還沒明白就嘩下來了。攻守無定式，當相機而動。在敵人最強的地方找出弱點，集中力量和火力將敵全殲。攻心為上，一旦強勢中的弱點被你抓住打掉，整個軍隊的軍心就垮掉了。戰爭打到 99 分的時候，我就基本不會睡覺，而且精神越來越好，那是決勝負的時候。

《孫子兵法》第四篇說的是戰爭之道在於乘機。敵人不是都犯錯誤讓你鑽空子的，在細微處要抓住戰機，進攻要趁其不備，致勝出其不意。還有我們的手下或者對領導有一個觀念，「將在外，君命有所不受」。多時候領導在上面，很多在戰場你是前線指揮官，你認為對你就打，輸了自己承擔責任。這些年我做了很多跟公司的指引，他們遠在瑞典，你想能說服他們，等說服了這個戰機還在嗎？細微戰機還在嗎？不在了。這會兒你只能承擔這種責任和風險。

《孫子兵法》第五篇，兵無常勢，水無常形。避實而擊虛，攻守無定式，當相機而動。成功的軍隊出其不意的戰線上開展，預備隊是百尺竿頭的勢。中國那些企業失敗的都是沒有預備隊打仗，失敗的也是因為沒有預備隊。凡戰者以正合，以奇勝。必須有預備隊，能買三道保險不買兩道。平時的多謀籌畫，戰時才可以駕輕就熟。

《孫子兵法》第六篇，虛實戰地而待敵者佚，後處戰地而趨戰者勞。要佯動示形，通過詳細偵察，隱藏自己，曝露敵人，才能集中優勢兵力打殲滅戰，贏得競爭勝利。我們競爭對手最小的是我們的七倍大，大的不用提了。我們一開始佯攻，先找最弱的競爭對手，先找它最強的地方佯攻。佯攻成功以後，趕緊看全國哪兒沒競爭對手先到那兒去。從那裏一點一點，才走到今天在我們起碼小山頭上連續七年是老大，占到58%的份額。

《孫子兵法》第七篇，對於一個企業來說服務就是糧餉，沒有糧食沒有軍餉，軍心就先亂了。商戰上看似拚價格拚配置，拚的是供應管道、服務配件。後勤服務工作是商戰軍隊的糧草，無糧草則軍心亂。一出大學校門好高騖遠，你的學識、精力、經驗真跟得上嗎？合適都一樣。我回中國躊躇滿志，從小在美國長大什麼不懂？回來之後才知道，五年才明白這個市場是什麼樣，七年才開始知道怎麼做事，現在回來十五年了，才稍稍有點成績。

《孫子兵法》第八篇，我最欣賞周培公說的，「善敗之將，定將終勝」。一旦進入商場就得記住，成功與失敗並存。一旦戰爭開打，「軍火未升，將不言饑，軍井未汲，將不言渴，擊鼓一鳴，將不憶身價性命」。善敗將軍不是常敗將軍，善勝者不陣，善陣者不戰，善戰者不敗，善敗者終勝。善敗有一個觀點，心理要好，身體狀態要好，要不然你不敢敗，你得敢敗，而且敗是你設計下去敗才行。我覺得這些年成功永遠把自己放在懸崖邊上，通過不斷的掙扎，不斷把自己往絕處逼，這樣離成功不遠。

《孫子兵法》第九篇，卒已親附而罰不行，則不可用也。學習型企業打仗的時候知道聽誰指揮，到了這個情況就是這麼反應，不管誰怎麼說，就是自然反應，建立執行公司文化，寬嚴結合，才能應急時有條不紊，從容度過難關。我們很多企業就是靠一個頭兒一杆大槍一耍，動不動就光著身子殺出去了。我們公司提「去吳瑜章化」，大談特談「去吳瑜章化」，千萬別說吳瑜章的，要說這個就快了。這個才是真正的建立了體系，有事的時候才能依靠。

《孫子兵法》第十篇，「進不求名，退不避罪，唯民是保，而利合於主，國之寶也」。企業管理者一定要關心員工，上下一心，依靠團隊，嚴格要求。你要讓員工滿意，員工才能創造出價值，你的客戶才有了附加的價值，才能讓你的股東有更多

美籍華人吳瑜章。

的價值。一個公司的平衡記分卡從哪裏開始，就說明這個公司的文化是什麼樣的。

《孫子兵法》第十一篇，「兵之情主速」，「施無法之賞，懸無政之令，犯三軍之眾，若使一人」。三軍就靠這個氣和志，帶領的人不一定是我。一個公司領導者不一定是頭兒，領導可以是任何一個人，領導是他的素質而不是他的位置。我們公司當副總監管得寬，現在管得更寬，誰的事都擔心。打仗的時候從敵人最不能想像的線上拚命攻上去。拿破崙說我可能輸掉一場戰役，但我絕不會丟失一分鐘時間。不要在計畫，研究、實驗市場時浪費太多時間，你浪費時間曝露目標，從勝利的口中搶到了失敗，在市場中很多這種例子。

《孫子兵法》第十二篇，「主不可以怒而興師，將不可以慍而致戰」。進攻之前大多數的進攻都失敗，商場裏面基本能夠搜集的數據來看，80% 的公司向另外一個公司市場進攻的時候都是失敗而告終的，結果反而比進攻前的份額還少。只有那些意志堅定手段老到的市場將軍，才可以打進攻戰。

《孫子兵法》第十三篇，「動以勝人，成功於眾者，先知也」。先知者，不可取於鬼神，不可象於事，不可驗於度，必取於人，知敵之情者也。打市場戰你要明白，不是因為你命好，敵人可不知道你的命好，拚命向你放槍的時候，能因為你的命好不開槍？你必須即時知道敵情和周邊情況，摸清敵情才可能作出正確的判斷。要對地形、市場形勢、對手、自身的資源和能力有全面的瞭解。

美籍華人談醫易中和思想與儒法兵道

「中國文化骨子裏是道家，儒法兵三家各有其應用的時機，而道家繼承醫易思維後，確實為各家之本。道家的謀略能從整體的觀點，調和諸家治國方略的偏失，謀事大都有始有終。而兵家具有更濃厚的道家色彩，並吸收了道家的思想」。具備系統工程和中醫學雙博士學位的美籍華人許巴萊認為，儒法兵道四家治國方略的綜合應用，缺一不可。醫易的中和思想，貫串成整體系統，交互聯合運用，更能適應當代全球化的挑戰。

許巴萊說，研究諸子百家治國謀略必須整體系統，並考慮其間相輔相成的協同效應。諸子皆起於救時之急，根據對周易的自然哲學與中醫的生命科學的探索，發展出時中、中庸、中和等思想。共同追求能夠順時應變、保持動態平衡的和諧關係的治國之道。

許巴萊形象比喻：社會的春天以儒家為主，用於建立和諧社會的理想，百業欣欣向榮的社會環境；社會的夏天以法家為主，應用在規範社會各利益團體，恢復和諧的秩序；社會的秋天以兵家為主，應用於解決國家生死存亡的問題，如同面對秋天決生死的肅殺之氣；社會的冬天以道家為主，近代道家的謀略發展，在忍受百年滄桑的酷寒嚴冬之後，更注重吸取中外各家之精華，而不放棄傳統醫易的中和思想，遵循以中和思想為起點的治國平天下的政治謀略運作。

周易學與中醫學在發展過程中，在模擬思維的取象比類原則下，把天象、物象、體象、病象、社會現象的本質結構與運行變化，構築成錯綜複雜的對應關係。同時又依循整體的思維方式，建立和諧的天人關係、人際關係、以及內在情緒的和諧關係。先秦諸子在禮崩樂壞之後，對如何重建和諧關係，各抒己見，並引發長久的政治路線與治國謀略之爭。這種跨時代的政治謀略理論與廣大的實踐空間，創造了有利的辯證過程，成就了中國以和諧為出發點的中和思想，與創建和諧社會的深謀遠略。

在談到醫易的中和思想與中國傳統的謀略運用時，許巴萊說，醫易哲學互為表裏，具備以易為理論，醫為實踐的體用關係。中醫學以及周易學與陰陽五行學派或稱陰陽家關係密切。陰陽五行的結合，成就了具有中國特色的謀略思想體系。在謀略的運用上，陰陽五行被用來定義事物間「看不見」的「關係」，以及萬事萬物「看得見」的徵兆或稱「現象」。中國的謀略在「現象關係學」的架構裏，可以如現代「複雜系統科學」般地進行推算與運算，最具體地表現在運用中醫理論來治病的、嚴謹的「辨症論治」過程或運算。

清代著名醫學家徐大椿著《用藥如用兵論》：「若夫虛邪之體，攻不可過，本和平之藥，而以峻藥補之，衰敝之日不可窮民力也；實邪之傷，攻不可緩，用峻厲之藥，而以常藥和之，富強之國可以振威武也。然而選材必當，器械必良，克期不愆，佈陣有方，此又不可更僕數也。孫武子十三篇，治病之法盡之矣。」反過來推，在定義關係的函數空間，可以推出「用兵如用藥」。

許巴萊論證，傳統醫易儒法兵道的謀略與創建和諧社會的目標同步，如《黃帝內經》所說：「上醫治未病，中醫治欲病，下醫治已病。」特別強調醫國或醫病時，見微知著，防微杜漸的觀察力、執行力與時機的掌握。將醫易合璧的哲學與諸子百家治國的方略或謀略作有機的結合，是中國傳統謀略的特色，是為求生存，求長治久安。其過程中運用的謀略，可以綜合儒法兵道在不同的社會發展階段，運用不同的組合與力度，來解決社會國家乃至全球的問題。

用中醫醫病的觀念來治國，具有治病求本的特性，在扶正祛邪的同時，要考慮因時、因地、因人制宜，調整陰陽，結合五行，先辨證候，再論治則。基本精神在固本、求不敗。所以盡量顧全大局，避免不必要的過激手段，造成兩敗俱傷，甚至病毒未滅人已消亡。對治國者而言，非不得已才用峻猛之藥，縱使用了峻猛之藥，也必先準備好隨時能緩和的策略，以免動搖國本。可以說傳統醫易儒法兵道的謀略思想體系，發源於中和思想，目的在求生存與長治久安，與創建和諧社會的目標是同步的。

援引醫易的中和思想來指導謀略運用，看似矛盾，或疑似空談，實則為長治久安之道。許巴萊認為，謀略與兵法的思考層次不同，兵法的軍事專業知識很強，為救急應變求生存時，先求不敗，再求勝的軍事科學。謀略涉及更廣，在既定的「關係」裏，在輕重緩急的現象中應變，更講求看不見的軟實力。所以兵法成為顯學，而謀略卻一直蘊藏在各家學說之中。

許巴萊稱，以儒法兵道謀略的綜合運用迎向全球化的挑戰。當代全球化的浪潮為全世界帶來劇烈的變動，較之春秋戰國時代的危機，更有過之而無不及，有些危機威脅著人類與地球的共同未來。以「和諧」或中和思想為起點的中國傳統謀略，在先秦諸子學說流傳兩千多年之後，仍然具有現代意義與實用價值。諸子百家之言，未必都能用來解決當代的問題，好比中醫用藥，配伍得當，對症下藥，應能奏效。依照醫與易的五行相生相剋，迴圈無端的哲理，儒法兵道四家學說的綜合應用，可應對國際間的興盛衰亡關係。

美華文媒體老總論《孫子》全勝觀

「全勝思想應該是《孫子兵法》精髓之精髓，靈魂之靈魂，是孫子的最高境界」。畢業於北京大學中文系、曾任北京首都師範大學古代文學教授的美國《美華商報》社長周續庚表示，我們研究孫子，不能僅從戰略戰術角度去理解，更要放在中國春秋戰國時期的文化背景去考量，才能真正理解它的深刻含義。

《美華商報》是美國華人商會旗下報紙傳媒，也是美國惟一以商報命名的華文週報，從以前的四十多個版到五十個版，再到現在的每週六十多版面。該報總部設在華盛頓，在洛杉磯、紐約、芝加哥、三藩市等各大城市發行。周續庚表示，國外有許多管道都在弘揚中國文化，華文媒體在傳播中國文化方面起到了最重要的作用。周續庚酷愛《孫子兵法》等中國傳統文化，他的專著《準備贏得一切》，充滿了孫子的哲理。

周續庚認為，目前有的學者把「全」字解釋為「完全」、「徹底」，把「破」字解釋為「打垮」、「擊碎」，也就是說，不打則已，要打就要大獲全勝，就要把敵人徹底消滅。這種解釋並不符合孫子「全勝」思想。孫子的「全勝」思想，包含著更為深刻的文化內涵，即「不戰而屈人之兵」。他說「是故百戰百勝，非善之善者也，不戰而屈人之兵，善之善者也。」這也正是中國春秋戰國時期普遍的戰爭理念。

在中華民族的傳統文化中，提倡「王道」，反對「霸道」；提倡「仁政」，反對「暴政」；提倡「仁義之師」、「秋毫無犯」，反對「殘酷殺戮」、「血流成河」；提倡「得人心者得天下」，「王者之師，所向披靡」等等。周續庚詮釋說，這些都是中華傳統文化的精髓，是為政用兵的最高理念，是建立和諧社會、和諧世界的文化基礎。

周續庚介紹說，當時各國爭雄，都以敵人的「屈服」為目的，而不以「破軍」、「破國」做為最後的標準。只要你「屈服」於我，願意奉我為「盟主」，我就可以「全」你的國，「全」你的軍，你還可以繼續做你的國王，繼續當你的諸侯。在中國武術界也是充滿這種精神的，兵法與武術是一脈相通的，都是源於以「仁」和「義」為主的中國傳統文化。這也正是中國兵法一直強調「謀」而不強調「兵」的原因，也正是中國兵法與西方兵法的根本區別。

據周續庚考證，雖然中國古代也有過對鄰國的戰爭，但都是「以全爭天下」，以對手「臣服」為目的，從來沒有把鄰國占作殖民地，實際掠奪性的殖民統治。只要你願意「臣服」於我，年年進貢，歲歲來朝，我們就可以友好相處，甚至我給你「賞賜」比你進貢的還要多。因此，中國古代與周邊國家的戰爭是比較少的。當然，這不能與今天中國提倡的「和諧世界」、「平等外交」相提並論。

周續庚評價說，毛澤東在中國解放戰爭中也曾非常出色的運用了孫子的「全勝」戰略，爭取到大批國民黨軍隊起義，北京的和平解放就是最好的例子。傅作義宣布起義後，他的軍隊原建制不變，沒有「破軍」，也沒有「破旅」，更沒有「破城」，因此使得北京這座千年古城絲毫無損地保存下來，這才是「拔人之城而非攻也」的「謀攻之法也」。

美華文媒體傳播孫子有廣度和深度

美國僑報、世界日報、芝加哥華語論壇報、華夏時報、新華人報、美華商報等華文媒體，不間斷地報導中國《孫子兵法》研究會、山東和蘇州孫子及《孫子兵法》誕生地舉辦的各類孫子研討會和孫子文化活動，報導銀雀山《孫子兵法》和《孫臏兵法》出土竹簡，並發表大量社論、評論和文章，孫子文化的傳播既有廣度又有深度。

2005 年，美國僑報發表題為〈中國沒有理由放棄「韜光養晦」〉的文章稱，近來，中國對外一改過去模糊、柔弱的作法，在重大問題上強硬出擊，明快應對。對美國，強力頂住迫人民幣升值的壓力，在紡織品等貿易戰中，也針鋒相對，據理力爭。對此，有人歡呼，也有人疑惑。有論者說，中國將終結「韜光養晦」，進入一個大聲說「不」的時代。

文章說，《孫子兵法》中除了說「兵者，詭道也」，要「以奇勝」外，更提倡「以正合」。霸道以力服人，王道以德服人。霸道追求國家權力最大化，對外擴張。王道追求天下大同，對外協和。追求王道的中國，歷時幾千年，依然屹立在東方。因此，道是內斂的，而不是外張的。是寬容的，而不是排它的，這也是「韜光養晦」的應有之意。

文章指出，隨著國力的增長，中國將更偏重「有所做為」，但絕不應放棄「韜光養晦」。同時，也要向世界表明，「韜光養晦」不是一種「詭道」，不是一個「陰謀」，不是權宜之計，而視為一種「正道」，一種立身之本，不僅應行之於中國崛起之前，而且還會行之於崛起之後。

2009 年，美國僑報發表署名評論文章說，美國國務卿希拉蕊訪華前夕，稱中美應「同舟共濟」，受到海內外華人的歡迎和讚賞。但也有一種觀點認為，中美應是「同床異夢」。兩國究竟是「同舟共濟」還是「同床異夢」？如果兩者兼是，何者為主？這是一個關係到中美如何相處的問題，應該弄清楚。

文章認為，《孫子兵法》中後面還有一句，叫做「攜手共進」。世界各國都在一個「當代方舟」上，不僅要共同努力度過眼前的經濟危機，更要攜起手來共同前進，創建美好的未來。

美國《美華商報》社長周續庚。

持續一個時期，美國華文媒體重點報導了毛澤東與《孫子兵法》、中國國家主席胡錦濤贈布希《孫子兵法》，中國總理溫家寶會見美國國務卿希拉蕊引用《孫子兵法》、中國元首訪拉美曾向拉美國家派《孫子兵法》講學組、中國國防部長梁光烈訪西點軍校贈《孫子兵法》。美國華文媒體宣稱，繼中華醫學、中國功夫、《孫子兵法》受到美國民眾關注以來，華夏文化再次在大洋彼岸掀起「龍」旋風。

美國華文媒體還相繼報導了〈普穎華：讀兵法的女人看世界〉、〈中國留學生揭祕華爾街用孫子兵法在美國炒股〉、〈一位對沖基金經理和孫子兵法的故事〉、〈操盤手孫子兵法學習筆記──華爾街狙擊手強而避之多算勝〉、〈美國新防長攜孫子兵法上任〉、〈孫子兵法讓醜聞纏身菲爾普斯重回泳池〉、〈孫子兵法成拯救地球的救命稻草〉、〈曼德拉平日裏酷愛讀書，尤其喜愛孫子兵法〉等報導。

美國《美華商報》社長周續庚多次參加孫子誕生地山東舉辦的孫子國際論壇，並發表學術論文，在報紙上刊登孫子相關報導。美國華文媒體網站連續轉載中新網「孫子兵法全球行」系列報導，如〈從兵家文化角度解讀澳洲唐人街〉、〈加唐人街似華人大家庭同舟而濟〉、〈歐洲華人華僑視其為「世界寶貝」〉，在華人世界產生積極的影響。

美華人稱世界走向是學《孫子》

「專講競勝的《孫子兵法》當然如今籠罩全球，世界的走向是加強學習孫子思想」。美國美華藝術學會會長、北加州作家協會會長林中明表示，中國有著世界最大的兵法書庫，尤其是簡明而又智慧的《孫子兵法》這部中國兵經已經被翻譯成十幾種語言，也成了美國商學院和軍事學院的主要參考書、課本，同時又是世界第一大網路書店，亞馬遜的前三名暢銷電子書。

林中明說，《易經》、《詩經》、《史記》、《孫子》和

《文心雕龍》裏的「活智慧」，應用到現代高科技的企業管理和科技創新的教育上去。這五本書，每一本都是超重量級的經典之作，如何在最短的篇幅裏表達出它們的精髓呢？我以為可以根據《商業領袖成功七大要則》的第一條：「先做最緊要的事」，只選《易經》、《孫子》為主將，而以《詩經》、《史記》和《文心雕龍》為輔佐，貫連「新五經」。

林教授可謂文武雙全、人文理工素養兼具的典範。他在美國深造，開發多類高科技尖端晶片設計技術，更擁有深厚豐富的文學造詣，研究範圍泛及《孫子兵法》、《文心雕龍》、《昭明文選》、《詩經》、杜甫、陶淵明、白樂天、陸游、八大山人及石濤藝術、氣象文學、地理歷史對文化文學的影響，以及道教文化於科技創新、中華文化對電影蒙太奇發明的影響等。

林中明父親林文奎是臺灣首任空軍司令，是對日抗戰時期的名將，曾率空軍從日軍手中接收臺灣。林中明受父親的影響，自幼飽讀兵法戰略，研讀《孫子兵法》不下三百次。每一次的閱讀會隨著能力及知識的累積產生新的領悟與感觸，甚至將其中的觀念運用至科技創新、環境策略及文藝創作等生活各層面。

他說，經典的書籍在每個時代中均能點出關鍵的問題，而閱讀經典之作，必須要反覆咀嚼。

他在演講「無所不在的《孫子兵法》」時，除探討兵家征戰之外，還論述其廣博深厚的涵養對於其他領域亦產生的廣泛而深遠的影響。他說，《孫子兵法》共六千言，背誦並非難事，但要瞭解個中含意，實非容易。他把《孫子兵法》濃縮成白話的十七個字：「用最少的時間、資源、廢熵，達到最大的效果」，並以之應用到各個看似迥異的領域。

從《孫子兵法》還可看出全球經濟的發展。林教授認為，在《孫子・地形篇》中可看到二千五百年前「戰國爭雄」的局勢如同今日全球化的趨勢，並延伸出地球是扁平的概念，金融流動的同時並創造出知識經濟。《孫子兵法》中亦提到，「知之者勝，不知者不勝」、「知彼知己，百戰不殆；不知彼而知己，一勝一負；不知彼，不知己，每戰必敗」。從中可以瞭解到「時間」是不能被創造及逆轉的，而「利潤」必須用力費時才能產生，而知識經濟就是時間的妥善處理，在時間掌握上若領先對手即可獲勝。

《孫子兵法》也經常運用在國際關係研究中，林教授引用《孫子・九地篇》提到的：「夫吳人與越人相惡也，當其同舟而濟，遇風，其相救也，如左右手。」這與歐盟駐華大使安博所言「在國際金融海嘯下，中外同坐一條船！」有異曲同工之妙。

《孫子兵法》於理工領域的應用方面，林教授以自己的專利為例，《孫子・九地篇》說：「是故始如處女，敵人開戶，後如脫兔，敵不及拒。」這個原理用在微電腦晶片，選擇性的「關閉」不用的部分，以節省能源，避免無謂的消耗，等到快要使用時，早一步通知正在「休息」的部分，到了要啟動時，

休士頓唐人街中華武術壁畫。

一切早已就緒，「動如脫兔」，一點都不耽誤時機。這個設計幾乎所有的高功能晶片，皆使用類似的方法，足見《孫子兵法》的哲理跨越時空，無往不利。

《孫子兵法》的應用應該是化破壞為生產，兵略並非一味破壞，《孫子兵法》提出「不戰而屈人之兵」，才是最高明，節約能源的戰略。林教授以日本武士宮本武藏為例，他在面對佐佐木小次郎的快刀、長刀的威脅下，他放棄不練，改刻木雕，而由他的一幅鳥棲長枝圖，便可知道他已悟出以削硬木長槳製成比小次郎更長的長刀，便可以先一步以數寸的距離擊碎小次郎頭殼的兵法戰略。中華文化很特殊的切入點，包括李世民，王羲之的老師衛夫人，曾國藩都用兵法解釋書法，齊白石論寫詩亦用兵法解釋之。

林教授認為，很多中外名人用許多不同的觀點來解釋兵家，卻沒有《孫子兵法》解釋的精闢。懂得「文」，懂得「武」，懂得美學藝術，才是一個平衡的人生。他提出：「二十一世紀人類最大的戰場，不在沙灘，不在平原，不在海洋，不在沙漠也不在太空，而是在個人心中的心靈戰場。最偉大的文明是『不戰而屈人之兵』，產生正向的力量，將鬥爭轉至和平，並且以這個最優雅平和的方式開拓二十一世紀。」

美籍華人略論《孫子》危機智慧

「9.11」事件是發生在美國紐約的人類有史以來最大規模的恐怖事件，造成了全球性的危機，至今還在持續發酵中。中國孫子兵法研究會理事、美籍華人許巴萊博士感歎，三十多年來，世界又經歷了多少次戰爭？人類又度過了多少次危機？《孫子兵法》在危機處理方面的謀略，仍然適用於二千五百年後的今天。

許巴萊祖籍安徽合肥，1952年生於臺灣臺南，畢業於空軍軍官學校，曾任戰鬥機飛行員四年。他在努力學習現代科技的同時，研讀《孫子兵法》、《周易》、中醫理論、素書、陰符經以及桐城派古文法。他以第一名的優秀成績考取公費留學赴美進修，獲得美國密西根州立大學系統工程博士、運籌學碩士、計算器工程碩士、企業管理碩士。加入美國國籍以後，當選北美州移動通信網絡標準委員會主席，並成為美國出席聯合國國際電聯在日內瓦的談判代表。

在美國商學院，許巴萊潛心研究「國際談判的模式與技巧」，對《孫子兵法》「不戰而屈人之兵」的實務操作體會尤深。通過一系列磨練，踐行了他那中西合璧、縱橫捭闔的國際談判技巧。在旅美期間，他雖然從事高科技研發與投資管理工作，但隨身攜帶著那幾本發了黃的哲學與兵法古籍，不遺餘力的推廣與普及中國文化，曾在紐約、華盛頓特區、丹佛等大都會向科技界、教育界、工商界人士授課，介紹《易經》與中國古代兵法。

許巴萊認為，《孫子兵法》無論是做為世界軍事寶典還是人類智慧之書，完全能夠運用在處理恐怖和危機事件上。孫子提倡「不戰慎戰」、「智謀取勝」，是戰略家所能達到戰略目標的最高境界。運用《孫子兵法》處理危機，靠的不是武力，而是智慧。運用謀略和談判，保持各國互相之間既競爭又合作的關係，避免動輒發動戰爭，維護國際社會的和平與安全，是防止和避免恐怖活動滋生和蔓延的有效途徑。

孫子在〈謀攻篇〉中說：「上兵伐謀，其次伐交，其次伐兵，其下攻城。」「9.11」事件發生前，強國與弱國發生衝突時，強國是以絕對優勢的空軍，輪番攻擊弱國的城市與設施，用的是「其下攻城」的下策。在「9.11」事件發生後，強國再次出兵攻打另一個支持恐怖份子的國家，也是用了下策。在無法有效地消滅恐怖組織的情況下，強國才展開一連串的外交斡旋活動，以爭取國際支持。這些攻城舉措，嚴重違背了孫子處理危機的原則。

孫子在〈用間篇〉中說：「非聖智不能用間，非仁義不能使間，非微妙不能得間之實。」孫子非常重視用間，特別強調用間的重要性。恐怖活動帶來的新的危機，令全世界為之震驚。然而，恐怖活動有許多前奏動作，有許多蛛絲馬跡，具有情報優勢的強國居然毫無察覺，不能不說是在用間上的嚴重失策。具有諷刺意義的是，在「9.11」事件發生前幾年，恐怖分子的首腦還接受過被攻擊國家的特種作戰培訓。

許巴萊指出，如果遵循《孫子兵法・謀攻篇》「上兵伐謀，其次伐交」的原則，可能恐怖份子還不至於要用這種非常激烈的恐怕手段來抗爭，結果「反恐反恐，越反越恐」；如果按照〈用間篇〉「故明君賢將，能以上智為間者，必成大功」的教誨，提前部署好用間，也可以事先獲得預警，而避免造成如此重大的傷亡；如果國際社會的成員都能遵循孫子「慎戰」思想，能夠把謀略做為上策，而不要一味通過武力來解決爭端，也能有效控制恐怖活動的蔓延。

美籍華人許巴萊博士。

我們應該學習偉大軍事家孫子那超越時空的危機處理智慧，體會孫子高超的思想內涵，以嚴謹的態度研讀《孫子兵法》，以審慎的心情實踐危機處理的原則。每每讀到那句「兵者，國之大事，死生之地，存亡之道，不可不察也」，就彷彿聽到時光隧道中，世界兵聖的大聲疾呼，縈繞在心中，久久不能釋懷。許巴萊動情地說。

唐人街成傳播中國國粹「窗口」

曼哈頓唐人街成為中華文化在紐約的一座「橋頭堡」，三藩市唐人街「以不變應萬變」的氣場弘揚孫子文化，蒙特利爾唐人街的牆壁上繪有「吳宮教戰」的巨幅壁畫，維多利亞唐人街牌樓上醒目地刻著語出《孫子兵法》「同濟門」三個鎦金大字，溫哥華唐人街是華人在北美奮鬥百年歷史的活化石，充分彰顯了《孫子兵法》「合利而動」的戰略思想……

歐美華僑華人稱，中國人走出去了，中國文化走出去了，但是沒有走出唐人街，包括儒家學說、兵家文化在內的中國傳統文化還是在華人中間流行。唐人街是延續著中華文化的「小中國」，是傳播中國國粹的「窗口」。可以說，在海外，唐人街代表著中華文明、中華傳統。

紐約唐人街有孔子大廈、林則徐銅像、華裔軍人忠烈牌坊、華人博物館。在這個華人世界裏，開車可以聽到中文廣播，晚間看的電視是中文電視，餐館裏播放的音樂是中國的，無處不在傳播中國的文化，中國的形象，中國的聲音。唐人街許多街口書店和報攤，出售來自中國各種書籍和報刊，《孫子兵法》等各類中文書籍琳琅滿目，甚至還有中國老版圖書。

在西方人眼裏，中國兵馬俑就代表孫子的形象，歐美翻譯出版的《孫子兵法》各種版本封面上常常見到中國兵馬俑的圖案，原因就在於此。2012 年，由三十多個當地藝術家製作的三十四座彩繪兵馬俑「駐」在溫哥華唐人街中山公園。在溫哥華一家豪華酒店的大堂裏，彩色的中國兵馬俑巍然屹立在正中，吸引無數外國客人觀賞，拍照留念。

蒙特利爾唐人街中華文化宮設有圖書室藏有上千冊儒家、兵家等中華文化書籍，櫥窗裏陳列著兵馬俑，美術館裏展出「運籌帷幄」等《孫子兵法》的書法。有人讚美說，蒙特利爾唐人街，到處都是濃厚的中國情趣，充滿了濃厚的中國文化氣息。它就像一座中國文化博物館，它宣傳和繼承著中華優秀文化，是西方人認識中國文化的「窗口」。

巴黎唐人街的華僑華人自豪地說，數千年間，《孫子兵法》在東土世界歷經朝代更替，從東方傳至西方，《孫子兵法》的影響力也從軍事延伸到政治、經濟、商業、哲學、生活等各種領域。而孫武則被後人尊為兵聖，其《孫子兵法》被奉為世界第一兵典。在孫子與他的《孫子兵法》身後，仍然帶給世人太多的神祕與故事：《孫子兵法》為何如此神祕偉大，成為宇宙間的曠世奇書？

倫敦唐人街區裏會聚了八十多家中餐館，還有食品超市、書店、理髮店、華文媒體、華人諮詢機構、中醫診所、旅行社等，形成一個完整的華人小經濟產業鏈。而龐大的中國留學生隊伍的加盟，使這個產業鏈越來越大，越來越堅固。兩者親密無間，互相依存，相救相助，正如孫子在〈九地篇〉中說：「當其同舟而濟，遇風，其相救也如左右手。」

兵法、易經、八卦、太極、武術、圍棋，澳洲學者更願意從包括兵家文化在內的中國傳統文化角度來解讀澳洲唐人街。澳大利亞學者稱，《孫子兵法》做為兵學聖典，二元結構的圓融和諧的統一思想通貫全書，揭示了矛盾雙方相互對立、相互依存、相互轉換的關係，形成了獨特而豐富的和而不同的哲理。而孫子的這一哲學思想在澳洲唐人街得到了完美的詮釋。

三藩市孫子研究學者認為，《孫子兵法・軍爭篇》提出從事戰爭的目的是為了「掠鄉分眾，廓地分利」，就是要保全

坐落於美國紐約曼哈頓區的唐人街。

本國民眾的利益。華人華僑在海外開土拓境，則需分兵扼守。要權衡利害得失，懂得正確運用變迂遠為近直的策略者就能勝利，這就是軍爭所應遵循的原則。唐人街的變化似乎不能避免，但三藩市唐人街以不變應萬變，固守陣地，堅守傳統，延續文化，充分體現了孫子的這一戰略原則。

一位在曼哈頓唐人街長大的華裔女孩說，唐人街有著不容替代的重要作用：保留中華文化，中華文化的基礎是漢語和漢字。中華文化怎樣才能夠代代相傳？是唐人街解決這個難題。唐人街堅持講中文，看中文，讓他們的子女在家裏說中文。可以說，唐人街既是中華民族在海外的落腳點，也是中華文化在海外的保留地和生長點。而靠居住在美國人社區的華人家庭來傳承中華文化是很難的。

紐約唐人街地理優勢有利華人發展

「當你走入紐約格蘭街地鐵站，乘扶梯上樓後看見街上景色，很可能會感覺穿越到異國了。這就是紐約唐人街的心腹地帶，好像是遠離曼哈頓的另一個世界。」這是發自《每日電訊報》的報導。

報導稱，自 1890 年起，這裏就被稱為唐人街，1900 年人口普查數據記錄共有 6,321 名華人居住在此。現在，唐人街上共居住著超過 56,000 名亞裔，估計其中 95% 為華裔。亞裔社區不斷蓬勃發展、亞洲企業在金融區置地、亞裔移民紛迭而至，長期做為移民之家的唐人街很難被人遺忘。唐人街不僅是一座遠離曼哈頓的「世外桃源」，同樣是與時代廣場、百老匯和自由女神像齊名的紐約標誌。

紐約唐人街之所以「很難被人遺忘」，是因為坐落於美國紐約曼哈頓區的唐人街，距紐約市政府僅一箭之遙，與聞名世界的國際金融中心華爾街也近在咫尺，又毗鄰世界表演藝術中心的百老匯，優越的地理位置使她在紐約有舉足輕重的地位，非常有利華人華僑在此長期發展。

《孫子兵法・地形篇》從軍事地理學和軍事地形學的角度，論述了戰略地形的重要性。在戰爭中合理地利用地形的優勢是克敵制勝的一個重要條件，它同樣也適應於做為華人企業和商業主要聚集地的唐人街。凡用兵貴先知地形。占據戰略位置，無論是在戰場上還是商場上，都具有舉足輕重的地位。

歷盡百年滄桑的紐約唐人街，一直是紐約華人最重要的商業活動中心，其中最早的華人店鋪可以追溯到十九世紀中葉。事實上，這裏也是除亞洲之外海外華人最早設立起來的華人商業街之一，已經成為美國最大的華裔人口居住地。

近二十年來，紐約唐人街的地理優勢充分顯現。曼哈頓下城的老唐人街，地盤擴大了，往北越過了運河大道，進入以前是義大利人天下的「小義大利」；往東占領了以前比較冷清的東百老匯大街。從曼哈頓下城短短三條街發展到今天遍布三大區一百多條街的五個華人社區，面積超過 4 平方公里，華人已達 80 萬之眾，已形成 4 座中國城和 10 個華人社區。

紐約唐人街的擴容也輻射其他唐人街。在皇后區的法拉盛，紐約「第二唐人街」規模和人氣飆升，在布魯克林區第八大道的「第三唐人街」和在皇后區艾姆赫斯特的「第四唐人街」也已經初具規模了。

在紐約唐人街住了二十多年的李先生告訴記者，唐人街的這些樓房一大半都有一百年左右的歷史。因為地處鬧市，生活非常方便，所以很多華人還是願意居住在這裏。 一家房屋仲介的銷售員王先生認為，紐約唐人街毗鄰華爾街等幾個繁華街區，新樓盤的出現讓唐人街也分享曼哈頓的房地產熱，而這些新建樓宇大部分是被華人買下的。

紐約市立大學亨特學院圖書館館員譚婉英出版了《紐約唐人街》，她認為，與其他國家的華人有些不同，紐約的華人遍布全市，並不一定要聚居在同一社區，現時唐人街的商業性遠大於居住功效。

據美國媒體報導，紐約唐人街附近正計畫建設一座名為「中山中心」的超級摩天大樓。該建築高達 128 層，將實現「年收益超過 3,000 萬美元地產稅」和「數十億美元的營業稅」。

如此得天獨厚的地理位置，註定了紐約唐人街的現代化趨勢似乎已經不可避免。有媒體預測：也許有一天，開發商們會為地處世界金融中心華爾街邊緣的樓盤打出廣告，驕傲地寫道：「位於曼哈頓唐人街」。

三藩市唐人街百年不變的中國夢

有遊人稱，三藩市唐人街之所以引起強烈的好奇，是因為它那種「以不變應萬變」的氣場。記者來這裏也有同感。千古兵家第一奇書《孫子兵法》，將神鬼難測、千頭萬端的戰爭總結出各種規律，以不變應萬變。真正的高手，隱匿於市井之中，那裏才是藏龍臥虎之地，三藩市唐人街的華人正是這樣的高手。

位於美國西海岸三藩市，這片被海水環抱的狹長土地上確實很「潮」：這裏有 IT 之都矽谷，出了蘋果教主喬布斯；這裏是披頭族、同性戀者的大本營和嬉皮士運動的發祥地；這裏又是美國自由言論運動和性解放運動的發源地之一和潮流匯集地。然而，就是在這樣一個「新潮城市」的心臟地帶，有一個百年不變的城中之城，那就是三藩市的唐人街。

美國三藩市的唐人街。

三藩市的唐人街共有十六條街口大約有十萬餘名華僑居住，為亞洲之外最大的華人社區，也是全美最大的唐人街。這裏所寫的所聽的都是中國語，所見的都是掛滿中國大紅燈籠和中文招牌，所品嘗的都是正宗的中國味道，所感受的都是濃濃的中國傳統文化風，這裏宛然成為「中國以外的中國」。

走進三藩市唐人街，但見街上的建築物頂端、街燈和電話亭都狀如寶塔，勾畫出典型的中國氛圍。唐人街上至今保持前店後住，下店上住的中國傳統格局。中國貨是唐人街永恆不變的烙印，中國風是唐人街永恆不變的標記，中國文化是唐人街永恆不變的主題。

最不變的是三藩市唐人街華人華僑的中國心、中國情、中國夢。他們在不斷融入美國主流社會的同時，「不忘本，不忘根」。有人評價，「三藩市唐人街是東方巨龍的化身，是一張散發著華夏民族魅力的窗口」。

1931 年，「九一八」事變的消息傳到美國時，廣大華僑「願為後盾」，組織了「拒日救國會」。1949 年，新中國成立的喜訊傳來，三藩市華工合作會不畏阻礙，連袂各團體隆重舉行慶祝大會。六十多年來，無論祖國遭受百年不遇的水災、風災還是地震，三藩市僑胞都會慷慨解囊，這種同胞親情從未隔斷。2013 年春節，三名年過花甲的「三代」移民聯手推出名為《故鄉情》的展覽，勾起華人華僑的家鄉情、中國夢。

唐人街由華人開的會館、堂所特別多，有超過兩百個堂所、同鄉會、協會、華人服務社，皆以中華文化這一紐帶聯繫起來，是華人聯誼交流、瞭解家鄉、支援家鄉的資訊中心。這裏的公共圖書館及多間大小書店，包括《孫子兵法》在內的中華典籍琳琅滿目，種類繁多，不但成為華人尋求知識的寶庫，也是華人華僑中國夢的寄託。

自從 1919 年第一間晨鐘中文學校在三藩市唐人街開辦以來，各社團相繼成立了多間中文學校，讓華人子女入學攻讀，向他們灌輸中華文化，主要是希望子女不要忘記自己的根源來自中國。中醫界組織了中醫聯合總會、針灸醫師公會、中藥聯商會、中醫跌打傷科協會、中醫政治聯盟等團體，傳承中醫文化。

中國文化中心舉辦華裔美國人的各種展覽，美國華人歷史博物館收藏了一流的美籍華人工藝品，陶瓷店裏象徵中華文明的中國陶瓷貨品齊全，陶器造型千姿百態，有關公、岳飛、孫中山、毛澤東等古今著名兵家人物像，也有少林武術隊雕像。由三藩市中華總商會組織的農曆新年大巡遊每年都引起轟動，當地居民和來自世界各地的遊客觀賞這場全美最大的新春慶祝巡遊活動，感受中國的傳統文化。

三藩市孫子研究學者認為，《孫子兵法・軍爭篇》提出從事戰爭的目的是為了「掠鄉分眾，廓地分利」，就是要保全本國民眾的利益。華人華僑在海外開土拓境，則需分兵扼守。要權衡利害得失，懂得正確運用變迂遠為近直的策略者就能勝利，這就是軍爭所應遵循的原則。唐人街的變化似乎不能避免，但三藩市唐人街以不變應萬變，固守陣地，堅守傳統，延續文化，充分體現了孫子的這一戰略原則。

芝加哥唐人街開啟中國智慧之門

美國芝加哥新唐人街入口處建有一座中國式大牌樓，牌樓兩側分別開啟了「智門」和「慧門」，用中英文書寫， 雕樑畫棟，十分醒目。匾額下方左右兩側有中國四大發明、中國傳統文化等雕刻，唐人街牆上繪有「運籌帷幄」大幅標語，商店裏孔子、老子、諸葛亮等中國古代智慧人物工藝品栩栩如生。

芝加哥唐人街是美國東部規模最大、最繁榮的唐人街之一，也是芝加哥最有活力的地區之一。靠近芝加哥市中心區的克拉克街，又稱第一唐人街，後擴展到隔一條馬路的第二唐人街。這裏屹立著許多年代久遠的歷史建築，見證了華人華僑融入當地社會的歷史過程，見證了華人華僑豐富的歷史和文化，也見證了華人華僑的勤勞和智慧。

早期移居海外的華人，是當地的少數民族，面對陌生嚴峻語言文化大相逕庭的新的生活環境，需要聚居一起，以便同舟共濟、相互協助。芝加哥美洲華裔博物館展出芝加哥最先出現的中國餐館使用的糖碗，華人賀歲時穿著的傳統服飾，充滿中國情調的楠木傢俱和刺繡掛畫，上世紀 30 年代密西根州本頓港惟一的一家華人洗衣館，以及多幅珍貴的老舊照片，講述了華人華僑勤勞智慧的故事。

如今，芝加哥唐人街不但不失中國的傳統文化氣息，而且也具有現代文明的氣息。小巷是芝加哥唐人街最有特色及歷史風貌的街巷，這裏居住著很多華人移民，保留著中國的文化韻味。因為這條小巷極富年代感，連好萊塢的大片都會專門到這兒來取景。芝加哥唐人街的胡同清靜而樸素，飄出的仍是一股悠悠的中國風。

芝加哥公立圖書館唐人街分館，面積一千多平方米，收藏

芝加哥唐人街的智慧之門。

了不少中英文書籍，僅雜誌就有兩百種。芝加哥老城唐人街有一家出售中國大陸圖書的書店，門庭若市。書店最醒目的位置擺放的是《孫子兵法》、《中國人的智慧》等有關中國傳統文化的書籍。

在芝加哥唐人街，經常從這扇「智慧之門」裏透出華人華僑智慧的光芒。據報導，美國伊州財長羅德富自 2010 年 11 月宣誓就職以來，造訪了芝加哥華商會、中華會館以及芝加哥唐人街的七家銀行，他談到華裔一向善理財，讓他留下深刻的印象。另據報導，芝加哥唐人街一家廚師培訓課程 CASL，教授的課程可以讓學生瞭解不同文化的差異，已經培養出 1,400 名學生，約 70% 的畢業生在六個月內找到工作。

在芝加哥唐人街餐館中，一系列以「老」字開頭的老四川、老北京、老上海、老友聚和老湖南，十分引人注目。這 5 家「老」字型大小餐館屬於同一個人，他就是美籍華裔人士胡曉軍。他在美國開飯店開出智慧，開出學問。胡曉軍說，中餐烹飪是科學，是藝術，是文化，必須在創新的同時保持中餐傳統。他在芝加哥一家電視頻道介紹學做中國菜節目，還在芝加哥市政廳和美國西北大學講中餐，在美國精彩演繹中餐文化。

目前，芝加哥唐人街正在開啟新的「中國智慧之門」，拉開了「華埠遠見計畫」的序幕，並發布帶有「請分享您希望看到的 2040 年的中國城的景象」字樣的明信片。芝城華商會新任執行理事簡英彬似乎無所不在，各種不同的文化在她的組織下都能統一融合。她的「合和」理念也充滿孫子的智慧：「提供人與企業連接的平臺，共同發展，是促進芝加哥商業社區前進的唯一方法。」

美國孫子研究學者稱，《孫子兵法》是智慧之法，是全世界的智慧寶庫。芝加哥唐人街開啟中國智慧之門，彰顯了中國人的大智大慧。一部唐人街的歷史，既是海外華人華僑的奮鬥史，也是中國人智慧的開創史。

貴在變通的美國休士頓唐人街

休士頓有新舊兩個唐人街，舊唐人街在市中心附近，而新唐人街位於休市西南區的百利大道。隨著華人的數量和居住位置幾經變化 ，唐人街一切都在悄悄地改變著，印證了《孫子兵法・九變篇》所說的「故將通於九變之地利者，知用兵矣」。

上世紀 90 年代，休士頓唐人街開始從舊中國城轉移到新商業區。於是，新的唐人街不斷擴展，這裏聚集的新一代華人，很多是原來中國國內知識界和工商界的精英，他們對《孫子兵法》等中國傳統文化頗為精通，充滿智慧，善於謀劃，以自己獨特的方式試圖減小唐人街在美國的落差，朝著國際化的經濟發展目標邁進，成為全美第四大城市頸上的一串具有東方風格的璀璨寶珠。

入夜，記者來到休士頓唐人街，為了這與眾不同的場面感到震撼。這裏彷彿中國的一座不夜城，有五、六個繁華街區，霓虹燈閃爍著五彩斑斕，以廣場命名的商務生活中心如：頂好廣場、黃金廣場、世紀廣場、名人廣場、敦煌廣場鱗次櫛比，惠康超市、百佳超市、王朝超市、大華超市、越華超市、 黃金超市、陽光超市的中國商品琳琅滿目， 實在讓人懷疑這裏到底是否美國領土。

休士頓唐人街最亮麗的風景莫過於林立的十幾家銀行，其中尤以首都銀行、亨通銀行、第一國際銀行、德州第一銀行、中央銀行、富國銀行、美南銀行等華人銀行占據主導的位置，百利大道此段因此被視為美國德州南部的主要金融中心之一。

休士頓唐人街是僑社集中的場所，這裏中國人活動中心、中華文化服務中心相繼購買了新的辦公場所，華夏中文學校、

休士頓唐人街一角。

慈濟中心、盛世公寓、幸福公寓、漢明頓公寓、安良工商會大樓，構成了唐人街的人文中心。2000 年起，新唐人街華文媒體也進入一個發展旺期，四家電臺、十多家平面媒體在此展開競爭。

記者發現，休士頓唐人街的醫療中心、醫院診所、中藥房也是唐人街中最多最全的，檔次也很高。牙科、內科、婦科、兒科一應齊全，環境和設備都很好，有一大批醫術較高的華人醫生。華人華僑及探親家屬在休士頓，很多人選擇到這裏找醫生看病。

新唐人街經過多年的發展，不僅比早期的舊中國城規模擴大了十倍以上，內涵也因此完全不一樣了。西爾頓花園酒店氣勢恢宏，電影院拔地而起。從老夏普頓城到西夏普頓再到百利大道這樣一個範圍裏，形成了一個以亞洲文化為主要特點的多元文化的生活區域，有八十多種語言在這個區域裏通行，是整個大休士頓地區最有「國際代表性」的區域。

「休士頓唐人街變大變新變美了」。新華人俞小姐自豪地對記者說，這裏華僑的房子是一家比一家好，車是一輛比一輛高級，最新款最流行的，賓士、寶馬、保時捷，應有盡有。華人加盟的二十一世紀地產公司、聯合地產公司，給華人們展示了一幅正在畫著的最新最美的圖景。

美國華人《孫子兵法》研究學者認為，孫子在〈九變篇〉中說：「凡用兵之法，將受命於君，合軍聚眾，圮地無舍，衢地交合，絕地無留，圍地則謀，死地則戰」。用兵貴在變通，通曉變化之術，方可為將為帥，若不識此術，縱然曉查地形之別，終不能為我所用，何談借「形」為「勢」而獲勝？唐人街的發展亦然，離不開一個「變」字。

加拿大篇

《孫子》在加拿大研究傳播甚廣

《孫子兵法》在北美洲的加拿大傳播甚廣，湧現出在美國哈佛大學的加拿大學者江憶恩、在夏威夷大學哲學系教授加拿大學者安樂哲、加拿大學者貝淡寧、加拿大麥克馬斯特大學副校長陳萬華、加拿大維多利亞大學政治系教授 Robert E. Bedeki 等一批高層次的孫子研究和傳播的知名學者。

江憶恩 1981 年畢業於加拿大頂尖名校多倫多大學，獲國際關係和歷史學學士學位，後到美國獲得政治學博士，在哈佛大學擔當中國外交和東亞國際關係研究和教學任務。他曾來中國參加孫子兵法國際研討會，發表他對孫子戰略思想的獨到見解。

江憶恩認為，前輩學者們認識到中華文明自古以來有一套獨特的戰略或戰爭思想，但是他們的理解過於單薄而且片面。他們對孫子「不戰而勝」的思想和傳統儒家摒棄暴力的一貫主張印象深刻，認為和西方對技術、火器和攻擊性、毀滅性戰爭的偏好相比，中國的戰略文化更傾向於使用外交手段與敵人周旋，不到萬不得已絕不使用暴力。

加拿大學者安樂哲翻譯了《孫子兵法》、《孫臏兵法》、《孫臏兵法概論》。他的英譯本依據銀雀山漢墓出土《孫子兵法》竹簡本底本，在一些核心範疇和重點論述上花費了很多功夫，力圖對西方傳統的翻譯進行糾偏和重解，使該英譯本更符合孫子的原意。

1989 年，加拿大麥克馬斯特大學金融、工商經濟學教授陳萬華，與南開大學兵學文化和軍事研究和管理學系知名教授陳炳富合作撰寫了《孫子兵法及其在管理中的一般應用》英文版讀物，比較系統地闡釋了中國古代兵學對現代經濟與管理方面的巨大作用，推動了孫子文化在全球商業領域的傳播和應用。

具有寓意的是，這一年恰逢中國孫子兵法研究會成立和舉行第一屆研討會。兩位作者在「導論」中指出，《孫子兵法》不僅是一本論述戰略管理的書，而且是一本涉及成本管理、銷售學以及人生哲學和通過競爭取勝的書。儘管孫子談的是有關軍事問題，但其論述有著極大的普遍意義，他的理論和原則涵蓋了廣闊的時間和空間，因此完全適用於任何類型的商業活動。

該書根據孫子「十三篇」，結合現代商業活動特點，提出了《孫子兵法》在管理中一般應用的6項原則:最大最小原則，即以最小的人員和資金投入的成本取得最大的有效產出；激勵原則；時間和效率原則；適應環境變化的原則；情報原則；組織原則。關於組織原則，孫子曰「道者，令民與上同意也。」對此，諾貝爾獎得主西蒙教授表示贊同。

加拿大維多利亞大學政治系教授 Robert E. Bedeski，也在孫子兵法國際研討會上發表了《孫子與做為國家戰略的人類安全》的論文。加拿大學者貝淡寧，現為清華大學倫理學和政治

渥太華書店出售的英文版《孫子兵法》。

哲學教授，他在清華開設「戰爭倫理」課程，應用中國的古典哲學講《正義與非正義戰爭》。

曾任加拿大駐中國使館文化參贊、在加拿大從事中文教學和中國文化研究三十多年的著名漢學家王健，對中國在成功進行改革開放的同時繼承並弘揚傳統文化表示讚賞。他認為，中國文化的魅力太大，世界上沒有別的古老文明像中華文明這樣延續幾千年，仍然具有強大的生命力。

王健建議中國文化部門向國外人士重點介紹中國的武術等表演形式。他說，隨著中國經濟力量越來越強，人們對中國文化的興趣也越來越大，而中國文化博大精深，其內在美可以為世界各民族所認同。

2013 年 5 月，孫武後裔、加拿大皇家科學院院士孫靖夷來到《孫子兵法》誕生地蘇州，祭拜了孫武墓，考察了當年寫傳之後世的兵學聖典的穹窿山茅蓬塢、孫武書院和吳宮教戰的二妃墓等孫武遺跡。

孫靖夷在接受記者採訪時表示，孫子非常偉大，他是一個站住世界兵學顛覆的高人。現在全世界都在研讀《孫子兵法》，並應用於各個領域，做為孫武的後裔我為之驕傲。他在加拿大買了各種版本《孫子兵法》，也在研讀。

加拿大把《孫子》做為經典哲學推崇

加拿大學者沒有純粹把世界第一兵書《孫子兵法》做為軍事理論，而是做為經典哲學加以推崇。加拿大學者稱，攻與守，虛與實，利與弊，治與亂，勇與怯，強與弱，《孫子兵法》所揭示的哲學思想是豐富而深刻的，具有很強的實踐性，對世界的哲學、文化產生了厚重而深遠的影響。

在當代西方漢學界和哲學界，安樂哲是最響亮的名字之一。安樂哲 1947 年生於加拿大多倫多，現任夏威夷大學哲學系教授、國際《東西方哲學》雜誌主編、英文《中國書評》雜誌主編，曾長期擔任夏威夷大學中國研究中心主任，醉心中國文化、潛心中國哲學。他是西方《孫子兵法》哲學思想的主要「推手」。

安樂哲致力於中西比較哲學研究。在他的新作《自我的圓成：中西互鏡下的古典儒學與道家》一書的序言中，安樂哲寫道，在哲學方面，「中國正在走來。」就如同正在逐步擴大的經濟政治影響力，中國哲學也正在逐漸地走向世界，逐漸為更多人所推崇。

安樂哲翻譯的中國哲學經典有《孫子兵法》、《孫臏兵法》、《孫臏兵法概論》等，英譯本所依銀雀山漢墓出土《孫子兵法》竹簡本底本。在一些核心範疇和重點論述上，安樂哲花費了很多功夫對西方傳統的翻譯進行糾偏和重解，力圖避免語言的原因帶來的誤讀。

他說，中國哲學要求一種終身的學習和修為，學習的過程也是受教化的過程。他對中國哲學獨特的理解和翻譯方法改變了一代西方人對中國哲學的看法，使中國經典的深刻含義越來越為西方人所理解。他為推動中西文化交流、尤其是中西哲學思想的對話做出了卓越的貢獻。

在美國哈佛大學的加拿大學者江憶恩，選擇了包括《孫子兵法》在內的「武書七經」進行論述分析，因為這些經書糅合了儒家、法家和道家的治國之道，可謂是中國古代哲學思想的正統；又因為明太祖提倡「軍官子孫，講讀武書」，使之成為必讀書目。1995 年，他寫過一本講明代戰略文化的書，認為西方人一直有個印象，中國傳統，重視戰略防禦，崇尚有限戰爭。

江憶恩認為，鑒於華夏文明的延續性，中國是論證是否存在戰略文化和它對國家行為效應的最佳案例。為了保證戰略文化的延續性，他認為在研究所選擇的時間段裏，決策者應當受到中國傳統哲學經典和歷史經驗潛移默化的薰陶，唯有如此他們的戰略選擇才能體現出中國的戰略文化。因此，元、清兩朝因為是外族統治，不適合用來研究，兼顧到需要豐富的文獻資料，所以他決定以明朝為中心進行研究。

加拿大漢學家白光華經過東西方哲學的比較認為，中國文化傳統數千年來綿延不斷，並始終保持了自己獨特的文化風貌，這不能不說是一個奇蹟。因此，世界上也許只有中國才是具有最不同於西洋文化傳統的唯一的國度，是一個有著豐沃的哲學土壤的文明古國。於是，他系統地閱讀《老子》、《孫子》、《莊子》、《淮南子》、《荀子》等中國古代哲學典籍。

加拿大約克大學哲學系的歐陽劍教授，在加拿大因研究中國問題而有名，他為自己取了武俠意味濃厚的中文名字。他研究老莊哲學，開設了中西哲學比較的課程，包括《老子》、《孫子》、《莊子》在內的中國哲學的經典著作。他認為，

加拿大各大書店《孫子兵法》版本十分齊全。

加拿大是個很年輕的國家，需要向中國這樣有著幾千年智慧的國家學習。

加拿大象徵和平的「藍色」尚武文化

加拿大首都渥太華的中心高坡上有一片高大威嚴的歐式建築，這便是國會山莊，其最高的塔樓叫和平塔。在藍色的天空下，和平鴿在自由翱翔，現代的建築和古樸的城堡構成了一幅和諧的畫面。

1826 年，英國皇家工程兵中校約翰・拜在渥太華修建以軍事目的的里多運河，聯合國教科文組織對它的評語「它是美洲大陸北部爭奪控制權的見證」。現在藍色的里多運河成為著名遊樂中心。春、夏、秋三季可在河上駕駛遊艇，冬季則是「世界最長的滑冰場」，人們來到這裏欣賞她那四季迷人的風光。

加拿大的尚武文化是「藍色」的。藍色象徵和平，聯合國維和部隊就被稱為「藍盔部隊」，而聯合國維和概念的創始人正是曾於 1948 年至 1957 年擔任加拿大外長的萊斯特・皮爾遜。由於他的努力，蘇伊士運河爭端得以和平解決，皮爾遜也因此於 1956 年獲得諾貝爾和平獎。

渥太華和平塔下點燃和平聖火。

中國駐加拿大武官蔡平說，有意思的是，2006 年初，哈珀出任加拿大總理後不久，其政府官方網站的背景顏色由紅色變成了藍色。這是不是也可以理解為加拿大人的一種和平宣言呢？

「皮爾遜維和培訓中心」是為紀念皮爾遜為維和事業作出的貢獻而命名的，在近三十個國家進行特別巡迴授課，招生來自世界一百四十三個國家的學員，這些學員畢業後許多人成為國際維和行動的中堅。

「藍色」，是加拿大的特色。加拿大是一個三面臨海的國家，東臨大西洋，西瀕太平洋，北靠北冰洋，約有 24 萬公里的海岸線，是世界上海岸線最長的國家。因此，「藍色」戰略成為加拿大國家安全的關鍵。1997 年，加拿大政府頒布並實施了《海洋法》，使加拿大成為世界上第一個具有綜合性海洋管理立法的國家。

加拿大的國防政策與軍事任務規畫， 著眼於執行國際維持和平行動等軍事外交任務，建構一個為穩定、和平的國際安全環境，使加拿大得以免除國家安全威脅。因此，加拿大的國防任務與組織目標被賦予三項重要的角色：防衛加拿大；與美國共同防衛北美洲地區；維護國際和平與安全。

據《國際先驅導報》報導，維護全球和平與安全，這是「楓葉之國」加拿大奉行的外交政策宗旨。總人口僅三千多萬的加拿大，常備軍總計只有 2.4 萬多人，而部署在海外執行聯合國維和使命的加拿大陸海空三軍軍事人員就有 3,700 名。每天大約有 8,000 名加拿大軍人在圍繞維和使命轉，要麼準備出發，要麼正在海外執行任務，要麼剛從海外執行維和使命歸來。

除了軍人，民眾的維和意識也非常強。加拿大籍「和平使者」傑安 · 貝力弗，在沒有導遊、地圖的情況下，平均每天徒步行走 30 至 40 公里，沿路宣傳「促進和平與非暴力文化」。

他計畫用十二年時間完成徒步環遊世界的壯舉。

一名加拿大小夥子的名字頻繁出現在世界各大報刊的頭版上。他就是十九歲的大學生克雷格・基爾布格，他被提名角逐本年度的諾貝爾和平獎。

加拿大維多利亞大學政治系教授 Robert E. Bedeski，在孫子兵法國際研討會上發表了〈孫子與做為國家戰略的人類安全〉的論文。加拿大的國家安全觀主在參與國際維持和平行動，寄望維護一個穩定、和平的國際安全環境。加拿大以積極支持聯合國維和行動、國內犯罪率低以及政治穩定等被評為世界最和平國家之一，全球排名第八。做為國家戰略的人類安全觀，是中國的孫子宣導的。

中國《孫子》飄紅「楓葉之國」加拿大

在加拿大各大城市的書店、機場、圖書館，各種版本的《孫子兵法》都能找到，以兵家文化為主題的尚武活動也在該國開展的豐富多彩。正如中國駐加拿大武官蔡平所說，「楓葉之國」加拿大孕育著別樣的尚武文化。無論是過去、現在，還是將來，這種實實在在的尚武文化都影響和塑造著加拿大的民族特性。

位於多倫多市中心登打士街上的康樂武館，這間已經有四十八年歷史的華人武術館，總武術師雖然還是華人，但其中的武術教練們，則已經是加拿大各族裔人士了，到武館學習中華武術的「洋面孔」越來越多，顯示中華傳統文化在加拿大的落地生根。

在溫哥華一家豪華酒店的大堂裏，彩色的中國兵馬俑巍然屹立在正中，吸引無數外國客人觀賞，拍照留念。因孫子還沒有像耶穌那樣全世界公認的「標準像」，在西方人眼裏，中國兵馬俑就代表孫子的形象，歐美翻譯出版的《孫子兵法》各種版本，封面上常常見到中國兵馬俑的圖案，原因就在於此。

地處金斯頓市安大略湖的一個半島上，擁有一百多年歷史占地 41 公頃的加拿大皇家軍事學院，主要為加拿大國防部培養軍事指揮官、軍事戰略研究人才和軍事工程技術人才，是北美與美國西點軍校齊名的軍事學院，兩校之間每年有大量的校際學生交換及校際競賽等活動。

該學院一名在讀的本科生軍官告訴記者，美國西點軍校學《孫子兵法》很出名，我們學院的教學重點是軍事戰略研究、戰爭研究和軍事心理學與領導學，《孫子兵法》的戰略思想對我們很重要。從 1885 年的平叛作戰、南非戰爭，到一戰、二戰和海灣戰爭及如今的維和行動，我院畢業生都表現出卓越的才能，這要感謝中國二千五百年前的孫子對我們的影響。

加拿大皇家軍事學院。

加拿大地方校園也吹「中國風」，傳統文化受歡迎。渥太華市沃斯伯羅私立學校舉辦中國文化節活動，校園裏張貼了許多介紹中國的海報，學校在圖書室裏特別設立了展臺，展示中國儒家學說和兵家文化的各種圖書，還同時播放 DVD 介紹中華傳統文化。

由 30 名青年學生

組成的加拿大童子軍 2012 年在中國進行了為期兩周的參觀交流。童子軍成員尼古拉斯 · 皮爾森說，訪問西安讓我感到驚喜和震撼，兵馬俑背後的故事讓我非常興奮。

如今，《孫子兵法》在加拿大傳播日趨廣泛， 湧現出江憶恩、安樂哲、貝淡寧、白光華、歐陽劍、陳萬華等一批高層次的孫子研究、翻譯和傳播的知名學者，並正在北美興起一股前所未有的「孫子熱」。

中國駐加拿大大使章均賽說，中國文化成為加拿大「馬賽克式」多元文化中頗具分量的一塊。中國的快速發展增強了中國文化的吸引力，越來越多的加拿大人努力通過文化這一民族之魂瞭解中國，加拿大學者甚至試圖從中國文化中尋找對中國發展奇蹟的解釋。

中國武官稱加拿大軍事與體育互相交融

無論是在陽光普照的夏季，還是在漫天冰雪的冬季，在加拿大各大城市和鄉村總能看到長跑愛好者和騎運動型自行車人的身影，這也是加拿大人最普及的運動方式。在公路上行駛的一輛輛轎車，車頂上大都載著滑雪工具。在酒吧裏體育明星的光彩照片，成為業主們炫耀的資本。林林總總的體育賽事海報，散落在各大城市的每個角落。

中國駐加拿大武官蔡平評價說，「強軍必先強體，強體重在健身」。自古軍事與體育互相交融。如果說保存完好的軍事古蹟與日漸完善的現代化軍事設施，在明處時刻提醒著加拿大民眾勿忘戰爭、重視軍備，那麼，形式多樣、內容豐富的體育活動則為這個國家血液中的尚武精神注入經久的動力，潛移默化地提升人口素質，強健民族體魄。

加拿大民眾間蔚然成風的體育鍛鍊氛圍，為加拿大軍隊遴選精壯士兵提供了廣闊的空間，而長期培植的體育精神又使加軍官兵在戰場上能夠積極適應環境、妥善應對挑戰。蔡平說。

加拿大舉辦過各種重要的國際體育運動比賽，如夏季奧運會、冬季奧運會、英聯邦運動會、泛美運動會和世界大學生運動會等，其體育運動不僅在世界上占有很重要的地位，而且在加拿大人的生活中同樣占據重要位置，經常參加體育活動的人占全國總人口的 54%。

加拿大冬夏兩季交替的特殊季節轉換形態，使該國民眾一生下來就要學會在生理上和心理上應對「冰火兩重天」的考驗。為適應環境，積極參與體育活動已成為加拿大人必要的生活方式。為度過長達半年之久的寒冬，加拿大人會選擇滑雪、滑冰等運動項目。此外，一些群眾性的體育活動，如：長跑、慢跑、散步、自行車、越野車、狩獵等，近年來都有廣泛的開展。

被譽為「國球」的冰球曾居世界之冠，最受加拿大人熱捧。冰球運動是多變的滑冰技藝和敏捷嫻熟的曲棍球技藝相結合，對抗性較強的集體冰上運動項目之一，兵法與競技相得益彰。比賽中每一回合的衝殺都充滿了身體的激烈衝突和對抗，真正體現了男子漢兇猛頑強的強悍氣概，其對加拿大人性格和身體素質的影響。

生活在冰雪國度的加拿大人，冰雪運動也可說是家喻戶曉，普遍地存在於人們的生活之中，也是普遍開展的運動項目之一。在加拿大，人們從小就接觸、參與冰雪運動，無論是學校還是社區，各種冰雪運動方面的組織十分健全，活動開展非常普遍，冰雪運動長盛不衰。加拿大的花樣滑冰協會是世界上最大的，擁有一千多個俱樂部，15 萬多會員。

夏季的到來，又為加拿大民眾的體育生活開闢了另一番天地。加拿大境內縱橫交錯的河道和波瀾不驚的湖面，為民眾開展水上運動項目提供了便利，各類船艇運動俱樂部應運而生。

加拿大街頭的體育健兒自行車巡遊。

渥太華龍舟節每年舉行一次，數百支龍舟隊參賽，男女老幼齊上陣，激戰於渥太華南端的綠色河道莫尼斯灣，場面蔚為壯觀，競爭十分激烈。

與兵法直接相關的中華武術和太極，也深受加拿大人的喜愛。多倫多成功舉辦十多屆世界武術錦標賽；溫哥華華人武術館學員爆滿，2012 年首屆加拿大國際武術節在溫哥華拉開帷幕，六百多名來自世界各地的選手競逐；加拿大梁守渝武術太極氣功學院成功舉辦「首屆世界著名武術家春晚」；加拿大首屆陳氏太極拳世界邀請賽在蒙特利爾隆重舉辦；加拿大政府聘請武術教練，來傳授外交官們如何應對突發狀況，外交官自衛班也將開課。

溫哥華冬奧會冰雪大戰「兵貴神速」

2009 年，國際奧會體育大會召開的首日，中央電視臺與國際奧會正式簽署了 2010 年和 2012 年奧運會協議，該協議的內容包括 2010 年溫哥華冬奧會中國電視轉播權。簽字儀式後，中央電視臺副台長孫玉勝給羅格主席準備了一部用絲綢繡成的《孫子兵法》。羅格主席非常喜歡，並向孫玉勝副台長表示他知道《孫子兵法》裏的一句名言「知彼知己，百戰不殆」。

不僅羅格主席知道《孫子兵法》，而且歷屆奧運會的教練員和運動員大都熟知以及應用《孫子兵法》，在 2010 年溫哥華冬奧會「從海洋到天空的比賽」的賽場上，加拿大運動員將孫子的「兵貴勝，不貴久」思想應用的爐火純青 。

2010 年冬奧會在加拿大溫哥華舉行，最終，東道主加拿大憑冰球、俯式雪橇、單板滑雪等項目，以 14 金 7 銀 5 銅完成賽事，除了成功登上獎牌榜首外，也成為歷屆冬季奧運中成績最傑出的主辦國，同時也是歷屆冬季奧運中取得最多金牌的國家。

冰球運動是多變的滑冰技藝和敏捷嫻熟的曲棍球技藝相結

2010 年溫哥華冬奧會主會場。

合，對抗性較強的集體冰上運動項目之一，集技術、平衡能力和體力於一身。冰球戰術有進攻、防守和以多打少或以少打多等戰術，戰術多變，極富競爭性。冰球更是一種高速而充滿衝撞的專案，在體育競技中速度最快的一種，最能體現《孫子兵法》的「兵貴神速」。

美加兩隊代表了世界女子冰球的最高水準，鏖戰爭分奪秒。加拿大在女子組決賽中隊員向出籠的老虎一樣組織反攻，並在自己少防多完成不到一分鐘內，由隊內頭號球星 29 號普林在高位抽射打對手上角得手，緊接著又在混戰中以迅雷不及掩耳之勢又打進一球，以 2：0 完勝美國。

加拿大與美國在男子組決賽之前，加拿大總理哈珀和美國總統歐巴馬也來湊熱鬧，並為比賽下注，輸的一方領導人將贈送對方一箱本國產傳統啤酒。美國隊在終場前 24 秒將比分追成 2 比 2 平，決賽拖入加時賽。當加時賽進行到 7 分 40 秒時，效力於北美冰球職業聯賽匹茲堡企鵝隊的加拿大球星克羅斯比一杆定勝負，攻入「金球」，加拿大隊絕殺美國隊，第八次奪得冬奧會男子冰球金牌。

同樣，俯式雪橇是一項以雪橇為比賽工具的冬運動項目，它的最高速度可達至每小時 130 公里，以最少時間到達的運動員為勝利者，時間的計算準確至百分之一秒。加拿大運動員約・蒙哥馬利在俯式雪橇賽事中，以 3 分 29 秒 73 的總成績奪得金牌，與拉脫維亞對手僅差 0.07 秒險勝，充分顯示了速度在體育競技中至關重要。

在戰場上，時間就是生命，速度決定勝敗，體育競技也是如此。單板滑雪比的就是時間和速度，運動員需要以最快的時間到達終點，經多次的對抗賽後，最後餘下兩位運動員，爭奪金牌。溫哥華冬奧會，加拿大運動員里克爾在女子爭先賽決賽首先衝過終點，為加拿大增添一面金牌；三十八歲的加拿大運動員安德森在男子平行回轉賽決賽率先完成賽事，再為東道主增添一金。

孫子研究專家認為，《孫子兵法》主張作戰應該速戰速決，見機先取，而不是待機不戰，貽誤戰機。曹劌論戰說過「一鼓作氣，再而衰，三而竭」，說明銳氣很重要，士兵戰鬥力缺乏就會不戰而敗，只有爭取到時間才能保證士氣一直高昂。戰場瞬息萬變，戰機稍縱即逝，必須第一時間取勝，而不可久戰。體育競技同樣如此。溫哥華冬奧會冰雪大戰加拿大榮登獎牌榜首，當歸功於運動員「兵貴神速」。

加拿大參議員胡子修論孫子與和諧

「雖然我們的文化背景和社會價值觀有所不同，但是人類社會的普世價值只有一種，那就是和諧發展。」加拿大聯邦參議員胡子修表示，加拿大華人華僑應攜手聯合，共同努力，爭取早日融匯到加國主流社會，為加拿大社會的發展奉獻我們華人華僑的聰明才智。

胡子修是中加商貿促進委員會主席、加拿大著名的華人領袖之一，2009 年因陪同加拿大總理哈珀對中國進行堪稱破冰之旅的國事訪問而享有中加民間大使的美稱。2013 年 2 月，胡子修被加拿大總理哈珀任命為加拿大聯邦參議員，這是繼利德惠之後第二位出任參議員的華裔。2 月 17 日，曾有逾千人群集於加拿大賓頓市文華餐廳為他慶賀，華社代表贈送他「移民楷模、華人之光」紀念牌一面。

胡子修詮釋說，人類社會的普世價值是全世界普遍適用的、造福於人類社會的最好的價值。普世價值不分地域，超越宗教、國家、民族，建立起人和人、國家和國家相處的辦法。《孫子兵法》蘊含著崇尚和諧的思想光輝，被東西方普遍接受，普世價值日益顯現。孫子「和合」思想對我們海外華人華僑思考如何融匯多元文化，融入當地主流社會，與當地公平競爭和諧發展，具有多方面的啟示意義。

加拿大聯邦參議員胡子修。

移居加拿大三十五年的胡子修，堪稱與當地社會和諧共存、共謀發展的楷模。他 1978 年移民加拿大，開始定居在密西沙加市，從事房地產投資和開發。他以卓越的商業奇才，創建了密市的地標式建築—密市最大的華人商業及社區中心黃金廣場。他連續兩屆當選為密西沙加市華商會的會長，目前仍是該商會的榮譽會長。

他帶領華商會融入當地主流社會，幫助新移民在密市發展事業，與當地多個機構開展交流專案。2005 年，胡子修率華商會與皮爾郡警方合辦「警民聯誼日」活動，透過多種方式向華人移民進行滅罪防罪的教育，吸引了萬人參加，甚是轟動。2009 年胡子修獲得移民部頒發的「傑出新移民獎」，是當年全國 11 名獲獎者中唯一的華人。

胡子修出任中加商貿促進委員會會長後，更致力於加中兩國企業的交流合作，積極地協助屬下會員在加中兩國創業和發展，幫助中國企業在加拿大拓展業務，融入當地的商業領域，並協助兩國很多知名的企業在當地成功地開設了分公司，如：中國銀行加拿大密西沙加市分行設立，中國海南航空公司多倫多航線的開通以及新奧能源在加拿大設立分公司等，在中海油收購尼克森過程中也積極推動。

胡子修指出，在加拿大的華人，有來自大陸、香港、臺灣的，也有來自東南亞的，還有的是從大陸出去到第三國後再來加拿大的。多年來形成了許許多多的華人社團圈子，但相互之間不相往來，這大大地分散了我們華人的力量。孫子提出的「同舟共濟」是逆境中相處的智慧，當今世界危機不斷，競爭不息，孫子的這一理念對海外華人華僑尤具啟發性。

胡子修認為，能夠移民來加拿大的華人，大多數都非常的聰明、努力、優秀，原先在各界都是精英人材，都熟悉中國的傳統文化。中國人最大的優勢就是老祖宗傳下的中華文化，是中國古聖先賢幾千年經驗、智慧的結晶。中國的《孫子兵法》，已超越中華文化圈在世界範圍產生了廣泛而深刻的影響，全世界都在應用，我們華人華僑更要傳承好，應用好。

胡子修鼓勵每一個移居加拿大的海外移民在這塊土地上努力奮鬥，用自己的聰明才智，追尋和實現自己的夢想。再獲選聯邦參議員後，他曾多次組織接待加拿大年輕華裔參觀國會，鼓勵年輕一代的華裔加拿大人積極參政，從而在加國政壇上發揮影響力。

加拿大皇家科學院士的「重智色彩」

記者來到蒙特利爾 Concordia 大學訪問了加拿大皇家科學院院士孫靖夷。今年七十二歲的孫武後裔、華裔科學家溫文爾雅，眉宇間飛揚著睿智的神采。他的辦公桌上放著三本《孫子兵法》，一本是美國紐約出版的，另一本是英國牛津大學出版的，還有一本是中國臺灣出版的。

「2015年5月，我剛和夫人去過《孫子兵法》誕生地蘇州，祭拜了孫武墓，考察了當年寫傳之後世的兵學聖典的穹窿山茅蓬塢，了卻了幾十年的夙願。」孫靖夷對記者說，做為孫武的後裔，我對這位二千五百年前的老祖宗很崇拜。孫子是大智大慧人，《孫子》十三篇「智」字出現了 72 次之多，充滿了「重智色彩」，成為全世界的智慧寶庫，我為之感到驕傲。

出生於廣東中山縣的孫靖夷教授，其傳奇人生也充滿了孫子的「重智色彩」。他六歲去了香港，1968 年從香港大學電機電子工程系碩士畢業，1972 年獲加拿大哥倫比亞大學博士學位。他擔任過本校計算器科學系主任、工程與計算器科學研究院副院長，是國際知名的華裔電腦專家和語音學專家。1986 年獲美國電子學院院士稱號，1994 年獲國際模式識別學會院士稱號，1995 年獲加拿大皇家科學院院士稱號。

孫教授陪同記者參觀了他的幾個實驗室，他指導的博士生來自世界各國，博士生論文集擺滿了整個櫃子。來自伊朗和阿拉伯的兩位女博士 ，正在接受他的指導，見到導師都畢恭畢敬。孫靖夷從助理教授到終身教授四十多年來，共培養和指導了碩士研究生 50 餘名，博士生 30 名，訪問學者 80 名，還有一大批本科生。孫靖夷認為，要使他們成為電腦領域的成功者，首先要成為一個高智商的「智者」。

孫靖夷還擔任模式識別和機器智能研究中心主任、模式識別雜誌社主編、國際模式識別協會（IAPR）顧問委員會成員，國際模式識別會議（ICPR）諮詢委員會委員和中國科學院模式識別實驗室諮詢委員會成員等職務。他應邀在包括中國在內的多國科研機構和大學開講座、搞科研、任兼職教授；發表文章五百餘篇，出版著作十一部，文獻被引用一千多次，是被引用頻率最高的科學家之一；曾參與創建了「國際中文計算器學會」，組織召開了多次國際學術會議。

孫靖夷告訴記者，他研究的課題是在所有資訊都不復存在的情況下如何去進行識別，而不是一橫一豎在電腦裏全能捕捉到的，因此遠比人們想像的要難得多，有的可能是史無前例的。孫子將才的標準把「智」放在第一位，高科技的競爭說到底是智慧與智能的競爭，這在電腦領域表現的尤為突出。

孫靖夷首創了盲人閱讀機器，是一臺能發出聲音的機器，解決了盲人閱讀問題，為電腦領域開創了一條新的路徑。爾後，又發展到軟體識別手書體，他的學生們的軟體可以識別法文、中文、阿拉伯文、波斯文等十幾種文字；從文字識別再發展到模式識別，像衛星拍攝的地球表面通過模式識別，可以確認哪個是道路橋樑，哪個是軍事設施；目前納入孫教授研究計畫的還包括對圖像的識別。

在孫靖夷看來，再先進的電腦，也離不開人腦。孫子最重視的是計算，故把「始計」做為開篇。因此，做為華裔電腦專家，要靠中國人的聰明才智。1979 年他發明了一套新的漢語國音系統，在瑞士出版了第一本關於電腦識別漢字的專著。為

孫靖夷收藏的各種版本《孫子兵法》。

揭示漢字語音規律，1986 年他又出版了一部專著。世界上研究漢語的人很多，但孫教授這樣對漢語進行全方位的解剖分析，還是第一個。

孫教授說，全世界近視眼出現的頻率非常高，而中國又是世界上最高的，13 億人口中有 4 億近視眼。為減少人類的近視率，我們正在對不同的印刷品字體進行研究，試圖找出比較容易看，能降低眼睛疲勞的字體。目前，孫靖夷研究的專案已經和中國的方正公司有了合作意向，準備設計出更加優化的字體。這項研究在中國尚屬首次。

孫靖夷在他兒子的家裏放了《孫子與智慧人生》、《孫子與企業管理》等六本《孫子兵法》。在與這位孫武後裔和知名華裔科學家一天的交流中，記者分明感到，《孫子兵法》這部千古智慧之書，不僅適用於現代戰爭，也適用於包括科技領域、社會生活領域在內的各個領域。它能穿透人類的智慧，梳理人們的心智，開發人們的智能。讀懂和應用了孫子的大智大慧，人生將會更加精彩。

加拿大定都渥太華為守護和平國度？

首都渥太華位於安大略省東南部與魁北克省交界處，是加拿大的第四大城市。無論從城市規模還是國際知名度看，渥太華都比不上多倫多、溫哥華和蒙特利爾，且氣候寒冷，稱得上是全球最寒冷的國都之一。

而多倫多是加拿大最大城市，也是加拿大重要港口城市和經濟中心。多倫多又是一個國際大都市，是世界上最大的金融中心之一，世界第七大交易所總部設在多倫多。多倫多還是全球最多元化的都市之一，這裏 49% 的居民來自全球各國共一百多個民族的移民，一百四十多種語言匯集在這個北美大都市。多倫多氣候溫和，四季分明，擁有加拿大最暖和的春季及夏季。

1793 年，英國曾把多倫多作上加拿大的首都。那麼，加拿大後來為何不定都多倫多而選擇渥太華呢？加拿大學者皮特稱，這是遵循《孫子兵法》有關國家安全、戰略防禦的思想，為了遠離戰爭，守護和平的國度。

從地理上看，多倫多是加拿大最南的城市，與美國紐約只有一小時的飛行距離。而渥太華距離多倫多 440 多公里，又處於低地，平均海拔約 109 米，周圍幾乎完全被加拿大地盾的岩石群所包圍。全長202公里里多運河，在修建就具有軍事目的。阿堤勒利公園又名古炮臺公園，內有非常重要的兵營和軍用貯藏庫，曾是魁北克城防禦工程的重要組成部分。

多倫多在歷史上曾遭受過美國的入侵，讓加拿大人刻骨銘心。美國第二次獨立戰爭，美國正式向英國宣戰，當時加拿大還是大英帝國的一個省。1813 年 4 月 27 日，10 艘軍艦載著兩千美國海軍陸戰隊繞過英軍的尼亞加拉河防線直撲約克鎮 (今多倫多)，從西側對約克堡發動強攻。

隨著約克堡的陷落，上加拿大省首府約克鎮隨之遭受厄運，共被美軍占領六天，期間美軍殺燒擄掠無惡不作。在指揮官的縱容之下，議會大樓和總督府被付之一炬，大火隨之蔓延到居民區，普通平民只能在街頭露宿忍受寒冬，美軍士兵還搶劫了大量平民和公共的財物。

英軍大舉反攻，一路打到華盛頓，當時駐加拿大英軍中有 50% 兵員都是加拿大的民兵。加拿大士兵放火燒了今天的「白宮」。白宮為了掩蓋火燒後的痕跡，隨後塗成了白色，因此得名。

在渥太華市中心莊嚴聳立著一座陣亡將士紀念碑，由二十二個烈士的銅像組成，每個高 2.44 米。此碑建於 1939 年，起初是為紀念第一次世界大戰時期陣亡的加拿大烈士而建的，後來演變成加拿大人對所有在戰爭中死亡的加拿大烈士的紀念地，包括一戰、二戰等戰爭中為國捐軀的烈士。加拿大國徽盾徽之上有一頭獅子舉著一片紅楓葉，既是加拿大民族的象徵，也表示對第一次世界大戰期間加拿大的犧牲者的悼念。

11月11日是加拿大「陣亡將士紀念日」，也叫「停戰日」，主要是英聯邦國家為紀念在第一次世界大戰、第二次世界大戰等戰爭中犧牲的軍人與平民的節日。該節日定為每年的11月11日，是因為第一次世界大戰中德國戰敗後，於1918年11月11日上午11時簽署標誌著戰爭結束的停戰協議。

位於渥太華的加拿大戰爭博物館，是世界上三個最重要的戰爭藝術收藏館之一，館內八個廳中主要的有四個展廳，其中最搶眼的是「第二次世界大戰」展廳，內有標示為「邪惡的象徵」的希特勒、墨索里尼和東條英機，還有大西洋海戰、日本在太平洋發動的戰爭、迪耶普海灘血戰、義大利之戰、諾曼第登陸等著名戰爭的畫面。

渥太華陣亡將士紀念碑。

戰爭博物館還著重於介紹發生在加拿大本土，加拿大軍隊參與，或對加拿大及人民有重大影響的軍事衝突。展出內容從早期的原住民之間的戰爭到今天的「反恐戰爭」。展廳的最後一個是「暴力中的和平」，時間從 1945 年至今，從戰後的和平與繁榮場景，到後來面臨核武器威脅的冷戰時期，以及後來的維和行動及最近的地區衝突，其中包括加拿大軍隊參與的朝鮮戰爭，還有在北約中參與的軍事行動。

2012 年 7 月 1 日，加拿大聯邦總理哈珀在向全國致國慶賀詞中高度評價說：「今年，我們也紀念 1812 年戰爭，當年法裔人、英裔人與原住民聯手，力抗南方 (美國) 入侵。他們的英勇事蹟，為今日加拿大奠定基礎——和平的國度、有秩序的社會、優良的政府。」

蒙特利爾奧運會東道主緣何零金牌？

記者在蒙特利爾機場發現，前來接機和送客的小轎車，車頭前都沒有牌照，只有車後有一塊牌照。前來接機的皮特先生解釋說，這是蒙特利爾奧運會欠下的帳，在蒙特利爾市所有汽車都只有一塊牌照，這是為了省錢。不少外來客開始都不敢乘計程車，以為是套牌、黑車呢。

記者來到蒙特利爾奧林匹克公園，這裏是 1976 年舉行夏季奧運會的舊址。塔高約 50 米傾塔已成為蒙特利爾的一個象徵，也是世界上第一高的斜塔，但它卻承載了蒙特利爾付出的沉重代價。

1976 年，第 21 屆夏季奧運會，給蒙特利爾以及整個魁北克省留下近 10 億的巨額債務、城市經濟被嚴重拖累。這筆沉重的債務一直壓迫了魁北克省人民三十多年，直到 2006 年 6 月 30 日才最終還清。有人諷刺說，為了十五天的奧運會，增加了納稅人三十年的負擔，成為歷史上最虧錢的奧運會。

上世紀 70 年代，正是「石油危機」席捲全球之際，歐美各國經歷了大規模的通貨膨脹。而在從 1973 年到 1977 年的 4 年間，加拿大通貨膨脹率高達 40%。以主要建築材料鋼鐵為例，奧運工程剛開始時鋼鐵價格為每噸 200 美元，六個月之內就攀升到了每噸 900 美元，當建設奧林匹克主體育場那令人驚豔的蒙特利爾塔時，鋼鐵的價格居然到了 1200 美元／噸。

由於經濟蕭條，物價暴漲，致使費用難以控制。體育場的巨大懸挑雨棚、巨型超高桅塔以及游泳館、賽車場的龐大殼體屋蓋等，僅起重機噸位最高竟達 180 噸，使建設投資超過預算六倍。 蒙特利爾奧組委動用 16,000 名員警負責比賽的保衛工作。從奧運村趕往比賽或是訓練場館，運動員必須是由全副武裝的軍人全程護送，甚至還動用了直升飛機從旁護駕。有消息稱，僅用於安全保護的開銷數額就接近一億美元。

皮特告訴記者，蒙特利爾二十多層的奧運村大樓，竟然沒有電梯。原來是建樓時缺少資金加上有人貪污，以致弄得無錢修建電梯。當時加拿大運動員住在最頂層，每天要爬二十層樓，哪有體力爭奪金牌？那屆奧運會，東道主加拿大竟然沒有拿到一塊金牌，奧林匹克體育館的門前有很多的國旗，但是沒有加拿大的，這在世界奧運史上是從來沒有過的，讓蒙特利爾人感到很不光彩。

有媒體稱，如果要投票評選歷屆奧運會在財政運營方面的失敗案例的話，1976 年蒙特利爾奧運會很有可能會名列榜首，它被很多媒體做為反面教材，對以後的奧運舉辦城市發出警告。而蒙特利爾《孫子兵法》研究學者則認為， 1976 年夏季奧運會違背了孫子的「妙算」謀略和「慎戰」思想。

孫子說：「兵者，國之大事。」做為世界最大的體育賽事奧林匹克和打仗一樣，會產生大量的軍備需求，會耗費鉅資。孫子告誡：「多算勝，少算不勝，而況於無算乎。」蒙特利爾奧運會組委會不是多算，而是少算，有的甚至不算，所以費用

蒙特利爾夏季奧運會主會場。

遠遠超過了預算。如主體場建築費，原計畫 28 億美元，結果花了 58 億；組織費用原計畫 6 億，實際為 7.3 億。

孫子提出凡用兵之法：「內外之費，賓客之用，膠漆之材，車甲之奉，日費千金，然後十萬之師舉矣。」孫子指出，深諳用兵之道的將帥，是民眾生死的掌握者，國家安危的主宰者。物價飛漲就會使國家的財政枯竭，就會加重賦役，軍力衰弱，國內百姓窮困潦倒。他主張要減輕本國百姓的負擔，減輕對國家財政的壓力。蒙特利爾奧運會之所以背上 10 億巨額債務，就是不根據國力民情，勞民傷財。

加拿大華人傳播《孫子》有聲有色

中國兵書、中國兵馬俑、中國功夫、中國兵家壁畫、中國兵家書法、中國兵家工藝品……唐人街是海外中華文化的傳承樞紐，加拿大唐人街沒有忘記中國傳統哲學。加拿大華人華僑傳播以孫子為代表的中國傳統兵家哲學，有板有眼，有聲有色。

加拿大華僑華人自豪地說，如果說牌坊、中餐館等有中國特色的建築是唐人街的骨骼的話，那麼，這裏的各種中華傳統文化活動無異是唐人街的血液。而這血液中最重要的無疑是流淌了幾千年的中國傳統哲學，其中包括博大精深的孫子哲學思想。

記者在加拿大溫哥華中華文化中心看到，大廳裏有兵馬俑，工藝品商店裏有中國兵家文化掛毯，大門口張貼著中國武術班開班的大幅海報。據介紹，該文化中心自 1983 年成立以來，一向積極努力發揚及傳播中華文化之精華，經常舉辦如太極拳、童子軍訓練等兵家文化活動。在蒙特利爾中華文化宮的櫥窗裏，陳列著兵馬俑，圖書館裏華僑正在閱讀中國古代兵家書籍。

2012 年，由三十多個當地藝術家製作的三十四座彩繪兵馬俑「駐」在溫哥華唐人街中山公園，有的藝術家根據對中國文化的理解，為兵俑「穿」上了各式服裝；有的為兵俑盔甲塗上鮮豔的色彩，繪上長城甚至行軍圖等。這批彩裝兵馬俑在大溫哥華地區各城市街頭陳列半年時間，有的被分派在溫哥華市區不同地點「站崗」，供加拿大民眾和華人華僑欣賞。

在維多利亞唐人街門樓上，刻著孫子同舟共濟的「同濟門」；在蒙特利爾唐人街的牆壁上，繪有孫子「吳宮教戰」的巨幅壁畫，在美術館裏展出《孫子兵法》的書法；在魁北克省中山同鄉會的會所裏，也布滿了《孫子兵法》、兵馬俑等中國兵家文化的書畫和工藝品。

2012 年，新華書店 (加拿大) 第三屆圖書文化展在加拿大溫哥華郊區的里士滿市舉行，參展的上萬本圖書絕大部分為新近出版的暢銷書，包括：社會科學類、經濟管理類、語言學習類和英文版中國圖書等，其中最受歡迎的是《孫子兵法》、《易經》、《太極》、《中國武術》、《中國象棋》等中國

蒙特利爾唐人街孫子「吳宮教戰」巨幅壁畫。

傳統文化書籍。

新華書店(加拿大)總經理李大慶介紹說，書展可以傳承文化，這些參展書籍，特別是文化教育類的書籍讓華裔孩子有機會接觸中國文化、學習中國文化，另一方面是向加拿大的讀者介紹中國文化。

位於加拿大曼尼托巴省會溫尼伯市的千禧年紀念大圖書館，耗資兩千多萬加元擴建之後，每天約有五千多人次到大圖書館來參觀和閱讀。《孫子兵法》、《吳子兵法》、《六韜》、《三略》、《尉繚子》、《司馬法》、《衛公兵法》武經七書，以及《三國演義》等中國兵家文學書籍和連環畫占了一定的數量。

加拿大埃德蒙頓中華文化中心圖書館成立於2009年，現有各類圖書、音像製品等超萬件，年均接待讀者兩千多人次，是當地小有名氣、規模最大的中文圖書館，當地華人在這裏可以領略和推廣包括兵家文化在內的中國傳統文化，受到華僑華人和喜愛中國文化的外國朋友的歡迎和好評。

據加拿大《世界日報》報導，第十屆「多倫多中區華埠同樂日」舉行，活動主題是展示中國古今風華，有中國傳統文化特色的太極、功夫等表演。中國功夫示範正宗少林功夫、雙刀、軟鞭、洪拳。

記者感歎，《孫子兵法》在北美洲的加拿大傳播甚廣，離不開做為中華文化傳播的窗口唐人街，更離不開做為中華文化重要傳承者和傳播者的廣大華人華僑。華僑華人遠赴海外拉近了外國人與中華文化的距離，包括兵家文化在內的中華傳統文化引起更多海外人士的關注。中華傳統文化也必將隨著華人華僑的遍及並融入世界各地而不斷傳承傳播，發揚光大。

加中山同鄉會弘揚孫子與中山思想

「無論是做為孫子的後裔還是辛亥革命的領導者，孫中山都是孫子思想的繼承者、傳播者和運用者」。來自孫中山故鄉的加拿大魁北克省中山同鄉會會長黃善康表示，孫中山非常崇敬中國古代兵家的軍事思想，多次研讀《孫子兵法》，並運用於辛亥革命的實踐。

記者看到，在魁北克省中山同鄉會的會所裏，布滿了《孫子兵法》、孫氏始祖畫像、孫中山雕像、韓信和岳飛等中國著名兵家人物畫像和雕塑，以及兵馬俑等中國兵家文化的書畫和工藝品。

黃善康會長介紹說，我們魁北克省中山同鄉會會員多是新僑民，擁有較年輕、具活力、對中國國情和中國傳統文化較熟悉等特點，會員中從事文化、科技產業的越來越多。同鄉會成立以來，我們主動融入主流社會，致力弘揚中華文化。做為來自孫中山故鄉的同鄉會，我們更注重弘揚中山思想，其中包括中山思想中的兵家文化思想。

黃善康說，我們中山同鄉會參與創辦的滿地可中華文化宮，坐落在蒙特利爾中山公園，內豎有孫中山雕像，設有圖書室、華訊報社和楓華書店，櫥窗裏陳列著兵馬俑。文化宮定期舉辦中國文化專題演講和中華文化特色活動，圖書室藏有上千冊儒家、兵家等中華文化書籍。

弘揚和傳播孫子與中山思想，是我們中山同鄉會的神聖使命。黃善康說，他到加拿大二十多年，外文從零開始，學了 7 個月英語，一年半法語；工作從打雜開始，洗過碗，送過貨，當過廚師，也開過餐館，目前仍在餐館打工，對海外華人華僑的艱辛與奮鬥深有體會。孫子說的「同舟共濟」和孫中山先生提出的「共同奮鬥」，這些思想對我們很有用。

當記者問起海外僑團的僑領大都是有影響的企業大老闆，你一個打工的是怎麼當選上會長的？黃善康幽默地回答說，我這是學孫子的「以退為進」，我自己放棄當餐館老闆，就能騰出更多時間為同鄉會服務。這也是大家信任我，看好我在家鄉當過文書，上過黨校，有頭腦，有能力，最重要的是能團結全會，樂於助人。我們中山同鄉會有一個很好的風氣，就是發揚孫子與中山思想，誰遇到困難大家都會全力幫助。

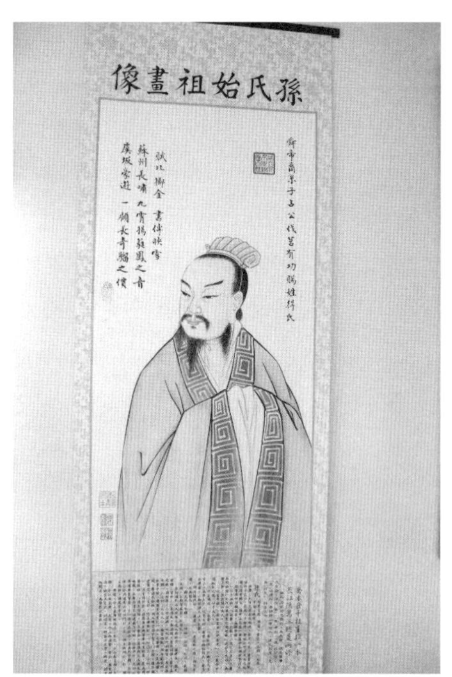

加拿大魁北克省中山同鄉會裏的孫氏始祖畫像。

記者還見到魁北克省中山同鄉會總監事孫靖夷、顧問孫陳相玲，以及同鄉會副會長、祕書長、財務部長等一干核心成員，他們對中山同鄉會熱衷在蒙特利爾弘揚孫子與中山思想都表示贊成，認為這對中山同鄉會的一大特色，對全體會員在加拿大的生存發展是非常有益的，對提升中山同鄉會的凝聚力和向心力也大有好處。

魁北克省中山同鄉會核心成員認為，孫中山對《孫子兵法》為代表的中國傳統兵學文化有著深刻的理解，曾給予了高度評價。他領導辛亥革命武昌首義、推翻滿清，吸取了中國兵家文化的大智大慧。孫中山的《建國方略》，受到中國傳統兵家思想的影響，孫中山的三民主義與孫子思想也存在一定相通之處。我們中山同鄉會應汲取孫子和孫中山的智慧。

加拿大皇家科學院院士、魁北克省中山同鄉會總監事孫靖夷收藏了各種版本的《孫子兵法》。他對記者表示，我的家鄉廣東中山是孫中山的故鄉，孫中山也是孫子的後裔，和三國的孫權是同一個支，我也是這個支的。做為孫武後裔和中山同鄉會成員，理應弘揚和傳播孫子與中山思想，為擴大中華傳統文化在加拿大的影響作出應有貢獻。

加拿大唐人街似華人大家庭同舟而濟

在維多利亞唐人街牌樓上，醒目地刻著「同濟門」 三個鎦金大字，旨在表彰華人華僑與各民族人士「同心協力，和衷共濟」，共同發展維多利亞和保存唐人街。進入「同濟門」，唐人街的兩旁有二十多家華僑華人社團，其中不乏維多利亞中華會館、加拿大洪門達權總社、中山福善總堂、鐵城崇義會域多利支會等已經歷時一個世紀的傳統僑團。

維多利亞唐人街牌坊的「同濟門」三字語出《孫子兵法》。孫子說：「夫吳人與越人相惡也，當其同舟而濟，其相救也，如左右手。」意思是說，吳國人與越國人本來互相仇視，在遇到危難的時候卻能共棄前嫌、相互救助。在生存和安全威脅面前，不同的利益群體都可以團結合作，同舟而濟，更何況同是炎黃子孫、同根同源的海外華人華僑。

維多利亞唐人街是加拿大第一個唐人街，形成於1858年。在建埠一百五十週年的紀念銅牌上，刻有「歲有留痕」四個大字。當時，創辦廣利行的盧超凡兄弟在此建起一批棚屋，供華工在同一個屋簷下生活，使該唐人街逐步發展起來，形成華人社會。排華運動出現後，大批華工湧入唐人街，成為華裔移民的避難之所。

「同舟共濟」是逆境中相處的智慧，它將個體安全建立在集體安全基礎上，通過相互合作謀求共同安全。唐人街是華人的大家庭，從它剛形成起，華人喜歡聚居一起，依靠集體的力量，相濡以沫，相互照顧，共同生存，共謀發展，使唐人街不斷興旺發達，欣欣向榮，甚至成為城市中心。

加拿大魁北克省中山同鄉會會長黃善康對記者說，加拿大的華人華僑，兩百年來攜手打拚，之所以逐漸站穩腳跟，建起一條又一條唐人街，並煥發出新的生機，靠的就是中國人的智慧謀略、吃苦耐勞、克勤克儉和同舟共濟。

2003年4月，香港新界名門旺族戴氏家庭，因為債務問題而將蒙特利爾唐人街東部一棟37,000平方尺的地標建築紅磚屋出售給了一位英國人，使這一建築內十七個商戶的命運發生了變化，加租三到五倍，同時華人在英國經濟建樹的象徵之一的六角亭也要拆除。於是，唐人街的商號、華人，發起一場救亡行動，團結起來拯救自己的家園。

華商會在蒙特利爾唐人街建中山公園時，為妥善管理這個華人活動的公共場所，多方奔走，組建了中山公園基金會。當時，該款項需經市議會大會投票決定後才予頒布。但第一輪投票後，此款項反而要被否決。市長在華商會的積極建議下，向參加投票的議員們講述了華工建設加拿大鐵路的血淚歷史，才改變了款項被否決的命運，讓象徵中國文化的牌樓豎立在遠離中國的異國他鄉。

已在蒙特利爾生活近二十年的《華僑新報》總編輯張健說，如今，蒙特利爾的年味一年比一年濃。朋友們踴躍把年夜飯從自己的「小家」搬到唐人街的「大家」，反映了華人華僑憧憬唐人街大家庭的願望。

加拿大維多利亞唐人街同濟門。

渥太華唐人街規模較小，長約一公里，僅有三萬多華人。渥太華大學、卡爾頓大學、亞崗昆學院等幾所高校，吸引大量的中國留學生前來就讀。隨著大批中國新移民湧入，渥太華華人社區服務中心就成了他們的家。

渥太華華人社區服務中心不僅為學生培訓面試技巧，提供工作機會，還為學員提供托兒服務，報銷公車票，提供茶水、咖啡和點心。來到這裏接受培訓的新移民，三個月內找到工作的占五至六成，一年內就業的占八成。

溫哥華唐人街的黃氏宗親總會已成立一百週年。一個世紀來，該會在「同舟而濟」上做出了標杆。1925 年，該會創建了北美洲首個中文學校「文疆學校」，向青少年傳授中華優良傳統及倫理道德知識。目前，該會會員以家庭為單位超過 800 戶，從事政府部門、律師、醫生、大學教授等各領域職業並取得顯著成績。「陳穎川總堂」團結宗親、發揚孝道，還設有一個獎學金，資助宗親子女。

溫哥華唐人街為華人利益百年奮戰

溫哥華唐人街「華人先僑紀念碑」坐落在 Keefer 街和哥倫比亞街交匯處，設計頗具中國特色。主體建築為形如「中」字型石碑，正背面為對聯：「加華豐功光昭日月，先賢偉業志壯山河」；石碑兩旁為太平洋鐵路華工和二戰華裔軍人青銅塑像。

據當地華人介紹，選擇參加修築橫加鐵路的華裔工人和參加第二次世界大戰的華裔軍人為華裔先僑塑像，是因為這兩個劃時代的人物最能代表華裔先僑在加拿大百年奮鬥的歷史。

溫哥華中華會館理事長、華埠紀念廣場委員會主席茹容均表示，華裔先僑在一百多年前飄洋過海來到加國，備受歧視和欺凌，但他們任勞任怨，以德報怨，不僅參與了橫加太平洋鐵路的修築，還志願從軍參與二戰，與加拿大軍人一起並肩作戰，華裔先僑對加國的貢獻值得我們去紀念。

溫哥華洪門會館「華人歷史壁畫」，正是溫哥華唐人街為華人利益而奮戰的百年歷史生動呈現。十九世紀後半期，淘金潮興起，華人從中國飄洋過海而來，尋找金山之夢。梳著長辮的華人，來到人地生疏的北美，彼此依靠，在一片鄉音中互相取暖，由此形成了唐人街的雛形。

為了鋪設加拿大太平洋鐵路，又有更多的華人滙聚於此。占市民人口 10% 的中國移民所集中的這片地區，凝聚著一股極強的力量，溫哥華的唐人街開始興旺起來。誰知，這條鐵路的修建，卻也給唐人街帶來了百年難忘的苦難，也引發了華人百年不止的奮鬥。

據介紹，1881 年太平洋鐵路開工，共 1.7 萬名華工先後參與，其中三千多人喪生，平均每一公里就倒下一名華人。1885 年鐵路建成，聯邦政府通過新華人移民法，對華人移民徵收 50 加元的人頭稅。1900 年，人頭稅調高到 100 元。1903 年，國會再次修訂移民法，將人頭稅調高到 500 元。當時這筆錢等於一個華工兩年的工資。1923 年又制定了排華法，該法被廢除後又經歷了半個世紀，直到 2006 年 6 月 22 日，華人地位才獲得歷史轉折。

溫哥華唐人街等待這個時刻，竟然花費了一百年的時間。當然，這歷史性時刻，不是別人恩賜而來，也不是天上掉下來的，而是加拿大華人通過幾代人堅持不懈奮鬥換來的。

在第二次世界大戰中，華裔子弟為了表達對加拿大這片土地的熱愛與認同，主動積極地加入加國軍隊，在反法西斯主義的戰爭中浴血奮戰，立下顯赫戰功。戰後，加拿大政府終於在 1947 年廢除排華法案，讓在太平洋兩岸隔離幾十年的親人重新得以團聚。

到了上世紀 80 年代，華人開始掀起要求平反人頭稅的運動，當時還在世的人頭稅苦主尚有近萬人。在華人社區力量不斷壯大的情況下，人頭稅平反終於迎來了歷史性的契機。華人社區依靠自身的實力，開始形成令人難以再輕視的巨大力量。

加拿大祖裔部組織了一趟「平反之旅」，從溫哥華唐人街出發，坐上加拿大國家鐵路公司的列車，由西部橫穿中部的溫尼辟，到達多倫多，然後進京。這趟被中英文媒體稱為「平反列車」的行程，正是當年被加拿大政府招募的年輕華工艱苦卓絕，以數千人生命代價參與修建的太平洋鐵路的線路。一趟「平反列車」之旅，濃縮了華人在加拿大百年的血淚之路、辛酸之路、奮鬥之路。

1998 年，加華軍事博物館館長李悅後在溫哥華唐人街的中華文化中心創建了「加拿大華裔軍事博物館」，館中陳列了大量華裔軍人的老照片和文獻資料，提醒新一代的加拿大人和華裔，在那場為加拿大的存亡而戰的戰爭中，許多中國人也把他們的鮮血甚至生命永遠地留在了戰場上。

溫哥華唐人街中華文化中心。

2003 年 2 月，在溫哥華中華會館百年慶典時，加拿大卑詩省省督坎帕諾羅在致辭中特別提到有華裔的貢獻才有卑詩省的今日，華裔的成就不僅值得卑詩省民為之驕傲，也為卑詩省民樹立了楷模。溫哥華市市長李建堡也指出，華人先僑紀念碑記載了溫哥華的歷史，如果沒有先人建築橫加鐵路，就沒有今天的卑詩省；如果沒有戰士參與二戰，就沒有今天的加拿大。因為有華裔移民的貢獻，溫哥華才有現在這樣繁榮的景象。

溫哥華孫子研究學者認為，溫哥華唐人街是華人在北美奮鬥百年歷史的活化石，充分彰顯了《孫子兵法》「合利而動」的戰略思想。「利」在《孫子兵法》中出現有 51 次之多，《孫子》十三篇，幾乎篇篇講「利」，可見孫子「利戰」思想，在其兵法中占有舉足輕重的地位。高明的將帥要善於「趨利避害」，因為戰爭的出發點就是要保全本國民眾的利益，孫子明確提出從事戰爭的目的是為了「掠鄉分眾，廓地分利」。

多倫多唐人街多元文化多姿多彩

多倫多豎起北美首個中英文高速公路唐人街指示牌，向全世界遊人顯示唐人街的繁榮景況及多倫多對多元文化的尊重。中國銀行與 CIBC 守望相對，麥當勞與中國菜天涯比鄰，黑皮膚與藍眼睛交相輝映，華人與各民族移民共同繁榮，這是多倫多唐人街多元文化的真實寫照。

在這裏，能感受到孫子所說的「聲不過五，五聲之變不可勝聽也」。多倫多唐人街普通話、英語與廣東話、閩南話、上海話轉換迅速，共同譜寫優美和諧的華麗樂章。有來此地觀光說普通話的大陸遊客、移民在此說粵語的香港華裔、說閩南話的福建與臺灣華裔，還有只會講英語的華裔二代。而餐館「小二」通常會說多種語言，招呼聲，吆喝聲，濃重的家鄉味夾雜著滑稽的洋味，煞是好聽。

在這裏，能感受到孫子所說的「色不過五，五色之變不可勝觀也」。多倫多唐人街一旁是堆擠著舊洋房的 DOWNTOWN 小街巷，一旁則是高樓聳立的繁華商業中心，招牌都以中英兩種文字寫成，婀娜多姿的旗袍在溫婉高雅的中國女子與金髮碧眼的洋美眉身上中西合璧，風情萬種，大紅的中國節、精緻纖巧的小荷包與風格渾厚的彩色兵馬俑相得益彰，英文版、 法文版、大陸版、 臺灣版、香港版各種版本《孫子兵法》五顏六色，形成一道色彩斑斕的多元文化風景。

在這裏，能感受到孫子所說的「味不過五，五味之變可勝嘗也」。多倫多唐人街中菜館、越南餐館、義大利餐、日本餐和西餐館並駕齊驅。正宗的中國菜，從上海的食府到北方的菜館、四川的火鍋，再到廣東的燒臘，應有盡有，展示了多倫多唐人街品種繁多的美食文化。加拿大《環球郵報》餐飲專欄作家里奇勒稱讚多倫多中區唐人街，是北美獨一無二的購物天堂和美食勝地。

一位來自東北的大姐自豪地告訴記者，你知道多倫多什麼最多？首先是華人最多，華人店鋪最多。多倫多是加拿大華僑華人第一大聚居地，全加拿大一百多萬華僑華人，40% 居於多倫多，成為最大的有色族裔群體。大多倫多地區共有六個中國城，其中四個是在近十五 年內在郊區形成的。Spadina 和 Dundas 街交匯處附近有兩個大型華人購物中心——文華中心和龍城商場，中國商品豐富多彩，顧客人多擁擠。

其次，是全世界移民的民族最多，多元文化亮點多多。多倫多是加拿大第一大城市，也是全世界文化最多元的城市之一。在這裏，49% 的居民是來自全球各國共一百多個民族的移民，一百四十多種語言匯集在這個北美大都市。多倫多深受加拿大多元文化政策的影響，深得多元文化的精髓，而多倫多的唐人街則把這些特點演繹的精彩紛呈。

多倫多唐人街出售的臺灣版《孫子兵法》。

再次，也是最重要的是，多倫多要數華人的智慧最多，謀略最多，成功華人最多。在這裏，能感受到孫子所說的「戰勢不過奇正，奇正之變，不可勝窮也」。多倫多唐人街的華人華僑可謂足智多謀，多收並蓄。華人商場太古廣場、城市廣場和新近開張的錦繡中華市場，正在形成一個堪稱金三角的商業旺地，並出現了多元文化的顧客群。

多倫多唐人街的成衣和鞋子未必是名牌，但花色和式樣卻毫不遜色，在這裏，10 元就可以買一條做工相當不錯的牛仔褲，而兒童防寒手套只要區區 1 元，因此最受平民購物者的青睞。不少遊客認為，除中國大陸之外，這裏是全世界商品價格最便宜的地方。西方人在這裏總能發現一些匪夷所思的「奇特貨色」。有人說，在唐人街只有想不到的東西，沒有買不到的食物。

有學者稱，世界各國，無論大小、強弱、貧富，都能在互利互惠基礎上共同發展、共同繁榮。這是締造世界和平的基礎，也是構建和諧世界的基礎。唐人街厚重的歷史不僅記錄了海外華僑華人的屈辱與艱辛，更記載他們傳承與傳播中華傳統文化並與其他族裔共同生存發展的和諧與美好。而多倫多唐人街是一個縮影，生動體現了《孫子兵法》崇尚和諧的思想光輝。

楓葉旗下的蒙特利爾唐人街

記者踏訪了楓葉旗下的蒙特利爾唐人街，但見四座古典的紅牆黃瓦中華牌樓，圍成了東西南北四座城門，形成了一個微型的華人世界。該唐人街不僅見證了華僑華人的艱辛與奮鬥，也見證著中華文化的傳承與傳播。

華人大廈旁的兩棵引自中國的銀杏樹大約有兩百年的樹齡，估計是最早的移民先輩在創建唐人街之初栽種的，至今仍枝葉繁茂，鬱鬱蒼蒼，象徵著中國傳統文化在這裏落地生根。

唐人街中心的中山公園充滿濃郁的中華文化氣息。公園的樹蔭下，有幾個圓形石桌，石桌的四周放著鼓形石凳，石桌上刻著中國象棋的棋盤。正在下象棋的老華僑說，象棋的鼻祖韓信也是著名兵家人物，象棋是中國特有的一種模擬古代戰爭形式的娛樂性文化表現藝術，可以說，兵法與象棋有著不可分割的聯繫。

中華文化宮設有圖書室、華訊報社和楓華書店，櫥窗裏陳列著兵馬俑。文化宮定期舉辦「漢字的舞步」漢字展覽、中國文化專題演講和中華文化特色活動，以增加加拿大民眾對中國的瞭解和對博大精深中華文化的認知與興趣。中國國務院僑辦曾向該文化宮贈送上千冊儒家、兵家等中華文化書籍，並充分肯定其在繼承和弘揚中華優秀文化方面所做出的不懈努力。

一位蒙特利爾唐人街的華商告訴記者，在這片飄揚楓葉旗的土地上，求生存、圖發展都不容易。我們都是華人，都是炎黃子孫，都希望唐人街生意興隆、精誠團結，更希望留住中華傳統文化的根。

一位華人撰文說，定居加拿大蒙特利爾，我最稱心的是家住唐人街。一眼望去，中國字、中國店、中國人。唐人街滋潤我的中國心，纏綿我的中國魂。

一位臺灣同胞對記者說，不論是大陸來的、臺灣來的、港澳來的，還是印尼、越南、泰國、馬來西亞來的，只要是華人，總能找到共同語言，因為我們的傳統文化是一致的。我們有共同的祖先，共同的歷史，甚至有相同的崇拜偶像，孔夫子、孫武子、關雲長、鄭成功……

從 1825 年第一位中國移民出現在蒙特利爾人口統計資料中算起，華人移民蒙特利爾的歷史與引自中國的銀杏樹一樣已有近兩百年了。早在十九世紀 60 年代，來這裏鋪設鐵路和開採礦山的勞力在此聚居，在異域他鄉形成一個有著濃郁東方文化色彩的華人社會。

老移民靠著中華傳統文化在這裏堅守創下的家業，新移民靠傳承與創新中華傳統文化在這裏開拓和改變世界。如今，中國大陸已經成為蒙特利爾第二大移民來源地，到目前至少有10萬之眾。

老移民殷切希望新移民不要數典忘祖，不要忘記自己是中國人，不要丟掉中華傳統文化。許多新移民創辦中文學校、華文媒體和中國功夫班，致力於傳承與傳播中華傳統文化。

記者看到，在蒙特利爾唐人街的牆壁上，繪有「吳宮教戰」的巨幅壁畫，演繹孫武殺姬、三令五申的帶兵之道；中華文化宮圖書館裏新一代移民正在閱讀中國古代兵家書籍；在美術館裏展出「運籌帷幄」等《孫子兵法》的書法。而這些中華兵家文化藝術品大都出自中國新一代移民的手筆。

有人讚美說，蒙特利爾唐人街，到處都是濃厚的中國情趣，充滿了濃厚的中國文化氣息。它就像一座中國文化博物館，它宣傳和繼承著中華優秀文化，是西方人認識中國文化的「窗口」。

蒙特利爾唐人街。

加拿大孔子學院讀經典練太極

學漢語、讀經典、授智慧，練太極，加拿大十四所孔子學院和十五所孔子課堂，在設置基本的漢語課程中，注重將老祖宗留下的中華文化重新整理，把中華文化的經典串聯起來，把中華文明融合起來，創造性轉化為讓世人共用的大智慧，受到加拿大人的歡迎。

BCIT 溫哥華孔子學院，是北美成立的第一家孔子學院。該院推出企業高管 CEO 班，眾多加拿大公司的 CEO 認真聽講。學院目前有六十多名學生，來自當地主流社會的各個領域，有跟中國做生意的企業家，也有當地高中的漢語老師。BCIT 溫哥華孔子學院將做為溝通中加兩國文化、經貿、商業往來的諮詢機構，當然離不開被譽為全球經商寶典的《孫子兵法》。

溫哥華孔子學院院長谷豐博士認為，孔子學院已被提升為中國國家發展戰略的一部分，希望在中國發展過程中，能減少外國對中國的猜疑，從文化交流，讓他們瞭解中國和平發展的意願，而不會對其他國家造成威脅。孔子學院並非教孔子的學說，而是通過這平臺，教授當地人們需求的內容。

BCIT 的孔子學院以商貿文化交流為主。谷豐博士介紹說，溫哥華有不少對中國文化和商業合作感興趣的公司，其中不乏與中國有頻繁貿易往來的上市公司。於是我院順應他們的需求，推出了企業高管 CEO 班，一期十節課，由十個各領域的專家進行授課。那些惜時如金的加拿大老闆們竟能穩穩地坐在課堂裏，求知若渴。

卡爾頓大學孔子學院發展規劃所制定的「攜手中國」系列課程全面開設，融入卡爾頓大學主體教學之中。2013 年 2 月，首期中國文化類大學學分課程《中國文化與社會》正式開課，課程系統介紹包括儒家學說和兵家文化在內的中國傳統主流文化以及當代中國的熱門話題，授課以英文為主，漢語為輔，共 40 學時，並邀請加拿大藝術委員會專家和前加拿大駐華外交官參與學生互動討論。

做為首次非漢語語言類的中國文化正式學分課程，該課程在卡爾頓大學內受到關注，多名不同院系教授到課旁聽，主管教學負責人 Gess 教授表示，孔子學院為卡爾頓大學的中國語言文化系列課程創造了新的品牌。

滑鐵盧大學孔子學院院長兼東亞系中文教研室主任李彥認為，做為孔子學院院長要當好傳播中國文化的使者。開辦孔子學院旨在讓世界理解中國。傳統的中國元素不單單是海外華人身上的符號，應該走進孔子學院及社區中文教學的課堂。在中國文化的薰陶下，滑鐵盧地區的「老外」們學漢語，讀經典，瞭解中國傳統文化的興趣高漲。

魁北克孔子學院在大力推廣漢語的同時，曾多次與當地著名的醒龍武術院聯合舉辦傳統武術及太極拳比賽和講學，還特邀「太極伉儷」陳正雷大師和夫人路麗麗女士舉辦陳氏太極拳講學。院長榮盟認為，魁北克不少學生就是由於受到太極拳的吸引，而進一步喜愛和學習中國文化的。我們要從弘揚中華文化的高度認識太極的功能和作用，太極拳可做為中華文化走向世界的一個切入點。

布魯克大學孔子學院在校內開闢了漢語角，目前已有 127 位註冊社員。社員們每週四在孔子學院聚會，瞭解探討中華傳統文化。在一年一度的「布魯克大學健康日大會」上，孔子學院組織的中國文化工作坊，推出太極拳。

十九歲的加拿大姑娘瑪格麗塔 · 西納有個非常好聽的中國名字——木蘭，這是麥克馬斯特大學孔子學院中方院長成敏博士為她起的。「因為我從五歲開始就學習武術，我的老師告

加拿大華人展出的中國武術工藝品。

訴我中國古代有個叫木蘭的女孩子也會武術，所以我就有了這個中國名字。」這位加拿大 2009 年全國武術冠軍自豪地說。

麥克馬斯特大學加方院長盛餘韻表示，孔子思想核心的重要一點是「和」，在二十一世紀的今天，我們知道中國在很多方面已經成為領導者。不過中國和別的一些國家不一樣，她從來不試圖把自己的價值觀強加於人，而是樂於同世界分享其文化精髓。

加拿大首都孔子學院加方院長李征也表示，該院具有綜合特性，不僅開展漢語教學、帶動大學加強關於中國問題研究和教學，同時發揮地處首都的優勢，對加拿大聯邦政府機構和主要企業商會提供諮詢與培訓，希望能成為一個中國問題研究平臺。

太極伉儷與金庸兵法轟動加拿大

加拿大武術界人士稱，《孫子兵法》所揭示的用兵之道與太極推手技術深層次的一致性所在，即所謂的拳兵同源，唯理一貫。「太極祕訣」可演繹兵法拳理的制勝之道。而金庸用小說來解讀《孫子兵法》，用《孫子兵法》來圈點書中蘊藏的兵法謀略，被譽為「金庸兵法」。

2010 年，「太極伉儷」陳正雷大師和他的夫人路麗麗，應加拿大魁北克孔子學院和加拿大醒龍武術院邀請來到蒙特利爾，在當地著名的道森學院舉辦陳氏太極拳講學。蒙特利爾及周邊城鎮的太極愛好者都聞訊而至，年紀從不到十歲的孩童到年逾古稀的老人；有西方人也有亞洲人，更多的是西方人的面孔。他們一睹大師傳拳授藝的太極拳風采後，對學習中國傳統文化引發了更濃厚的興趣。

2011 年 7 月，蒙特利爾迎來了「首屆陳氏太極拳國際邀請賽」，由加拿大醒龍武術院、魁北克孔子學院主辦。魁北克孔子學院曾多次與當地著名的武術院聯合舉辦傳統武術及太極拳比賽和講學。院長榮盟表示，為了辦好孔子學院，增強中國傳統文化的吸引力，提高外國學生學習漢語的興趣，我們認為開設太極課十分有益。

2011 年 9 月，加拿大安大略省西北部的桑德貝市舉行國際太極公園落成儀式。加拿大總理哈珀發來賀詞，表示練習太極拳將有助於人民的健康和福祉，國際太極公園也將成為該城市多元文化的標誌。中國駐加拿大使館文化參贊林迪夫在儀式上說，太極拳是中國傳統文化寶庫的一枚璀璨的寶石，蘊涵中國傳統的哲學理念，既可強身健體，又可使人達到寧靜、和諧的境界。

桑德貝市「太極拳朋友協會」現擁有會員五百多人，曾組織一千多人同時在湖畔練習太極拳，場面蔚為壯觀。2006 年該協會舉辦了國際太極拳論壇，2008 年組團到北京，在「鳥巢」前表演楓葉太極扇，支持北京奧運。

2012 年，在溫哥華附近的一個海灘上，舉行為期五天的「道教蓬萊閣」太極年度活動，參與者來自加拿大各地，年齡介於五十至八十歲之間。多倫多舉行千人太極大操練，並舉行千人太極大巡遊，讓更多加拿大民眾感受中國太極的精髓和神韻。

2013 年 2 月，由國際武術散手道聯盟、加拿大梁守渝武術太極氣功學院舉辦的「首屆世界著名武術家春節聯歡」在溫哥華舉行，來自美洲、亞洲和歐洲的中國武術家及世界冠軍近 80 位世界級頂尖武術太極高手大展拳腳。

加拿大最大的英文報紙之一《GAZETTE》等許多西方權威媒體報導了題為「太極拳完美無缺或全國大範圍推廣」等文章，越來越多的外國人都在認識和學習太極拳，海外太極颶風勢頭飆升。據加拿大武術團體聯合會透露，在亞洲以外的國家中，加拿大的太極武術名列前茅。近三年來，太極武術做為一項體育運動，參與人數增加了 400%。

加拿大麥克馬斯特孔院舉辦武俠小說與中國文化講座，介紹了梁羽生、古龍、金庸等鼎鼎大名的港臺武俠小說作家的寫作風格、藝術特點及代表作品。尤其著重介紹了最廣為人知的「金大俠」金庸先生，提出其作品中的代表人物反映出他的思想從儒家、道家和兵家思想，受到加拿大人的歡迎。

據報導，加拿大的中文書店都把金庸的《射鵰英雄傳》、《雪山飛狐》、《天龍八部》、《神鵰俠侶》等作品做為「當家」圖書陳列於櫥窗裏和書架上。加拿大渥太華的中文圖書館裏，三分之二都是金庸小說。加拿大許多華裔少年通過武俠巨匠金庸學中文，瞭解中國的兵家文化。

溫哥華唐人街中國兵家文化掛毯。

中國智謀讓新華僑在加拿大「騰飛」

1979 年出生，在加拿大打工五年，5,000 美金起家，二十七歲開出第一家店，三十三歲開了 8 家店，平均不到一年就在多倫多周邊的中小城市開一家壽司店……哈爾濱一中畢業、臉上稚氣未脫的滕飛對記者說，是中國的傳統文化和智慧謀略給我們新一代華人華僑插上「騰飛」的翅膀。

2006 年耶誕節，168 壽司董事長滕飛在多倫多第一家壽司任食店。新店開張不到兩個月便開始排隊等位了，當記者詢問其中訣竅時，滕飛回答說，他的勝算，首先是在西人區開設了第一家任點任食的壽司店，這種經營方式非常受當地老外的喜歡；其次是地形很重要，選在最黃金的地段；第三是行動要快，168 的諧音就是「一路發」，一往無前，所向無敵。所以他成功了。

滕飛告訴記者，他讀過《孫子兵法》，但沒有刻意去生搬硬套，而是在實踐中觸類旁通，靈活應用。其實，包括孫子智慧謀略在內的中國傳統文化，不僅老一代華人華僑刻骨銘心，應用自如，我們新一代華人華僑也潛移默化，融會貫通，有時不知不覺就用上了，非常神奇。中國人尤其是我們年輕人，在海外打拚更需要孫子的智慧謀略。

「多算則勝，少算則敗」。在開每一家店前，滕飛都沒有貿然行動，而是好好地計畫謀算。他先是做了很多市場調查，理順了所有進貨管道，制定出一整套的內部管理體系，並注重向其他店或同行取經。滕飛說，跟不同類型的人打交道，既擴充交際圈和生活圈，又學會觀察社會、瞭解市場，更重要的是還能從中獲得很多資訊。

「知彼知己，百戰不殆」。經過市場調查，滕飛勝算在握：這種任點任食的方式很受年輕人甚至中年人的歡迎，可以考慮走中端價位。2009 年 3 月，第二家店密西沙加開始營業做的很順利。2009 年底耶誕節第三家店也亮相，雖然一度時間效

滕飛在接受加拿大電視臺的採訪。

益不是最好，但滕飛預測，這一地區屬於人口增長最快的區域，有潛在的消費市場。果然不出所料，隨著時間的推移，該店的銷售業績明顯升高。

「選擇地勢，占盡地利」。孫子說，考察地形險厄，計算道路遠近，必定能夠勝利。滕飛和他的合夥人在選店的地理位置上十分慎重，既要選人氣旺的黃金地段，又不想選得太遠，因為兩家店也呼應不上，人員上貨物上呼應不上；既要選在洋人圈與洋人競爭，又要能發揮中國人的優勢。滕飛的第五家分店位於旺市的黃金地段，而第六家分店則在首都渥太華的黃金地段，每個店的地理位置都很佳，有的靠近高速公路，都有黃金效應。

「兵貴神速，機不可失」。2010 年以及 2011 年，滕飛開始迅速向東發展，在渥太華連開兩家新店。館內設計風格新潮，各可容納 220 位客人，並設有獨立的可容納 80 位客人的廳房。連鎖店的快速拓展，需要大批經營人才快速跟進。於是，滕飛提出「從士兵到將軍」，從八個店的員工中選擇股東共同經營管理，與員工實行共贏。

滕飛說，我們 168 的合夥人們還年輕，年輕就是資本，智慧就是資本，勇氣就是資本。他的這番話，蘊含了孫子的「智信嚴仁勇」。滕飛的經營理念 6 個字：恒德、思學、勤行，也體現了孫子的哲理：恒德即孫子宣導的「為將五德」，思學即孫子創立的智慧謀略，勤行即孫子提出的「合利而動」。

墨西哥篇

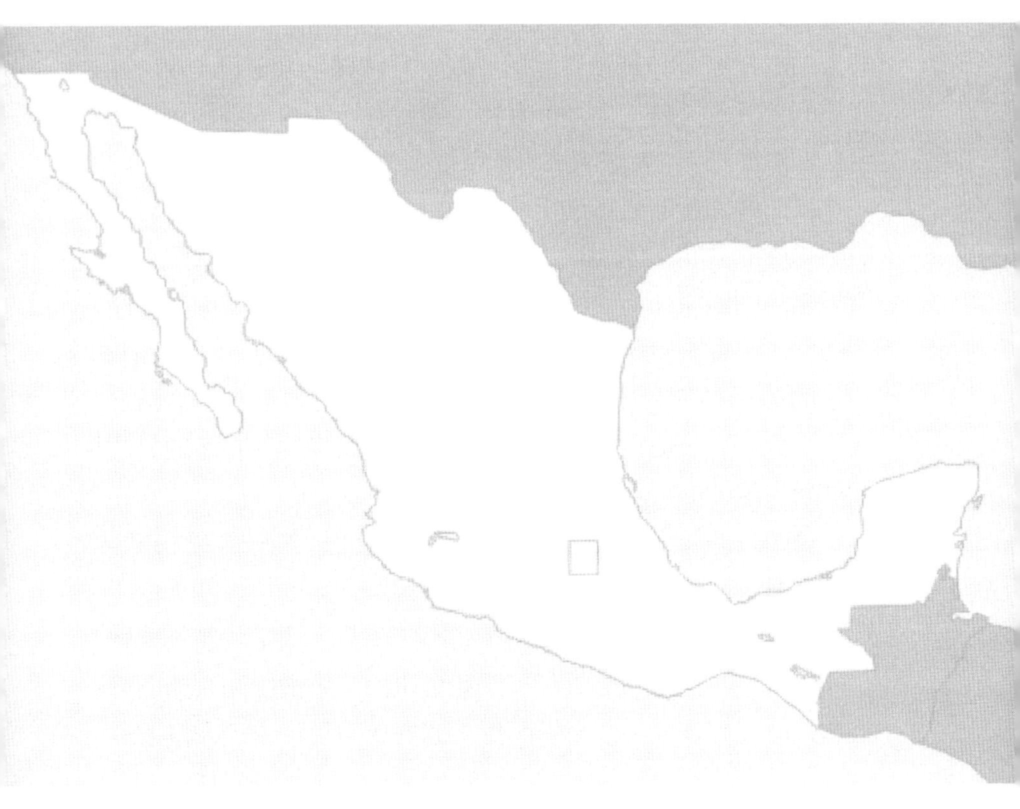

學《孫子兵法》讓墨西哥人更聰明

「為什麼中國人、日本人、韓國人在墨西哥生意做得這麼精？因為他們聰明，學過《孫子兵法》，會妙算」。一位做海鮮生意的墨西哥人對記者表示，原來以為中國的孫子只會教人怎樣打仗，現在知道了，孫子還教人怎樣去經商。孫子是一個最有智慧的中國古人，學了孫子的智慧，會讓墨西哥人變得更聰明。

這位墨西哥海鮮生意人的話，具有一定的代表性。墨西哥人有兩種，一種是歐洲血統的上層人士，一種是印第安血統的下層百姓。據說，上層的人頭腦精明，能掐會算，而處於下層的人由於沒有受到良好的教育，做生意確實不太會算，連一些簡單的口算都不會，拿個計算器反覆計算，不少人在算賬時甚至只會做加法，不會做減法，經常被人笑話墨西哥下層人很笨。

旅居墨西哥的老華僑李學有告訴記者，在墨西哥做生意的中國人、日本人和韓國人則完全不同了。和墨西哥下層人一樣，來自中國東南沿海的農民，文化雖不高，口算起來卻能脫口而出，不會有差錯，令墨西哥人敬佩的五體投地。這是因為中國的農民長期受中國傳統文化的薰陶，他們不一定都讀過《孫子兵法》，但對孫子的計算、妙算還是懂的，在墨西哥的中國商人最大的特點是能爭會算。

墨西哥海鮮生意人與記者交流說，墨西哥兩面環海，東臨墨西哥灣，西臨太平洋，海產主要有對蝦、金槍魚、沙丁魚、鮑魚等，其中對蝦和鮑魚是傳統的出口產品。開始我們不會做海鮮生意，好端端的帶魚和海帶都白白扔掉，被中國人開的餐館拿去掙了許多錢。後來墨西哥人開的餐館也學中國人做帶魚和海帶了。

日本商人精通《孫子兵法》，很會做生意。墨西哥海參、生蠔、三文魚產品價格低廉，日本商人大量收購，銷往日本賺了大錢。韓國商人也懂孫子的謀略，生意做得也很精。墨西哥海鮮生意人感慨地說，可以說，我們墨西哥商人是從中國人、日本人和韓國人那裏瞭解孫子的，現在不少墨西哥商人也在學《孫子兵法》。

記者在墨西哥城書店看到，哲學書架上擺滿了各種版本《孫子兵法》，其中西班牙版最受墨西哥人歡迎，因墨西哥官方語言為西班牙語。年輕的書店老闆對記者說，近年來墨西哥學漢語的人在逐年增加，熱愛中國傳統文化的人越來越多，中國古代典籍很看好，包括孔子、老子、莊子、孫子的書都很好銷。

書店老闆還說，墨西哥人把《孫子兵法》當作哲學書而不是戰爭書，來書店買《孫子兵法》的不僅有墨西哥學生、政府官員、文化界人士，也有墨西哥商人。當然，中文版和英文版看得懂的人並不多，要數西班牙版銷售最火爆。

李學有介紹說，最近十年，墨西哥政界、商界和學術界人

墨西哥城書店有各種版本《孫子兵法》。

士紛紛開始將目光重新轉向中國，關注中國文化，研究並挖掘中國機遇。中國文化博大精深，墨西哥也有不少人因為對中國文化感興趣而對中國產品情有獨鍾。近年來隨著「中國熱」的興起，越來越多的墨西哥人喜歡上中國的傳統文化。不過早在十年、二十年前，就有一些墨西哥人深深地被中國文化所吸引，學習研究《孫子兵法》不在少數。

墨西哥人稱《孫子》是全人類的寶貴財富

中央庭院深處一池碧水，池中蘆葦搖曳，清波蕩漾；水幕中的銅雕畫卷忽隱忽現，如夢如幻；「人間」展廳溫和的陽光，還原墨西哥人生活的標誌性場景；「天堂」展廳婆娑的樹影，大自然風光盡收眼底……墨西哥城國家人類學博物館自然之美與人文之美交相輝映，向人們描述了人類和平的景象。而在人類學專家眼中，《孫子兵法》是全人類的寶貴財富。

墨西哥城國家人類學博物館集人類科學文化之大成，展示著墨西哥數千年來在各個領域創造的輝煌文明。同時，它也是整個拉美地區最大的博物館，清晰地展示了人類起源和發展的全貌，在世界博物館界獨樹一幟。

墨西哥人類學博物館的藏品不僅反映了墨西哥，也反映了整個美洲早期文明的進程，第一次向世界人民展示了美洲人民輝煌的歷史、被譽為美洲印第安人文化搖籃的瑪雅文化的特點和演化歷史。參觀了這個著名的博物館，人們除了驚歎古代美洲人卓越成就外，也為拉丁美洲著名的文明古國墨西哥古老文明和燦爛文化所震撼。

墨西哥國家人類學博物館講解員介紹說，人類學一詞，起源於希臘文，意思是研究人的學科。當代人類學具有自然科學、人文科學與社會科學的特徵。文化人類學是從文化的角度研究人類種種行為的學科，它研究人類各民族創造的文化。拉美文明和中華文明都是文化人類學的瑰寶，在人類文明史上寫下了光輝燦爛的篇章。

墨西哥著名考古學家考證，地球人類的誕生可追溯到幾十萬年以前。在這漫長的歲月裏人類始終進行著戰爭，先是人類與自然的戰爭，後是人類與動物的戰爭，再後來發展到人類之間的戰爭。有關人類戰爭最早的記載是西元前 2800 年開始的。西方軍事史專家都持這樣的觀點：戰爭是人類文明進程中一種罪惡的發明，而在史前，人類本無戰爭，到處充滿了和平，就像墨西哥及美洲早期文明那樣。

人類是一個平等的、和睦共處的大家庭，人們不分國家、種族、文化、信仰。而千百年來，人類之間充滿了戰爭，某些人們正在用戰爭毀滅著自己唯一賴以生存的地球。墨西哥人類學者擔憂，時至今日，戰爭的慘烈程度、其技術破壞力已發展到可毀滅全人類、全地球數十次的地步。這種對平民施行屠殺、滅絕的非人道行為和毀滅人類的行為，構成了「反人類罪」。

墨西哥人類學者認為， 戰爭與和平是人類社會的兩種基本狀態，減少戰爭就意味著增進和平。人類各種文明應該和平共處，和平是人類的共同追求。中國早在 2500 年前的春秋戰國時期，孫子就提出戰爭對人類的危害，戰爭給人類帶來災難，讓人類遠離戰爭，降低和減少對人類的威脅。

墨西哥人類學博物館曾經展示過中國的兵馬俑，中華文明和拉美文明在這裏匯聚。在歐美，兵馬俑成了孫子的形象代言人。《孫子兵法》提出，「主不可以怒而興師，將不可以慍而致戰」，就是要盡量避免不必要的、非理性的戰爭。在人類尚不能消滅戰爭根源的今天，國際社會應理性地認識戰爭、積極地控制戰爭，有效地降低戰爭的頻率和規模，讓人類邁向持久和平。

墨西哥國家人類學博物館。

墨西哥人稱孫子是讓戰爭走開的兵神

在占地 800 公頃的墨西哥城市公園裏，有一座紀念碑，叫少年英雄紀念碑。1847 年美墨戰爭中曾經有 6 位年輕的小英雄，面對美國侵略者頑強不屈，在此英勇就義，於是立碑紀念。墨西哥六位小英雄化成六根頂天立地的柱子，是墨西哥人民反抗外來侵略、維護民族獨立的精神象徵。

墨西哥城的標誌之一天使紀念碑，也叫獨立紀念碑，坐落在改革大道的一個廣場上。它是為紀念墨西哥獨立一百週年而建的，因碑頂豎立的一座展翅欲飛的勝利女神鍍金銅像而得名。北京奧運會期間，天使神像的模型還在北京展出過。天使神像高 6.7 米、重有 7 噸。她的右手托著一頂桂冠，左手握著一節鏈條，表示歷時三百年的西班牙殖民統治的枷鎖已徹底砸斷。

紀念碑的四周豎立著雷洛斯、格雷羅、木納和布拉沃 4 位為爭取墨西哥獨立而獻身的民族英雄的雕像。中間拿旗的是墨西哥獨立之父伊達爾，是墨西哥人民獨立精神的象徵，也是墨西哥人民反對外來侵略者、爭取民族獨立的勝利標誌。

據介紹，1518 年西班牙殖民者入侵墨西哥，之後淪為西班牙殖民地。西班牙人將各種瘟疫和傳染病帶到美洲，天花、流感、鼠疫、痲疹，數以十萬計的土人受到感染，這些流行病可能造成大約八百萬當地人死亡。1810 年 9 月 16 日，伊達爾神父在多洛雷斯城發動起義，開始了獨立戰爭。為紀念這次起義，後定該日為墨西哥獨立日。

1846 年美國發動侵墨戰爭，墨西哥被迫將北部的德克薩斯、新墨西哥、加利福尼亞等 230 萬平方公里的土地割讓給美國，墨西哥喪失了大半國土，死亡人數估計達 2.5 萬，元氣大傷。一本史書有一幅漫畫，描寫戰前的墨西哥鷹羽毛豐滿，戰後則乾癟枯瘦，上面寫著一句話：「傲蠻的美國佬十九世紀在掠奪。」

1861 年，英、法、西三國代表在倫敦簽訂協定，決定共

墨西哥城少年英雄紀念碑。

同入侵墨西哥。墨西哥在胡亞雷斯領導下開展了反英法西戰爭，號召全國人民團結一致保衛祖國。1862 年 4 月 16 日，法國悍然宣布與胡亞雷斯政府處於戰爭狀態。1865 年秋，胡亞雷斯政府遷至墨美邊境的埃爾帕索廣泛展開游擊戰爭，使侵略軍陷於廣大人民的包圍之中。法國在侵墨戰爭中，付出了 6,500 人和 3 億法郎的代價。

此間華人學者稱，長期經歷戰爭的墨西哥人痛恨戰爭，酷好和平。曾領導過農民游擊戰的墨西哥的革命英雄薩帕塔在國內推崇《孫子兵法》。曾八次訪華墨西哥前總統路易斯・埃切維利亞・阿爾瓦雷斯說，中國在世界上是和平的象徵，是維護世界和平的一支重要力量。2013 年，中墨戰略夥伴關係提升為全面戰略夥伴關係。

墨西哥人稱天使紀念碑紀念的是和平天使，而稱中國的孫子讓戰爭和災難走開的兵神。在墨西哥城書店裏，一位正在翻閱西班牙版《孫子兵法》的墨西哥人對記者說，「墨西哥・中國文化節」上，他看到「孫子故里」山東的孫子文化展示，很受啟發。孫子所宣導的根本上是關於用謀略來延緩和遏制戰爭，而不是無限制地擴大戰爭，這裏我們必須達成明顯的共識。

墨西哥國立自治大學弘揚中國兵法

記者來到墨西哥國立自治大學，這是墨西哥規模最大、歷史最悠久的大學，也是拉丁美洲最大的高等學府，僅學生就有 31 萬人，在世界上有著很大影響。其漢語教學更以開展時間最早、學生人數最多、教學品質最佳而聲譽卓著。做為中墨友好的見證，自 1972 年兩國建交後不久，中國便根據雙方政府文化協議，向該校派遣了漢語教師。

墨西哥國立自治大學圖書館是一幢十層高的大樓，整幢大樓外壁繪有墨西哥最大的壁畫，也是世界文化遺產的一個部分，全部用一釐米見方的彩色馬賽克拼接而成。圖書館的管理員對記者說，該圖書館漢語書籍很多，中國古代典籍也很豐富，中文系的學生經常來借閱。說著，她在電腦上查到圖書館有各種版本的《孫子兵法》和中國兵家文化的書籍達一千多本。

新華人劉小姐是廣東人，曾在墨西哥國立自治大學就讀，她一邊陪同記者參觀，一邊介紹說，墨西哥國立自治大學對中國文化很熱衷，2009 年，該大學中墨研究中心舉辦題為「中國和墨西哥走向對話」國際研討會； 2010 年，中國三軍儀仗隊隊員與墨西哥國立自治大學中文系的大學生進行交流，中國軍人的素質和風貌也給大學生們留下深刻印象；2012 年，「漢語橋」世界大學生中文比賽預賽在墨西哥國立自治大學舉行。

劉小姐告訴記者，墨西哥國立自治大學中墨研究中心主任恩里克・杜塞爾對中國文化很鍾情，他說，中國傳統文化越來越受墨西哥人的喜愛，中國的影響力越來越大，中國作用也越來越重要，墨西哥已把發展對華關係置於最為優先的位置。

墨西哥國立自治大學孔子學院五年間共培養了超過 3,900 名學生，全部是墨西哥人，他們幾乎全都是中國文化的愛好者，有的是武術教練，甚至一些學生全家人都為中國文化著迷。該學院舉辦了數百場文化推廣活動，開展中國文化培訓，包括中國兵家文化的電影展映、文藝表演、詩詞書畫、中醫講座、 武術太極，讓墨西哥觀眾們體會到了中國文化的博大精深，擴大了中國文化在墨西哥的傳播和影響。

墨西哥國立自治大學孔子學院圖書館，《孫子兵法》等中國兵家文化書籍受到墨西哥人的喜愛。中國駐墨西哥大使曾鋼說，孔子學院圖書館的啟用，為關心中國語言和文化的墨西哥朋友提供了一個很好的平臺，大家可以通過閱讀這裏的書籍，瞭解中國古老的哲學思想，一脈相承的文化和中國人的思維方式，對於中墨兩國人民之間的相互瞭解起到促進作用。

1968 年，第 19 屆夏季奧運會在該大學城奧林匹克體育場舉辦，這是史上「最高」的奧運會，第一次在海拔高度為 2,300 米的地方舉行。這裏的空氣含氧量要少 30%。稀薄的空氣對許多參加耐力項目的選手們來說無疑是一場嚴峻的考驗。本屆奧運會不僅所破紀錄「品質」高，而且個別項目創造了「新高」。美國選手迪克・福斯貝利以他獨特的起跳方式「背越式跳高」，這是一次真正意義的「跳高革命」，演繹了《孫子兵法》「居高臨下，勢如破竹」的場景。

墨西哥國立自治大學體育館用五彩繽紛的馬賽克浮雕修飾外牆，象徵國家、和平、大學和體育。從墨西哥國立自治大學走出著名足球明星烏戈・桑切斯・馬爾克斯、網球球星埃萊娜・蘇比拉茨，他們都崇拜中國的孫子。墨西哥國立自治大學美洲豹隊通曉《孫子兵法》，曾十次殺入世界杯決賽圈。1986 年世界盃賽在米盧的帶領下，史無前例的打入八強，奠定了該國在中北美地區的霸主地位。

墨西哥國立自治大學圖書館。

墨西哥華人稱孫子智慧是無價寶

來自廣東的墨西哥新華人劉小姐在墨西哥國立自治大學圖書館閱讀《孫子兵法》，她在接受記者採訪時表示，中國人在海外生存發展，有一樣東西千萬不能丟，那就是老祖宗傳下來的優秀文化。如今在海外影響最大、最受崇拜的中國優秀文化代表人物莫過於兩人，一個是孔子，一個是孫子。孔子學院以傳播中華文化而譽滿全球，《孫子兵法》以智慧應用而揚名海外。

持有劉小姐相同觀點的墨西哥華僑華人不在少數。記者在墨西哥採訪期間，聽到最多的一句話是「中國人有智慧」。中國傳統智慧包藏宇宙之玄機，蘊含天地之精妙，是大智大慧。《孫子兵法》就是一部博大精深的智慧之書，是奧妙無窮的智慧之法，是一次不能讀完的好書，甚至是值得一生都可以讀的好書。

「孫子智慧是無價之寶，一個人擁有孫子智慧，並懂得運用孫子智慧，就能在海外從容面對一切。」在墨西哥開中醫館的王先生如是說。王先生兄弟姐妹三人二十多年前來墨西哥，如今三家都在墨西哥城定居，姐姐和妹妹開了商務旅遊公司，近年來墨西哥商務考察的越來越多，生意也越來越火紅；墨西哥人相信中國傳統醫術，他開的中醫診所也門庭若市。

王先生對記者說，在墨西哥生活了二十年，我最大的感受是智慧的重要，這是華僑華人生存的法寶，發展的武器。說到底，華僑華人在海外立足成功，不僅要靠勤勞，更要靠智慧，墨西哥人最信服的也是中國人的智慧。古代的兵法思想可以說是一種哲學，滲透到社會的方方面面。我經常從古代的戰火紛飛中思考人生的哲學，思考人生的智慧，非常有益。

目前中醫針灸治療已在墨西哥正式獲得了官方許可，墨西哥掀起了「中醫熱」。王先生介紹說，據不完全統計，墨西哥已經有 7 所高等院校開設了中醫專業，中醫從業人員超過了數萬人，其中 95% 以上為本地醫生，針灸師有五千多人，大大小小的中醫診所和針灸講習班遍地開花，墨西哥人讚歎「中醫不可思議」。而中醫之所以神奇，源於中國傳統文化，也應用了《孫子兵法》的智慧：用藥如用兵！

在墨西哥華人圈裏久負盛名的闞鳳芹，既是一名女律師，又是中華文化活躍的傳播者，在她身上散發著東方女人的聰慧與儒雅氣質。她用中國女人獨特的智慧，在墨西哥法庭上據理力爭，維護華人利益。她編撰墨西哥第一份中文報紙《中國人商會會刊》，在促進貿易的同時弘揚中國傳統文化，傳播中國人的智慧，促進華人之間的凝聚力。

在墨西哥城「沃爾瑪」超市邊上有一家名為「2008」的小精品店，這是一位來自《孫子兵法》誕生地蘇州的姑娘小楊開的。小楊是一個智慧女孩，她之所以把店起名為「2008」，是因為 2008 年北京舉辦舉世矚目的奧運會。她說在海外經商不僅要賺辛苦錢，最重要的是用腦子賺錢。她打理這個約 15 平方米的小店裏物品豐富，唐裝、披肩、首飾、 風油精等等，凡是她認為能賺錢的小商品她都會嘗試進些貨。

墨西哥老一代的華人更具中國人的智慧謀略，墨西哥華人首富李華文就是突出代表。百年來，李氏家族成員已經達到 150 人，經過兩代人的奮鬥，李氏家族在墨西哥擁有 120 家超市、兩個著名棒球隊、一個年出欄量達 65,000 頭牛的養殖場、一個占地 15 公頃的溫室種植園和 4,500 公頃耕地等產業。在墨西哥，李氏家族的超市規模僅次於沃爾瑪和墨西哥國營超市。

許多華人反映，在墨西哥賺錢不算很難，因為墨西哥人對充滿東方特色的中餐和中國小商品還是比較喜歡的，墨西哥人性格開朗，比較容易打交道。在墨西哥華人圈裏比較被認可的

墨西哥新華人在圖書館閱讀《孫子兵法》。

一句話是，只要肯吃苦用腦，在墨西哥是不愁沒錢賺的。

墨西哥城小唐人街藏中國大智慧

距離墨西哥城市中心最熱鬧的藝術劇院僅百米之遙，從車水馬龍的 Juárez 大街上一拐進名叫 Dolores 的小街，滿眼都是大紅燈籠，這就是墨西哥城唐人街，這也許是世界上最小的唐人街。令記者沒想到的是，在世界最大城市之一的墨西哥城市中心竟然隱藏著這麼一個小華埠。

這條唐人小街長不過 50 米，一眼就能望到盡頭；兩邊的小中餐館，商店出售廉價的中國小商品。從規模上講，墨西哥城的這條小小的唐人街跟大多數海外的中國城沒法比，但街上懸掛的大紅燈籠從裏往外透著中國文化，好景樓餐廳、東風飯店、上海飯店、重建大酒家、漢化珠寶、康興貿易公司以及針灸按摩等十幾家華人商家在此聚集，琳琅滿目的中國商品和粵式風味的美味佳餚，每天都吸引著無數的遊客和行人。

墨西哥文化學者稱，墨西哥城小小的唐人街蘊藏中國大智慧，被稱為「東方世界」。記者看到，《孫子兵法》、《三國演義》、《英雄》、《臥虎藏龍》和《十面埋伏》等中國文化書籍、影視光碟在這裏隨處可見。櫥窗裏陳列的工藝品洋溢著濃濃的中國文化味兒，孔子、老子、孔明、關公等中國智慧和財富人物栩栩如生。

陪同記者採訪的當地華人介紹說，早在十六世紀中葉，就有在西班牙船上做船工的部分菲律賓華僑移居墨西哥，在各地造船、經商和做工。十六世紀末在墨西哥城已有唐人街。來自中國的醫生、裁縫、織工、金銀首飾匠、木匠、理髮師以及商人已活躍於該城的經濟生活中。如今，墨西哥的華人越來越多，來投資的中資公司數量也在增加。據中國駐墨西哥使館最新的估計，華裔人數在 5 萬至 10 萬之間。

華人在墨西哥的發展一靠老祖宗傳下的智慧，二靠自己的勤勞。當地華人對記者說，墨西哥城小唐人街的小店每天基本

墨西哥城唐人街。

是早上 10 點開門，晚上 10 點關門。到這裏來的墨西哥人回頭客特別多，他們大多數都非常喜歡中國的東西，甚至還會介紹一些親戚朋友來買東西。而華商們每天都在店裏守十二個小時。

墨西哥人說，中國人有智慧，很聰明，他們都很喜歡唐人街的中國產品了。一位墨西哥司機告訴記者，墨西哥節日多，墨西哥人喜歡搞「聚會」，喜歡互贈禮品，中國產品在墨西哥幾乎無處不在，中國的工藝品和玩具很受歡迎。

孫子在〈兵勢篇〉中說：「凡治眾如治寡，分數是也；鬥眾如鬥寡，形名是也。」意思是，治理千軍萬馬就如同治理小部隊一樣簡單，那是由於有嚴密的組織編制；指揮大軍作戰就如同指揮小部隊作戰一樣容易，那是由於有有效的號令指揮。反之，治寡如治眾，鬥寡如鬥眾。能治理小部隊，也能治理千軍萬馬；能指揮小部隊就能指揮大兵團作戰。

當地華人文化學者認為，不管是小部隊還是大部隊，靠的是大智慧，大謀略，靠的是嚴密的組織，有效的號令指揮。墨西哥城唐人街雖小，但已成「勢」，在墨西哥影響很大。中國有一句俗話：「螺螄殼裏做道場」。在螺螄殼裏做出場面，做出名氣，是需要智慧和謀略的。孫子的奇正之術，在小巧玲瓏的墨西哥城唐人街演繹的淋漓盡致。

巴西篇

巴西人對《孫子》熱衷源於對足球狂熱

記者在巴西第一大城市聖保羅和第二大城市里約熱內盧看到，書店裏巴西版《孫子兵法》有十多個版本，都是葡萄牙文，巴西是南美唯獨被葡萄牙殖民統治的，其他國家大都被西班牙殖民統治，至今巴西都流行葡萄牙語。巴西書店銷售人員告訴記者，巴西人對《孫子兵法》的熱衷與足球狂熱有關，因為巴西足球明星都崇拜中國的孫子。

巴西版《孫子兵法》封面設計五彩繽紛，十分顯眼，有紅、黃、綠、灰襯底的，也有黑白分明的，反差強烈，上面繪有孫子的各種形象或出鞘的寶劍。被譯為《戰爭的藝術》的《孫子兵法》葡萄牙文書名，也用紅白或黑白字體，布滿整個封面。

書店銷售人員對記者說，前來購買《孫子兵法》的巴西人比以前更多，銷量逐年上升，出的版本也越來越多。除了政府工作人員、商業人士和學生以外，最熱衷的要數巴西球迷，他們認為孫子教巴西人踢足球，當球迷不能不讀《孫子兵法》。

巴西人對足球的熱愛舉世皆知，在街頭、海灘上，隨處可見一群群足球少年。里約人會自豪地告訴你，濟科、羅納爾多、小羅納爾多、里瓦爾多、羅馬里奧、貝貝托、札加洛、托斯唐……這一個個世界級球星均出自里約。而巴西人對《孫子兵法》的熱愛，卻大大出乎記者的預料。

里約熱內盧有六十多家各種類型的博物館和七十多家圖書館，《孫子兵法》等中國典籍頗受到當地讀者的青睞。而巴西是足球的王國，足球俱樂部遍布全國，在巴西足球甲級聯賽中有四支球隊來自里約熱內盧，另有五十多個足球隊。在當地《孫子兵法》讀者群中，球星和球迷占了相當數量。里約熱內盧一位書店老闆稱，該書店最熱門的書是《足球》與《孫子》，常常脫銷。經常有人買一大籮《孫子兵法》送給球隊和球迷，該書籍的價格不菲，樂得書店老闆合不攏嘴。

據介紹，聖保羅是巴西和南美的工業、金融、商業、文化中心，是巴西經濟最發達的州，工業生產占全國工業總值的50%左右，一些國際著名銀行駐巴西總部和國內各大銀行的總部均設於此，是世界第三大期貨市場，石油資源非常豐富，來此投資的世界各國商人匯聚，聖保羅的企業家固然對被譽為全球商界「聖經」的《孫子兵法》頂禮膜拜。然而，聖保羅足球俱樂部常被稱為聖保羅，是一家相當老牌的巴西足球勁旅，聖保羅球迷把《孫子兵法》視為「足球聖經」，讀《孫子》，看足球，成為聖保羅球迷的家常便飯。

巴西各機場書店，各種版本《孫子兵法》竟然與足球明星的書籍放在一起。令記者吃驚的是，在巴西機場候機大廳裏，甚至在飛機上，巴西人帶著《孫子兵法》上飛機，認真閱讀。一位巴西老球迷說，他對中國孫子的癡迷不亞於足球，讀了《孫子兵法》才知道巴西球星為什麼對它如此愛不釋手。

巴西書店出售的《孫子兵法》。

在伊瓜蘇的工藝品商店裏，曹操、關公等中國兵家人物工藝品栩栩如生，這些工藝品與琳琅滿目的巴西國家隊球衣近在咫尺。尤其是左手持寶劍、右手握酒具的漢白玉中國兵家人物造型，吸引眾多遊客的眼球，穿上巴西球衣，與中國兵家人物合個影，別有一番情趣。

《孫子》成巴西足球王國「軍師」

記者來到世界上最大的足球場——里約熱內盧的馬拉卡納體育場，2014 年巴西世界盃將在此舉行。這座最多曾容納 20 萬人的球場看臺，在經過改裝之後仍能容納 10.5 萬人。球場入門處有濟科、羅納爾多、小羅納爾多、里瓦爾多等球星留下的大腳印。馬拉卡納體育場曾舉辦多次重大比賽，並誕生了足壇上的許多輝煌時刻。

陪同記者採訪的當地球迷介紹說，在巴西這個足球王國裏，中國的孫子儼然成了「軍師」。這部被翻譯成《戰爭的藝術》的著作，已經被有戰術理論大師之稱的佩雷拉研究得很透徹，每次外出比賽都如影隨形。斯科拉里也有這個習慣，旅行箱裏少不了《孫子兵法》。怪不得一名巴西記者說：「孫子，這位中國古代軍事思想家的幽靈似乎徘徊在球場上，每名大師級國腳的身邊都能感覺到他的影子。」

2002 年韓日足球世界盃期間，全世界的足球迷在為「桑巴舞」的出色表演如癡如醉的同時，紛紛探究其制勝的奧妙。對此，巴西國家足球隊主教練斯科拉里對媒體直言不諱地表示：「《孫子兵法》是巴西國家隊在世界杯上取勝的指南，我將繼續努力實踐它上面的思想。」

「戰術的基礎就是兵不厭詐，最高境界則是不戰而勝。」這是斯科拉里的足球哲學。這位公認的「老謀深算」的冠軍教頭酷愛研究中國的《孫子兵法》，他的一套奇特而精妙的執教理論，居然是從中國的兵法體系中汲取的。

據巴西權威報紙等媒體透露，斯科拉里在韓日世界盃賽中，將中國的《孫子兵法》做為喜歡閱讀的書攜帶前往世界盃，並應用於指揮球員。《孫子兵法》據傳係中國春秋末期(西元前 500 年左右)孫武所著，系統地解釋了用兵智慧。斯科拉里主教練表示「要把重要章節張貼在飯店隊員房間內」，力圖借助中國兵法實現第 5 次囊括世界盃。

巴西球迷對記者說，近年來，巴西出版了翻譯各種版本的《孫子兵法》，在軍事以及實業界廣受歡迎，更受巴西球星和球迷的青睞。斯科拉里用《孫子兵法》來鼓勵他的弟子們。他臨戰前在酒店的會議室裏為全體球員召開了第一次動員大會，並為首場與克羅地亞的小組賽進行了戰略部署，要求進行有針對性的訓練。他引用了一句「知己知彼，百戰不殆」來強調有針對性備戰的重要性，講臺上就放著這句話的出處《孫子兵法》。

做為世界冠軍的主教練，佩雷拉熟讀這本中國兵書，以求破敵之策。他執教方式可謂獨樹一幟，善於用中國軍事巨著《孫子兵法》來研究足球戰略，要求球員比賽注重整體，務求攻守平衡。巴西隊 2002 年世界盃淘汰英格蘭時，斯科拉里給他的弟子都發了一本《孫子兵法》供閱讀學習。斯科拉里這一招可謂「攻心為上」，取得了七戰全勝的戰績，幫助巴西隊第五次奪取世界盃的冠軍。

他的友人曾向媒體透露，佩雷拉每晚都研讀「孫子兵法」，這已經是他整個備戰體系的重要組成部分。他看《孫子兵法》的原因就是，他相信古人的謀略可以幫助他激發手下每一名球員的所有潛能。

佩雷拉說，他熟讀《孫子兵法》，相信球場如戰場。自己最重要的工作是要用《孫子兵法》來武裝巴西隊，做為巴西隊在本屆世界盃上戰術和心理上的寶典。他很喜歡讀這本包含著中國古人智慧的書，而且會將裏面的一些東西融合到他的執教思路裏面。他在接受《聖保羅報》記者的採訪時說：「我將帶一些鼓勵的書，如《孫子兵法》，我要把在這些書中讀到的一些東西告訴他們(球員)。」

巴西隊長卡福也是《孫子兵法》的一大粉絲，他是巴西國家足球隊出場最多的紀錄保持者，參加過四次世界盃比賽並且都在最後的決賽中登場。他熟諳孫子的攻守之道，攻守平衡，助攻犀利，防守穩健，擅長從右翼發動進攻，長驅直入到前場，甚至對方禁區，傳出落點極佳的傳中球，而且他還經常依靠遠射破門。卡福曾公開表示過對孫子的敬仰，並說是巴西隊在韓日奪冠的法寶：「這本書改變了我們對足球的思維方式，對比賽和對手的看法。」

一代巴西足球天王巨星濟科足智多謀，精通「足球戰爭藝

巴西里約熱內盧的世界上最大足球場。

術」，可踢多種位置，攻守俱佳，在足球比賽中創造了「倒勾射門」藝術，與孫子的「左勾拳」有異曲同工之妙，無愧為巴西藝術足球大師。

巴西傳奇前鋒綽號外星人、世界第一前鋒羅納爾多，具有孫子「風林火山」中「風」一般的速度，在當時無人能擋，最快百米紀錄 10 秒 3，至今保持著世界盃最高進球紀錄。他將成為巴西 2014 年世界盃的形象大使，利用外星人在全球範圍內的影響力推廣 2014 巴西世界盃。

小羅納爾多是巴西「足球戰爭藝術」中另一個將藝術足球和實用足球完美結合在一起的大師，擅打攻擊中場及邊鋒。他標誌性的過人動作「牛尾巴」，堪稱驚豔華麗。這個用腳踝來回一撥的動作，充分體現了球員對球的掌控能力和自身的協調性。

震驚世界的超級巨星球王貝利把「足球兵法」演繹的出神入化，他在二十多年足球生涯中共參加過一千多場比賽，他所取得的 1,283 個進球，是在無數人嚴密盯防下、沒有紅黃牌保護下完成的。《孫子兵法》云：「天下之事，伺時而發，待機而動，萬事而無不成。」球王貝利說：「我踢球不是追著球跑，而是先看球會到哪裏，跑過去等著。」

巴西人稱孫子與耶穌同是聖人一樣偉大

在海拔 2310 尺的巴西里約熱內盧的耶穌山上，有一巨型耶穌基督十字像，此像高 38 米，寬 28 米，頭部長近 4 米，手長 3.20 米，釘在受難十字架上的兩手伸展寬度達 28 米，身上衣袖寬度為 5 米，重量超過 1,200 噸，是世界上最有名的巨型雕塑珍品之一。

一位巴西孫子研究學者說，耶穌是上帝的兒子，兩千多年前出生於以色列的伯利恒，孫子是皇帝的軍師，兩千五百多年前出生在中國的山東；耶穌三十歲左右開始傳道，孫子三十歲撰寫世界第一兵書；耶穌是基督教的創始人，也是基督教徒所信奉的救世主，孫子是中國古代軍事辯證法的創始人，也是百世兵家之師；耶穌降世，為要拯救罪人，努力傳播福音，《孫子兵法》誕生，為要拯救戰爭災難，宣導人類和平。因此，孫子與耶穌同是聖人，一樣偉大。

巴西學者稱，從某種意義上說，孫子與耶穌確有驚人的相似之處。耶穌基督對世人的拯救是超越時空的，因為神的愛是超越時空永遠長存的；孫子的戰略與謀略思想跨越幾千年時空，越過千山萬水，是不朽永存的，因為智慧是不分國界的；耶穌在榮耀的十字架上顯示出無與倫比的偉大，孫子在戰爭與和平的十字路口彰顯出前所未有的睿智；耶穌二千年來信仰者有增無減，被廣泛地傳揚，祂的誕辰還是全世界人類普天同慶之日，孫子思想二千五百年來世代相傳，被全世界廣泛應用，成為全人類的智慧寶庫。

有意思的是，把《孫子兵法》傳到西方的第一人是法國耶穌會傳教士，名叫約瑟夫・阿米奧特，他把第一本《孫子》翻譯本帶入法國，引起了法國乃至西方學術界及廣大民眾對東方兵法研究的極大興趣，後來《孫子兵法》和各種兵書的多種西方語言譯本也相繼問世，全球掀起了一股又一股經久不衰的「孫子熱」。

義大利版《孫子兵法》在介紹中寫道，耶穌前三百多年創作的中國兵法，集孫子前的兵法智慧之大成，這部東方軍事哲學書影響了許多世紀，現在這部書居然在管理上全世界都在應用。美國學者稱讚，中國的《孫子兵法》恐怕只有《聖經》才能比肩；而全世界各個領域都在應用《孫子兵法》，這恐怕連《聖經》都無法比擬。新加坡孫子兵法國際沙龍主席呂羅拔說，耶穌拿十二門徒「最後的晚餐」，說明要精英凝聚，與孫子為將之道的人才觀「聖人所見略同」。

位於巴西里約熱內盧的耶穌像。

日本孫子國際研究中心成立伊始，便發起將孫子列為世界五大聖人的簽名活動。其活動《宗旨》中指出：「孫子與此四大聖人（蘇格拉底、釋迦牟尼、孔子、耶穌基督）相比並不遜色，孫子以『如何不戰而維持和平』的哲學，以不發動悲傷、悲慘戰爭的『王道』為最高境界。孫子的『不戰論』為世界和平做出了重大貢獻。在此，倡議將熱愛和平、以道德為本、提倡『共存共榮』、『不戰而勝』的孫子認定為世界五大聖人之一，使其堂堂步入聖人殿堂」。

巴西學者提出，耶穌雖是傳說中的虛構人物，卻已有全世界公認的「標準像」，而孫子確有其人，但至今還沒有「標準像」，各種形象五花八門，這對孫子極不公平。他贊同如定不了孫子的「標準像」，就暫且用中國兵馬俑做為孫子的形象代言人。

孫子和平思想對拉美各國具有指導意義

拉丁美洲紀念館是聖保羅地標建築，位於聖保羅市中心。建築群中最給人視覺衝擊的莫過於在中央廣場上豎立的巨大手形雕塑。這只巨大手掌五指朝天伸展，灰色的手掌中央刻著鮮紅的南美洲地圖，看上去好似一道觸目的血跡，高高矗立於灰色混凝土地面的空曠廣場上。這個主題雕塑象徵表達拉美各國獨立和平，這中間鮮紅的血跡讓人覺得拉美的獨立和平來之不易，是由鮮血染成的。

記者注意到，在當今世界形勢日益複雜國際和國內衝突連綿不斷，戰爭由機械化戰爭向資訊化戰爭形態轉變的大背景下，《孫子兵法》所蘊含的和平與智慧思想及其應對現實問題的巨大理論價值，似乎更能引起拉美各國軍人和孫子研究學者的共鳴。

徜徉在巴西利亞的街道，就會看到許多建築甚至是廣場綠地都同「人」與「和平」有關。城市中心的三權廣場遍地都是和平鴿，裏面還建有和平鴿巢。其象徵意義是不言自明的。最有意思的是三軍總部大樓前的寶劍雕塑，劍身與劍柄折斷分離，劍身像一座紀念碑高聳於前，劍柄以奇特的造型橫臥於後，象徵著不要戰爭要和平。

阿根廷和平祭壇是一個供奉和平女神的祭壇，西元前 13 年 7 月 4 日由羅馬元老院修建，以慶祝羅馬皇帝奧古斯都從西班牙和高盧凱旋，西元前 9 年 1 月 30 日羅馬元老院進行祝聖，以慶祝奧古斯都勝利後為帝國帶來的和平。

布宜諾斯艾利斯聯合國廣場中間，有一個象徵和平的不銹鋼雕塑，是一朵盛開的鬱金香，在陽光下熠熠閃光。這朵巨大的銀白色金屬花，號稱「花王」，張開的六枚巨大花瓣，每一片都高達 23 米，花的直徑關閉時 16 米，開放時 32 米。花朵由六片大花瓣組成，總重 18 噸。花朵中間還有幾根花蕊，每天日出時將花瓣打開，日落時又自動閉合。

2003 年，阿根廷就舉行了一次譴責戰爭、呼籲和平，繪出世界第一長卷被記入金氏世界紀錄，總長度為 2,350 米，打破了2,011米的世界紀錄。該長卷所做的畫都是以和平為主題，目的就是為世界祈求和平，讓地球成為祥和幸福的家園。

2008年，阿根廷首都布宜諾斯艾利斯市政府官員宣布，布市政府正考慮使這座南美名城變成不部署軍隊和進攻性武器的「和平之城」，使之永遠免遭戰爭蹂躪。該市根據相關國際標準，首先申請成為「非戰之城」，即城市中沒有軍隊、進攻性武器和兵工廠，然後再申請成為「和平之城」。成為「和平之城」後，布市將不會捲入戰爭，在任何情況下都不能受到軍事攻擊。

據介紹，拉美各國軍人和學者對《孫子兵法》的關注集中在如何控制戰爭。許多拉美軍人和學者認為，以往多數軍事名著都把理論闡述的重點放在如何打贏戰爭上，而《孫子兵法》則在關注打贏戰爭的同時又很注意控制戰爭。阿根廷政府負責人道救援事務的官員加布里稱，阿根廷和大部分拉美國家多年來一直處於沒有戰爭的和平狀態，許多拉美城市可以仿效布宜諾斯艾利斯的做法申請成為「和平之城」。

在和平與發展成為世界潮流的今天，越來越多的拉美人開始有意識地運用孫子的「全勝」思想，遏制窮兵黷武的戰爭行為，提倡用非暴力手段解決國際爭端和民族、國家之間長期以來愈演愈烈的矛盾與衝突。智利空軍總司令里卡多・奧爾特加・皮埃爾上將演說中引用了《孫子兵法・九地篇》中的名句，他說，智利一個非常重要的作用就是對世界的和平和穩定作出貢獻。

根據世界經濟與和平研究所對世界和平指數的最新評估，2012年，智利排名世界第30位，較去年上升8位，成為拉丁美洲最和平的國家。2011年6月，智利國防部長阿利亞曼德和阿根廷國防部長普里塞利同意建立一支兩國和平部隊「南十字聯合和平隊」供聯合國使用，在任何情況下為和平而工作。

位於聖保羅的拉丁美洲紀念館。

世界經濟與和平研究所指出，在日趨和平的國際形勢下，拉丁美洲總體來說也越來越和平。在拉美 23 個國家中，16 個國家的評分有所上升。

在拉美不少國家有武器廣場，過去是殖民統治者鎮壓當地人民的地方。如今名稱仍用，武器不在，和平鴿在廣場上空飛翔，一片祥和的景象。拉美孫子研究學者指出，當前世界範圍處於以和平發展為主流的時代，孫子的和平思想對拉美各國具有重要的指導意義。《孫子兵法》所蘊含的「慎戰」、「不戰」的和平思想，正在照耀著分布 31 個國家和地區的拉美。中國感動拉美，源自和平發展；美麗的拉美崛起，需要走自己的和平發展之路。

阿根廷篇

阿根廷興起「漢語熱」催生「孫子熱」

記者在阿根廷採訪時獲悉，越來越多的阿根廷人對中國的興趣日益濃厚，學習漢語的熱情高漲。隨著「漢語熱」的不斷升溫，《孫子兵法》等中國傳統文化熱在阿根廷也隨之升溫，翻譯出版數量直線上升。

阿根廷書店和咖啡館遍布在城市的每一個角落。走進布宜諾斯艾利斯步行街最大的書店，彷彿走進一座富麗堂皇的古典劇院。該書店有四層樓面，每年接待逾百萬購書者。記者發現，《孫子兵法》被列為哲學書類，整整一大櫃子，大都是西班牙文版的，也有英文版的。書店銷售人員介紹說，來書店買《孫子兵法》的除了學者和商業人士，學生是最大的讀者群，尤其是正在或者準備學漢語的學生。

據介紹，阿根廷國立拉普拉塔大學為該校孔子學院的漢語班招生，在幾天時間裏接到了幾百個諮詢電話，當地民眾學習漢語的興趣如此濃厚，完全出乎他們的預料。拉普拉塔大學的教務主任安德雷婭·帕皮爾說，報名和諮詢的人裏有學生、工人、職員，甚至還有不少退休的老人，報名的學生人數還在不斷增加。布宜諾斯艾利斯大學語言中心主任貢薩洛·比利亞魯埃爾稱，目前阿根廷人對漢語抱有如此高的熱情，主要是長久以來對東方文化，特別是中國古老的文化就有極高的興趣。

一位報名的阿根廷學生說，他已經閱讀了很多關於中國的書籍和報導，對中國產生了濃厚的興趣，他很想知道這個古老的東方古國是如何在短短幾十年間崛起成為一個對世界擁有巨大影響的國家，也很想瞭解以孔子和孫子為代表的中國博大精深的傳統文化是如何影響世界的。

目前，阿根廷已經成立了兩所孔子學院，除了阿根廷總統克里斯蒂娜的母校拉普拉塔大學外，布宜諾斯艾利斯大學也成立了孔子學院，成為阿根廷人認識中國、瞭解中國的一扇窗。阿根廷的一些大學、研究機構、商會和民間組織，都開設了不同形式的漢語和中國傳統文化課程，同樣很受歡迎。

從學漢語到熱衷研究傳播中國傳統文化，最具代表性的要數阿根廷國立薩爾大多大學的教授馬豪恩，他是知名的中國問題專家。馬豪恩年幼時跟隨身為阿根廷駐華武官的父親前往中國，先後就讀於北京芳草地小學和北京第 55 中學，學習漢語和中國文化。回到阿根廷後，他在一家華人開設的教育機構裏繼續學習漢語和中國歷史。

據馬豪恩介紹，對於阿根廷的讀者來說，他們更多地想瞭解中國的古典文學、古典文化。在阿根廷的書店裏，有許多老子、孔子、孫子的著作。另外，《孫子兵法》還被轉化到商業中運用。

阿根廷—中國工商會執行祕書埃內斯托・塔博阿達最近撰

阿根廷書店出售的《孫子兵法》。

寫了一本《中國的生意文化》，向阿根廷人講述中國的歷史文化和商業傳統。塔博阿達說，對於阿根廷企業家來說，如果不了解中國的文化傳統，就很難在中國將生意做大。他在書中向阿根廷企業家詳細介紹了《論語》、《易經》和《孫子兵法》等中國的經典古籍以及儒家的核心思想。

塔博阿達說，阿根廷和世界其他國家興起的「漢語熱」基本和中國的發展同步，是中國做為一個新興強國崛起的標誌。他表示，隨著中國經濟的發展和整體國力的上升，漢語在世界範圍內的影響會越來越大，中華傳統文化宣導的「和諧」思想也會得到越來越多的認同和共鳴。

阿根廷軍事院校都開設《孫子兵法》課，如阿根廷三軍聯合學院和國防學院。曾為阿根廷軍事院校演講《孫子兵法》中國軍事科學院戰爭理論與戰略研究部的研究員劉慶說，在阿根廷某軍事學院講學時，就有學員請他用《孫子兵法》對伊戰進行剖析，引起學員極大的興趣。

阿根廷淋漓盡致演繹足球戰爭藝術

阿根廷彷彿是一座龐大的世界足球場，首都布宜諾斯艾利斯是最瘋狂的足球城市，這裏擁有世界上數量最多的足球場，總共73座，其中36座在市中心。每個球隊擁有自己的體育場，其中獨立隊和競技隊的體育場只相隔100米的距離。河床、博卡青年、獨立等世界著名的球隊在這裏聚集，馬拉度納等著名的球星從這裏走出。

在布宜諾斯艾利斯老城區一個不起眼的舊足球場，阿根廷人光著腳硬是踢出了七百多名足球運動員，其中不乏知名球星。記者採訪了幾位正在踢球的阿根廷人，問起《孫子兵法》不僅都知道，而且說得頭頭是道。

孫子說：「知彼知己，百戰不殆。」第13屆世界盃足球賽，阿根廷隊為使隊員適應在酷熱高原上進行激烈的比賽，提前二十多天抵達墨西哥城，可以看出阿根廷隊備戰工作周密充分。

「2010南非世界盃」B組第二輪首場比賽，阿根廷足球隊與韓國足球隊在南非約翰尼斯堡的足球城體育場進行角逐。比賽結果：阿根廷4比1勝韓國。足球場上的「生」與「死」、「勝」與「敗」，這靠的是孫子的鬥智鬥勇。

一代球王馬拉度納1986年世界盃對陣英格蘭，千里走單騎破門震驚了世界。他在從中場帶球連過4人禁區內晃倒門將將球送進空門，盤帶速度極快變化無常，常常令對手防不勝防，這是用了孫子的「出其不意」。

陪同記者採訪的阿根廷球迷介紹說，《孫子兵法》在西方被譽為「戰爭的藝術」，而足球是世界上參與人數最多、持續時間最長、角逐最為激烈的運動，其集體對抗的特點比其他體育項目更類似於軍事較量，是一門世界級別的「足球戰爭藝術」。阿根廷球星探討孫子謀略，認為很有用，隊員和教練經常躲起來研究。

1982年馬島海戰後，阿根廷足球隊書寫「軍神篇」，擊敗英格蘭足球隊。精神的力量，有時在體育比賽中表現得極為明顯。孫子以國家利益為中心的戰爭觀和戰爭倫理思想，激勵參賽的阿根廷熱血青年，他們懷抱著為四年前在馬島之戰中死亡的六百餘名阿根廷人復仇的信念奮力拚搏，場面極為壯觀。阿根廷隊打入的第一個球，是身高只有1米68的小個子馬拉度納在與對方高大隊員爭頂時，用手將足球頂進球門。

幾分鐘之後，馬拉度納乾脆單刀赴會，一個人突破了英格蘭隊整條防線。當時馬拉度納位於阿根廷隊後半場靠近中線約10米的地方，他接到隊友恩里克的傳球後，竟然獨自帶球長途奔襲 60 多米，先後晃過英格蘭隊防守隊員及守門員共 6 名球員，打入了這一世界杯歷史上最佳進球。為了這個球，墨西哥還在阿茲臺克體育場專門豎立了一座馬拉度納的塑像用以紀念這一精彩瞬間。二十五分鐘後英格蘭隊萊因克爾打入一球，阿根廷隊最終以 2 比 1 獲勝。在隨後的比賽中阿根廷隊又連戰連捷，最後獲得冠軍。

足球比賽中，善於抓住對手弱點，力避對手強勢之處，以己之長，攻敵之短，也是勝敵的基本方略。第 13 屆世界盃足球賽八分之一決賽，由巴西隊對阿根廷隊。阿根廷隊在馬拉度納統率下，組織起頑強的防守線，一次又一次地頂住巴西人的進攻，並尋機反攻。機會終於出現了，第 80 分鐘，馬拉度納接後場隊員的傳球，從右路突進巴西隊前場，帶球晃過巴西兩名防守隊員，又在巴西跟過來的兩名後衛夾擊之前，一腳弧線長傳，將球傳給被稱為「風之子」的卡尼吉亞腳下。

卡尼吉亞一頭金色的長髮，速度極快，猶如《孫子兵法》

阿根廷紀念碑球場。

風林火山中的「風」一樣，百米速度：10 秒 23，巔峰速度：9 秒 98，這個成績比 84 年奧運會百米冠軍的劉易斯還快 0.01，因此得這綽號。但見卡尼吉亞快速衝入已經無人防守的巴西隊左路，面對距離 20 多米遠的巴西球門狂奔而來，並趕在巴西門將封堵上來之前，快步一腳破門。場上的眾巴西將士眼睜睜看著球飛進自家大門。

阿根廷國家隊主教練帕薩雷拉信奉孫子為將五德「智信嚴仁勇」中的「嚴」，以鐵腕治軍著稱，對紀律渙散的國家隊進行了全面的整治。他要求隊員剪掉長髮，嚴禁吸毒，禁止搞同性戀，還要求隊員們必須遵守綠茵場上和場下的行為準則，絕不能各行其是。在他的言傳身教下，阿根廷隊的面貌煥然一新，許多人稱帕薩雷拉是阿根廷新的「足球教父」。他率領阿根廷國家隊參加 1998 年法國世界盃，進入了八強。

馬拉度納在球員時代既是球場上的英雄，也是球場外的談判高手。如今他脫下球衣，穿上西裝，能在續約談判中妙計百出。在全面不利的情況下，馬拉度納憑藉自己的智慧與手腕，不僅順利續約，執教阿根廷國家隊至 2014 年巴西世界盃，還迫使阿根廷足協答應了自己的所有條件，取得了全面勝利。馬拉度納能繼續執掌阿根廷國家隊教鞭，使出了《孫子兵法》的謀略，最終如願以償地繼續把持國家隊主帥帥位。

梅西是球王馬拉度納欽點的接班人，被大眾稱為「新馬拉度納」。2004 年 6 月，梅西首次代表阿根廷國家級球隊出戰，和巴拉圭的 U20 比賽中登場；2005 年阿根廷奪取世青賽冠軍，梅西贏得了金球和金靴雙料大獎。梅西的「小碎步」絕技笑傲江湖，一秒鐘內，能進行四次變向。不過破紀錄的關鍵，還在於梅西做到《孫子兵法》裏所說的最高境界——「不戰而屈人之兵」。有球迷評價，用《孫子兵法》武裝起來的球員，就是這麼天下無敵。

馬島戰爭錯誤時機打了錯誤百出戰爭

位於阿根廷首都布宜諾斯艾利斯聖馬丁廣場，有一座馬島戰爭陣亡將士紀念碑，黑色大理石上刻著 649 名在馬島戰爭中陣亡的阿根廷將士的姓名。三十三年前的今天，阿根廷和英國為群島主權歸屬爆發七十四天戰爭，最終阿根廷戰敗。每年 4 月 2 日的「馬島日」，這裏都會舉行悼念活動。具有諷刺意義的是，馬島戰爭陣亡將士紀念碑正對著倫敦鐘大笨鐘。

馬爾維納斯群島位於南美大陸南端，英國稱之為福克蘭群島。該島是南大西洋與南太平洋之間的要衝，戰略地位極其重要，不僅位於溝通南半球兩大洋交通的必經之路，而且漫長曲折的海岸線組成的眾多港灣，構成英國在南大西洋的最重要的基地。在兩次世界大戰中，英國海軍都利用這一基地控制南大西洋的制海權。而近年來，馬島又成為開發南極的前進基地，其地位更顯重要。加上上世紀 80 年代發現的海底石油，更加劇英阿對馬島主權之爭。

馬島戰爭失敗後，阿根廷軍政府成立了一個由 6 名退役高級將領組成的戰爭責任分析評估委員會，以查清阿根廷戰敗的原因和責任人。調查委員會對負責戰爭指揮和籌畫的軍政府首腦加爾鐵里、海軍司令阿納亞、空軍司令多索、外交部長門德斯等政要進行了詳細的詢問，並展開了相關調查，最終撰寫了長達十七卷的調查報告。

這份報告完成後就被歷屆阿根廷政府列為祕密檔。在馬島戰爭結束三十年之際，阿根廷總統克里斯蒂娜在 2015 年 1 月下令對調查報告解密，讓公眾瞭解當年阿根廷戰敗的真相。這份調查報告的公布揭開了馬島戰爭給阿根廷留下「傷痕」。報告的結論是：阿根廷在沒有做好充分準備的情況下，在一個錯誤的時機打了一場錯誤百出的戰爭，決策和指揮戰爭的阿根廷軍政府要為此承擔全部責任。

此間孫子研究學者認為，馬島戰爭阿根廷軍政府嚴重違背了《孫子兵法》，至少在用兵、用物、用間上犯了非常低級的錯誤，最終導致了馬島戰爭的失敗。

在用兵上，英軍用精兵，阿軍用傭兵。英軍首批登陸部隊最多才 1,000 人，而阿軍在馬島的兵力達 14,000 人。英軍用的是精兵強將，包含皇家海軍陸戰隊第 42 突擊營、一小隊英國陸軍 SAS 及皇家海軍特種舟艇突擊隊，以少勝多，出奇制勝；而阿軍倉促上陣，不少士兵是花錢「買」來的，阿根廷軍政府承諾打完仗享受參戰待遇。這些士兵沒有經過正規嚴格訓練，素質低下，根本沒有戰鬥力。

在用物上，英軍有保障，阿軍無後援。在整個行動中，英軍有 43 艘英國商船為特遣艦隊提供補給。提供燃料物資等的貨櫃船及油輪形成了一條來往英國至南大西洋的 8,000 海浬後勤線，並有一個勝利式空中加油機機群。而阿軍「飛魚」反艦

正對著倫敦鐘大笨鐘的阿根廷馬島戰爭陣亡將士紀念碑。

導彈斷貨，英國盟友法國打著不支持戰爭的旗號，對已經付了款的「飛魚」導彈拒絕交貨，並將「飛魚」的技術參數告訴英國。有人說，如果阿根廷能源源不斷的獲得「飛魚」導彈，或許戰爭的結局將是另外一個樣子。

在用間上，英軍靠情報，阿軍亂陣腳。英軍登陸後四處襲擾，唯獨對阿軍的指揮部沒有襲擊，主要原因就在於英軍破譯了密碼，阿軍的指揮部成了英軍情報來源的重要途徑。英軍破譯阿軍密碼，全面掌握阿軍作戰企圖和兵力部署。而阿軍各軍兵種沒能形成主力，都是各行其是，連真正意義上的統一指揮都沒有形成，哪裏顧得上孫子教誨的「用間」在戰爭中有多麼重要。

戰後，阿根廷一直沒有放棄對馬島主權的要求，但英國拒絕同阿根廷就馬島主權問題進行談判。阿根廷國防部長阿爾杜羅・普里塞利說，1833 年英國占領了馬爾維納斯群島，隨後英國又占領了香港。1997 年中國通過和平方式成功將香港收回，阿根廷也希望能效仿中國和平之路，收復馬爾維納斯群島。

馬島戰爭爆發三十週年紀念日，阿根廷總統克裏斯蒂娜在講話中反思了三十年前的馬島戰爭。她稱當時的行為並不是阿根廷人民的意願，而是當時阿根廷軍政府獨裁行為的結果，並再度表示阿根廷會努力用和平的方式解決馬島爭端。

南美華人盛讚中國園林兵書「出口」全球

阿根廷首都布宜諾斯艾利斯市中心有一家華人餐廳，老闆姓楊，是上海人，來阿根廷已有二十多個年頭。他的飯店裏不僅有廳堂、樓閣、山池、花木等園林的元素，還有中國兵家文化的書畫。他告訴記者，他從小生長在上海，祖墳在蘇州，對蘇州很熟知。蘇州古典園林聞名於世，讓每一個華人為之驕傲。

當記者說起蘇州還是《孫子兵法》誕生地時，楊老闆說這還是頭一次聽到，他只知道孫子是山東人，至於他的兵法在哪裏寫出來的確實不清楚。但他知道阿根廷及南美許多人知道中國的孫子，是一個了不起的軍事家，他寫的世界第一兵書全世界都在看，都在研究，並應用到軍事以外的許多領域，特別神奇。

當地華人孫子研究學者在一旁插話道，這麼說蘇州園林「出口」全世界，孫子在蘇州寫出來的《孫子兵法》也「出口」全世界，蘇州不愧為中國歷史文化名城啊！

在巴西一家紅色外表的中國飯店，門前園林風格，小橋流水；另一家華人餐廳鑲著紅邊的中國兵家文化竹簡掛在堂前，格外令人注目。陪同記者採訪的當地華人孫子研究學者說，中國園林和中國兵書是不可複製的，是世界級別的寶貝，如今已「出口」到全世界。南美華僑華人引以為豪，在許多中國人開的飯店展示，稱這是最具代表性的中國文化。

巴西中國飯店的女老闆祖籍是江蘇人，她對記者說，中國飯店就要有中國文化。她的飯店仿造中國園林的風格，是受蘇州古典園林的影響。來巴西前她經常去蘇州，最喜歡蘇州園林。蘇州古典園林一向被稱為「文人園林」，意境深遠，藝術高雅。坐在園林的茶樓裏聽一曲吳儂軟語的蘇州評彈，那種感覺實在太美了。

這位喜歡園林的女老闆接著說，蘇州古典園林做為中國園林的代表被列入《世界遺產名錄》，據說已「出口」五大洲承建四十多個園林項目。目前南美蘇州園林還沒有「落戶」，所以她在飯店門前精心營造了園林和小橋流水，向南美人展現文人寫意山水的蘇州園林文化，吸引了眾多巴西人。

「與蘇州園林在中國文化全球影響力日漸擴大一樣，《孫子兵法》在全球的影響力與日俱增」。巴西另一家華人餐廳老闆祖籍是福建人，對軍事文化頗有研究。他說在南美知道中國人名字的，除了孔子，就是孫武、鄭和、毛澤東，都是大軍事家。尤其是《孫子兵法》，在巴西受到推崇，許多球星和球迷幾乎人手一冊，愛不釋手。

於是，他決定在飯店裏要掛中國兵家文化竹簡，弘揚中國的兵家文化。放在什麼位置呢？放在包房看到的人少，放在大廳又顯得竹簡太小。乾脆，不如把它掛在帳臺的上方，讓每一個來買單的人都能看到。《孫子兵法》開篇說「妙算」，它也時時提醒我做生意要學會「精打細算」。這位老闆風趣地說。

智利篇

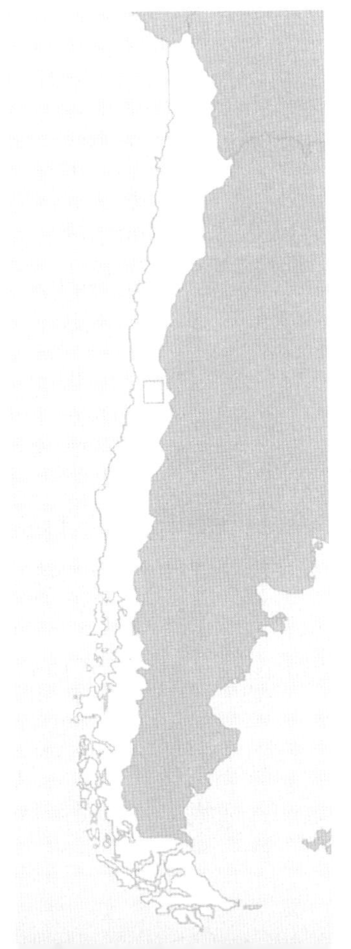

《孫子》在智利等拉美各國翻譯出版蔚然成風

記者在智利、墨西哥、巴西、阿根廷、祕魯採訪期間，到過許多書店，發現《孫子兵法》版本和數量不亞於亞洲和歐洲國家。在拉美除了巴西官方語言為葡萄牙語外，其他大多數國家都使用西班牙語，葡文版《孫子兵法》在巴西版本眾多，令人眼花撩亂；西文版《孫子兵法》利馬、聖地牙哥、布宜諾斯艾利斯都有發行；墨西哥等拉美國家自己也出版由英文轉譯的《孫子兵法》。無論是西班牙出版的還是拉美國家自己出版的《孫子兵法》，在拉美地區都非常流行，很容易買到。

《孫子兵法》做為世界軍事文化史上的瑰寶，其思想內涵超越了軍事範疇，在世界各國備受推崇。目前世界上共有三十多種語言的《孫子兵法》版本，出版的孫子研究著作和論文達上千部，地域涵蓋南極洲以外的包括拉美在內的世界各大洲。

在巴西第一大城市聖保羅和第二大城市里約熱內盧書店裏，巴西版《孫子兵法》有十多個版本，都是葡萄牙文。封面設計別開生面，有頭戴盔甲的中國古代將軍威武形象，也有中國兵馬俑做為孫子的形象，還有出鞘的寶劍，占據了封面大部分位置，非常引人注目。書店銷售人員對記者說，前來購買《孫子兵法》的巴西人比以前更多，銷量逐年上升，出的版本也越來越多。

據在南美軍事院校授課的中國軍事科學院戰略部研究員博士生導師劉慶介紹，《孫子兵法》在智利的很多書店，甚至報攤都能買到。在智利海港城市瓦爾帕萊索，擔任商船局總監的一位海軍中將過生日的時候，兒子送給他的生日禮物就是一部英文版《孫子兵法》。

記者在智利首都利馬的書店看到，智利翻譯出版的西文版的《孫子兵法》有五、六種版本，封面色彩豐富：孫子頭戴黑色官帽，身穿紅色戰袍，腳蹬咖啡色靴子，騎著白色高頭大馬，威風凜凜；大紅底色映襯白色的孫子神祕形象；灰白線條彰顯孫子《十三篇》的經絡；色彩斑斕展示中國古代兵家人物群像。

據介紹，《孫子兵法》於上世紀 70 年代被翻譯成西文，由西班牙馬德里和巴賽隆納的多家出版社出版，拉美各國書店都有銷售。近些年來，西文《孫子兵法》的出版又有新的變化，發行方式改為由西班牙國內出版指定在南美和北美的一些城市印刷發行。

有一本根據英國亞洲問題專家和小說家克拉維爾轉譯的西文版《孫子兵法》，同時在歐洲的馬德里，南美的聖地牙哥、墨西哥城、布宜諾斯艾利斯、聖胡安阿根廷中西部城市以及北美的邁阿密發行。另一本由費爾南多・蒙特斯翻譯的西文《孫子兵法》，多次再版，也在歐洲的馬德里和南美各國同時發行。

哥倫比亞翻譯出版的西文版《孫子兵法》，也是中國兵馬俑做為孫子的形象代言人。與巴西葡文版不同的是，封面上是一組淺色兵馬俑群像，突現了一個深色的兵馬俑，身穿盔甲，雙眼緊閉，翹著兩個大拇指，喻示孫子的偉大和《孫子兵法》的神奇。

墨西哥版《孫子兵法》有西文版和英文版，封面有再現春秋戰國時期戰場上鐵戈金馬的恢宏場景，有中國古代將士騎著戰馬、手持弓箭長矛盾牌的群馬圖，有自己創作的孫子儒家與兵家融為一體的形象，還有孫子盔甲閃爍金星，寶劍發出金光，喻意《孫子兵法》光耀全球。

在拉美地區還有一個很有意思的現象，就是英文版《孫子兵法》很流行。克拉維爾翻譯並作序的《孫子兵法》和中國陶漢章將軍所撰寫上世紀 80 年代被譯成英文的《孫子兵法概論》，該書近年來也被譯成西文在拉美各國出版。在阿根廷國

《孫子兵法》在智利等拉丁美洲各國翻譯出版蔚然成風。

防學院，來自布宜諾斯艾利斯市軍隊和地方大學的教授，更喜歡讀英文版《孫子兵法》。智利伊基克空軍基地司令塞舌耳・麥克納馬拉・馬里克斯將軍說，他兩年前曾專門從英國倫敦購買了兩部英文版《孫子兵法》。

智利從軍人到學生把《孫子》視為潮流

智利瓦爾帕萊索是南美洲太平洋東岸重要海港城市，也是智利海軍司令部的所在地。十九世紀下半葉，做為往返於大西洋和太平洋的船隻(穿越麥哲倫海峽)的補給港，瓦爾帕萊索的地理位置有著重要的意義。在海軍司令部正對面索托馬約爾廣場，矗立著海軍戰士紀念碑，紀念碑頂為「海軍第一英雄」阿圖羅・普拉特塑像。

一位英俊的智利海軍軍官在與記者交談《孫子兵法》，一點沒有感到陌生，孫子許多警句都能脫口而出，令記者頗感驚訝。他說這是因為他們在軍校學習期間都上過這門「戰爭的藝術」課，有些對該書有興趣的人還自己買書來研讀。在智利書店，西班牙版本的《孫子兵法》很多也很全，軍校生和軍官幾乎都買過，大家把學中國的孫子視為一種潮流。

「智利海軍對《孫子兵法》都很熟悉，研究的也很深。」這位海軍軍官告訴記者，智利海軍戰爭學院開設的軍事理論課，在介紹馬基雅維里、克勞塞維茲、毛奇、馬漢、科貝特、杜黑等世界著名軍事理論家的思想觀點時，教授們把中國的孫子做為戰略學鼻祖首先要介紹給學生。智利一位海軍戰略研究中心的主任，在學校的畢業論文就是結合智利戰例談孫子的謀略思想，寫了論文後對孫子的軍事謀略認識更深刻了。

據在南美軍事院校授課的中國軍事科學院戰略部研究員博士生導師劉慶介紹，目前對孫子研究較為深入的是在智利海軍戰爭學院和瓦爾帕萊索數家地方大學授課的圖壁教授，他從軍事力量與社會的角度講授戰略思想，分析人的行為和社會行為在武裝衝突上的體現其中《孫子兵法》是重要內容之一；還有一位是智利空軍戰爭學院的凱爾德隆教授，他曾經在中國國防大學學習過，對《孫子兵法》、《三十六計》等很有興趣。現在正著手編輯一部《孫子兵法》教材，準備把品質較好的西文譯本收入並附入相關的注釋、資料作參考。

劉慶在智利講課時，專門請智利空軍戰爭學院的凱爾德隆教授提供了許多反映軍事鬥爭謀略的南美戰爭戰例做為孫子觀點的佐證。在聖地牙哥大學演講時不僅班的學員趕來聽課，智利空軍司令本人和該大學校長也專門到場。

智利空軍戰爭學院院方要求學員在開課前必讀的六本書，其中《孫子兵法》位居前列。該學院培訓對象分為指揮軍官和參謀軍官兩種軍銜為上尉至少校。前者培訓半年期間講授兩次

《孫子兵法》計個學時，後者學習兩年《孫子兵法》課程分在兩個科目裏，一種叫戰略課，另一種叫情報課。院方要求學員在開課前必須讀孫子的《孫子兵法》，在學員進行課下練習、講評戰例、圖上推演和考試時，也都會應用到《孫子兵法》的原理。

據介紹，智利政治戰略研究院、陸軍司令顧問委員會、空軍總部機關、空軍戰爭學院、海軍戰爭學院、陸軍戰爭學院、空軍工程學院、空軍飛行學院、海軍戰略研究中心、海軍工程學院、智利空軍作戰部隊，以及智利刑事員警學院、聖地牙哥大學等軍事院校，都相繼開設了「《孫子兵法》在現代戰爭中的理論價值」、「《孫子兵法》在打擊社會犯罪領域的運用價值」和「《孫子兵法》在現代商業競爭中的運用」等課程，聽課人有將校軍官，也有地方學生。

位於智利瓦爾帕萊索市的海軍司令部。

在智利《孫子兵法》授課的主要對象有兩類人，一類是軍事學院的學員和軍官，另外一類則是經營管理類的學生。智利的智利大學、天主教大學、阿道夫大學、加布雷拉大學、密萬方數據特拉爾大學的一些課程，都把「《孫子兵法》與商業競爭」做為學員必修課。一些學習醫學、工程學等自然科學的大學生也很喜歡選修《孫子兵法》課程，從神祕的東方名著中汲取競爭智慧。

這位海軍軍官對記者說，《孫子兵法》講的是軍事智慧與謀略，同樣適用於商業競爭，不僅智利軍人喜歡，智利商人和學生也很熱衷。可以講，在商業競爭領域，各國都在借鑒，智利也不例外。在智利講授《孫子兵法》在商業領域中的運用時，大廳裏總是座無虛席，甚至有很多人還站著聽課。

智利等拉美國家學習應用《孫子》持續升溫

拉美孫子研究學者表示，中國和拉美文化相互影響源遠流長，中拉文化的歷史聯繫起始於十六世紀後期的海上「絲綢之路」，中國抵禦亞洲和歐洲列強入侵的戰略文化及當今提出的和平發展理念，得到拉美國家的肯定。包括儒家學說和兵家智慧在內的中國文化走向拉美，增進中國和拉美各國之間的文化認同。目前，拉美國家學習應用《孫子兵法》正在持續升溫。

由墨西哥和大部分中美洲、南美洲以及西印度群島組成的拉丁美洲 34 個國家和地區，位於西半球南部，隸屬拉丁語系，均為發展中國家。拉美幾乎每個國家都曾被歐洲人殖民過，歐洲人的殖民侵略從東邊開始，野蠻而血腥，蹂躪和征服了當地古代文明。1810 年，武裝起義烈火燃遍整個南美洲，經過十多年浴血奮戰，終於推翻了西班牙、葡萄牙殖民統治。到 1826 年，相繼建立起 10 個民族獨立國家，目前少數地區仍處於英、法、荷統治下的殖民地。

在以和平與發展為世界潮流的今天，外國軍事理論界越來越意識到運用孫子的「全勝」思想遏制窮兵黷武的戰爭行為，提倡用非暴力手段解決國際爭端。目前，中國已同 18 個拉美國家開展了軍事交往。每年都有數十名拉美國家軍官到中國軍隊院校學習。此外，中國向智利、阿根廷等國派出了「孫子兵法講學組」增進彼此瞭解。

《孫子兵法》以凝練的語句闡述了戰爭領域中最基本的行動法則，孫子的和平與智慧理念受到拉美各國的追捧。拉美各國的軍官把學習《孫子兵法》當成軍事理論研究的「入門」工夫、提高軍事素養的必修課。阿根廷、智利、厄瓜多爾等國的軍事院校都開設《孫子兵法》課，除了自己的教官講授外，有時還請中國使館的武官為學員講課。

不僅軍事院校，拉美各國地方大學的企業管理班也要講《孫子兵法》。據祕魯留學生肖鵬介紹，祕魯聖馬丁大學研究生班開設《孫子兵法》課程，一學期要上十多課時，由祕魯孫子研究學者授課。

曾六次訪華的委內瑞拉前總統查韋斯，《孫子兵法》和毛澤東《論游擊戰》是其接觸最早的中國書籍。他說，「知道嗎，我是當兵出身的，我很多年前就學過《孫子兵法》，我也很崇尚毛澤東思想。《孫子兵法》充滿了智慧」。

巴西足球隊、阿根廷足球隊球星都信奉《孫子兵法》，其教練更是精通孫子的崇拜者。烏拉圭足球隊是南美足壇一支勁旅，曾經與巴西、阿根廷並稱南美三雄。該足球隊把孫子的謀略運用的得心應手，善於集中兵力，迂迴進攻，曾演繹「置之死地而後生」的神奇。

中美洲小國洪都拉斯，有不少人對中國的三峽、長江、黃河、《孫子兵法》、奧運場館「水立方」和大熊貓如數家珍。馬爾科・羅德里格斯是洪都拉斯一家機械公司的總經理，他不但喜歡吃中國菜，還喜歡看中國的《孫子兵法》，在紐約大學念書時就讀過，他說這本書很流行，對拉美商人影響很大。

祕魯篇

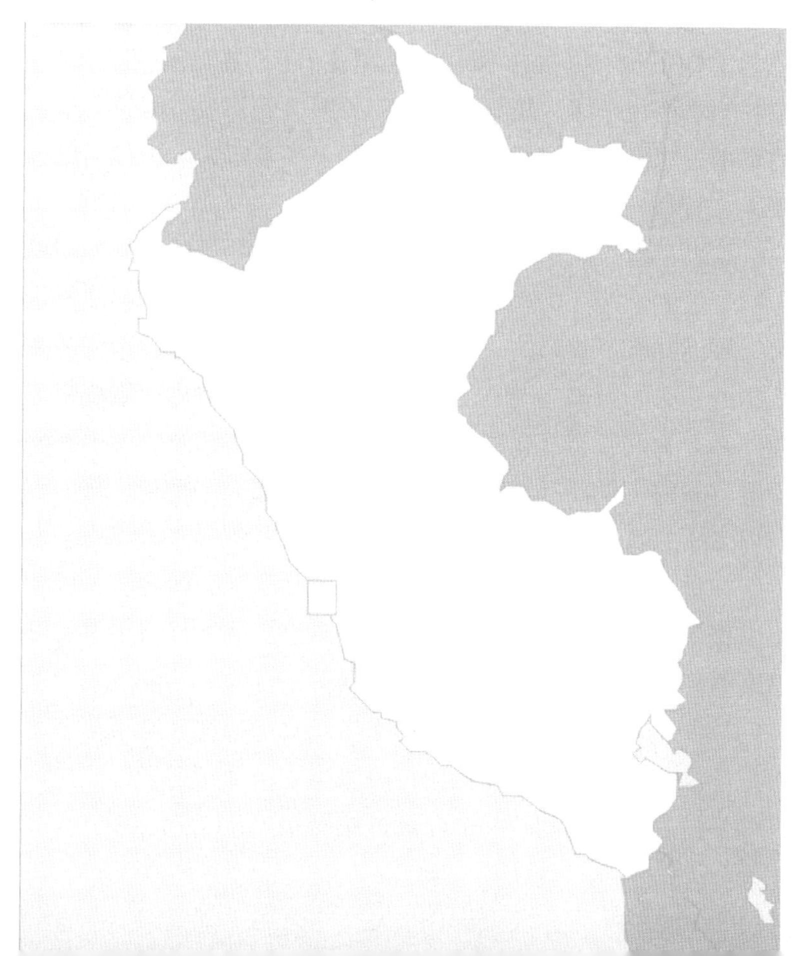

《孫子》廣受祕魯等拉美各國軍人和學者歡迎

「我在美國西點軍校學習時，《孫子兵法》已經成為所培訓軍官必讀的書。」祕魯陸軍少校瓦斯克斯認為，《孫子兵法》雖然已經誕生了二千五百多年，但並沒有受到時間和空間的限制，是一部觸及到人類本質和戰爭本質的箴言。

「我很早就知道中國的孫武，他的《孫子兵法》包含的一些軍事思想是世界軍事知識常識。」委內瑞拉陸軍中校胡里奧在《孫子兵法》誕生地蘇州學習過一年漢語，很喜歡用不熟練的漢語跟人交流，談起孫子和《孫子兵法》，臉上充滿崇敬的表情。

「《孫子兵法》成為軍官的必讀書，不僅在美國西點軍校，智利的軍校也一樣，都開設了課程，學員們都很有興趣。孫子的軍事思想影響了智利的海軍，影響了很多軍人，也包括軍事家。」智利一位海軍軍官對記者說。

記者在拉美國家採訪發現，《孫子兵法》廣受拉美各國軍人和學者的歡迎。中國為東方智慧古國，一部《孫子兵法》也可以被稱為戰爭謀略的「百科全書」，在智利和阿根廷許多人都讀過，有的還讀過《三十六計》。拉美各國軍官在軍校學習期間都要專門學習《孫子兵法》這門課，許多國家的大學都開設這門課程，把孫子謀略與商業競爭結合起來，受到大學生和商界人士的青睞。

在拉美國家，尤其是軍人對《孫子兵法》興趣更濃。據在南美軍事院校授課的中國軍事科學院戰略部研究員博士生導師劉慶介紹，拉美各國軍人和學者對《孫子兵法》的關注集中在如何控制戰爭。許多拉美軍人和學者認為，以往多數軍事名著都把理論闡述的重點放在如何打贏戰爭上，而《孫子兵法》則在關注打贏戰爭的同時又很注意控制戰爭。

在和平與發展成為世界潮流的今天，越來越多的拉美軍人開始有意識地運用孫子的「全勝」思想遏制窮兵黷武的戰爭行為，提倡用非暴力手段解決國際爭端和民族、國家之間長期以來愈演愈烈的矛盾與衝突。這也是《孫子兵法》廣受拉美各國軍人和學者歡迎的一個重要原因。

拉美孫子研究學者介紹說，拉丁美洲獨立戰爭是美洲地區的人民反對西班牙殖民統治的解放戰爭，在遼闊的 2,100 萬平方公里的土地上展開的時間前後長達十六年之久，戰火席捲整個西班牙美洲地區，波及人口總數達 2,000 萬，是世界歷史上一次影響深遠的殖民地解放戰爭。這場戰爭摧毀了西班牙在拉丁美洲的殖民統治，西屬美洲除古巴外均獲得獨立，震撼了當時的整個世界。

祕魯書店出售的西文版《孫子兵法》。

西班牙和葡萄牙在將拉丁美洲淪為殖民地後，西班牙掠去了約 250 萬公斤的黃金和 1 億公斤的白銀，葡萄牙從巴西運走至少有價值 6 億美元的黃金和 3 億美元的金剛石。此間軍方人士表示，孫子的和平思想對拉美的和平發展非常有益。

拉美學者認為，學習孫子要把握精髓，其精髓中的精髓就是「不戰而屈人之兵」。孫子的不戰思想體現在對戰爭的控制，對戰爭帶來的災難的遏制。對戰爭的控制不僅要體現在戰爭爆發前，而且體現在戰爭過程中和大規模戰爭結束後。戰爭控制理論的研究亟待加強，而《孫子兵法》則在這方面提出了許多值得後人借鑒的原則和方法，很值得認真研究。這對深入認識戰爭、遏制當今戰爭暴力有很強的針對性。

在世界戰爭史上令人拍案稱奇的鬥智情節，總是能為歷史上眾多經典戰例塗上更加耀眼的色彩。拉美軍人稱讚說，《孫子兵法》充滿了智慧與謀略，孫子的許多思想觀點比起西方軍界占主流地位的克勞塞維茲戰爭學說，明顯更勝一籌，那就是克氏主張暴力，孫子主張謀略，如何運用戰爭謀略，應該是軍人智慧的最高結晶。

聖馬丁將軍的祕魯戰役與孫子謀略

阿根廷孫子研究學者馬塞羅 ・ 貝瑞特用孫子謀略分析聖馬丁將軍與祕魯戰役。他指出，西元前六世紀末，中國的哲學家孫子寫下的世界第一兵書《孫子兵法》，對西方軍事家影響很大，是一部傑出的戰爭藝術;而聖馬丁是傑出的戰爭指導者，他領導的祕魯獨立反映了中國思想家的哲學，同時給軍事歷史研究提供了經典案例。

何塞 ・ 德 ・ 聖馬丁是阿根廷將軍、南美西班牙殖民地獨立戰爭的領袖之一。他組織指揮了一支主要由黑人和混血種人組成的安地斯山解放軍，曾率領遠征軍 5,000 人翻越 1.2 萬英尺的安地斯山，出其不意地進攻智利的西班牙守軍，徹底擊潰了敵人，使南美解放戰爭由戰略防禦轉入戰略進攻，智利宣佈獨立。不久又組建了一支規模不大的海軍，從海上向祕魯進軍。祕魯是西班牙在美洲最為堅固的殖民地，聖馬丁率軍進攻利馬一舉成功，祕魯也宣布獨立。他將南美洲南部從西班牙統治中解放，被視為國家英雄。

從邁普戰役到解放祕魯的大軍始於瓦爾帕萊索港的遠征，再到祕魯宣布獨立，這期間聖馬丁不戰而勝的思想，就是《孫子兵法》第三章思想的具體化。這次軍事行動是體現孫子這位影響力巨大的中國思想家和哲學家的理論的一個極好例子。《孫子兵法》寫道：「凡用兵之法，全國為上，破國次之；全軍為上，破軍次之；全旅為上，破旅次之；全卒為上，破卒次之；全伍為上，破伍次之。是故百戰百勝，非善之善者也；不戰而屈人之兵，善之善者也。」

在聖馬丁將軍的思想深處，有那麼一支「箭」，從聖地牙哥指向利馬。他採取的行動也是不戰而勝思想的最好明證：1818 年建立的海軍，1818 年 10 月和 11 月憑藉這支海軍在塔爾卡瓦諾港附近截擊了由 11 艘運輸船和 2,000 人組成的海上遠征軍，挫敗了西班牙增援塔爾卡瓦諾要塞和利馬的企圖，並俘獲了大多數的運輸船，增強了他的海軍力量。他還從布宜諾斯艾利斯和聖地牙哥政府得到資金來裝備他的遠征軍，通過政治和外交努力使他們避開馬上就要發生的這兩個國家之間的內戰。

孫子在第一章說過：「夫未戰而廟算勝者，得算多也；未戰而廟算不勝者，得算少也。」聖馬丁將軍事先謀劃，建立了「解放者軍」。這是個阿根廷和智利聯合組建的軍隊，由 2,347 人的阿根廷師和 1,967 人的智利師組成，四千多名來自祕魯各地的愛國者聚集在一起來對抗由蘇埃拉指揮的 23,000 名西班牙士兵。在他如何奪取利馬以及如何打敗西班牙在南美洲勢力的執行計畫中，很明顯，孫子所說的「廟算」起了決定性作用。

孫子在他的著作的第十章說到：「將不能料敵，以少合眾，以弱擊強，兵無選鋒，曰北。」聖馬丁眼光很清晰，戰役計畫是正確的。他制定了四步驟的計畫，通過登陸行動在沿岸的不同點部署部隊，以使敵人分散部署他們的軍隊。在祕魯境內開展軍事行動以顯示他的影響力，爭取人們對獨立的支持，並招募部隊，在法耳巴拉索港集結，避免在祕魯土地上進行戰爭的能力。

遠征開始了，但不知道會在哪裏進行登陸，計畫的中心思想是不斷變化的。聖馬丁將軍最終做出了在利馬以南 200 公里的帕拉科斯登陸的決定。接下來發生的事情使不在利馬決戰的籠統想法日益具體化，聖馬丁軍隊在帕拉科斯灣登陸並迫使 400 名西班牙人退卻。1820 年 9 月 14 日，總督向聖馬丁提出停戰請求，9 月 26 日達成了停戰至 10 月 4 日的協議。從中可以看到，通過這個政治行動，聖馬丁為鞏固該地區的防衛爭取了時間。

阿根廷教堂的聖馬丁將軍衣冠塚。

由於停戰不再有效，10 月 4 日，阿瑞內爾將軍發動了山脈戰役，打敗了西班牙軍隊，穿越安地斯山脈，奪取了喬加。總督派出軍隊前來阻止愛國者們，在帕斯科被擊敗。另一支西班牙騎兵也最終逃亡了。與此同時，聖馬丁指揮他剩餘的軍隊再次啟航，封鎖了卡亞爾港。他以小部分部隊從利馬以北36公里處登陸，奪取了泉克村用來提供補給。西班牙派出了一個縱隊去攻擊他們，但是西班牙人最終被擊敗。

聖馬丁利用瓜亞基爾（現在的厄瓜多爾）的解放運動，在利馬的北部登陸，控制了敵人與北方的交通線路。1820年12月，市長起義投到聖馬丁麾下，從而使該省獨立。5、6月間，聖馬丁發動了中部港口的戰役，進行了大膽的戰術機動，以轉移敵軍的注意力。同時，阿瑞內爾將軍發動了第二次山脈戰役，占領了帕斯科和喬加鎮等，並簽署了停戰協定。西班牙軍決定從利馬撤退到祕魯的內地時，聖馬丁是有可能攻擊和擊敗他的，但聖馬丁避免了最後的衝突，對他網開一面，因為聖馬丁將軍的首要目標是利馬。

《孫子兵法》第四章中，孫子告訴我們：「昔之善戰者，先為不可勝，以待敵之可勝。不可勝在己，可勝在敵。故善戰者，能為不可勝，不能使敵之必可勝。故曰：勝可知，而不可為。」在聖馬丁看來，他把這建立在他同僚們的思考之上，然後精心計畫並實施之。聖馬丁避免恪守事先的想法不變，根據形勢作自然的調整。他使用了計策誤導敵人，通過談判贏得時間，進行次要的軍事行動來削弱敵人，而不被他們在軍事上打敗，他對人民施加了心理影響來贏得他們的支持。

馬塞羅・貝瑞特評價，聖馬丁將軍是一名有學術造詣的軍人，他在歐洲、非洲和美洲戰場上積累了豐富的經驗，這使他超越了天才，儘管他從來不敢如此提及自己。有人讚揚聖馬丁將軍不戰而建立一個偉大的國家，只有將廟算與不同尋常的戰法相結合。這完全符合孫子布戰而勝的思想，孫子可能會視其為「最光輝的一個」。

祕魯利馬唐人街祕而不宣的經商祕訣

記者在祕魯首都利馬唐人街發現，這裏店鋪經商的絕大多數已不是華人，而是當地人。祕魯有二十多萬華人，大多住唐人街附近，如今換成不是華人面孔，讓人看了一下子難以接受，這恐怕在全球唐人街中實屬罕見。是否利馬唐人街改換門庭了？

祕魯首都利馬市中心廣場附近繁華地段的帕魯羅街，矗立著一座中國傳統風格的綠色琉璃瓦牌樓。牌樓之下，便是拉美最大的唐人街——利馬唐人街。該唐人街規模很大，方圓近一平方公里，大小店鋪不過三、四百家，是祕魯最大的華人聚居地。在拉丁美洲諸國中，祕魯長期以來一直是華僑最多的國家，近年才被巴西超過。

據當地華人介紹，利馬唐人街是早期抵祕華僑華人生存發展的根據地。早在十九世紀中期，唐人街就已經初步形成，那時中國一些大商號就在這裏落腳。到十九世紀 90 年代，「永發」、「鄺記」、「鄧記」、「寶隆」等商號已經生意頗為興隆，從大商號到個體臨時小業主應有盡有，形成了中國人集中經商的地方。祕魯華僑華人憑藉自己的勤勞與智慧，逐漸融入了當地社會。

記者注意到，在這條具有東方民族色彩的商業步行街上，兩旁併立多座整齊的紅柱綠瓦的小牌樓，路面鋪設了嵌有紅地磚和十二生肖圖案的地面，濃郁的中華民族文化特色吸引了各方遊客駐足流連。唐人街的中餐館門面都是傳統中式廊簷，店裏的設施則中西合璧，街上無處不見的中國貨。

而在唐人街露天集市上，滿目皆是形形色色的拉丁人，即印第安人與白人或黑人混血種；各色生意興隆小商攤販經營者都是祕魯人，湧動的人潮也多半是祕魯人；大陸銀行前，祕魯人排著長隊；園林式的一座座精美亭子裏，坐的多是祕魯人；就連中國式修皮鞋攤上竟然還是祕魯人，修起皮鞋來除了膚色不同，手法姿勢與中國人毫無兩致，令記者驚訝不已。

有人驚歎：利馬唐人街吃飯的是拉丁人，端盤子的是拉丁人，保安是拉丁人，賣菜賣飯的是拉丁人，甚至連廚子都是拉丁人，半天找不到一張亞洲面孔，華人居然成了稀有物種。

「利馬唐人街店鋪經營者為何都換成祕魯人？」記者好奇地問一位老華僑。老華僑風趣地對記者說，這是祕而不宣的經商祕訣。現在利馬唐人街華僑華人當「董事長」，運籌在帷幄之中，祕魯人出任「總經理」，負責打理商鋪。其實這裏真正的老闆沒換，店鋪還是中國人的店鋪，唐人街還是中國人的唐人街。

「這樣做出於什麼原因，有什麼好處呢？」記者追問道。在祕魯聖馬丁大學研究生班學過《孫子兵法》的中國留學生肖鵬回答說，孫子在其兵法中說到「九變」，唐人街隨著時間的

祕魯利馬唐人街。

推移和時代的變遷也在變，唐人街一成不變就沒出路。其實全球唐人街都在變，有的悄悄的變，有的慢慢變，而利馬唐人街是大變快變。

「都說商場如戰場。利馬唐人街這個變，順應了祕魯的這個商場的實際情況」。肖鵬說，利馬唐人街在祕魯首都名氣很響，中國商品很受當地人歡迎，來這裏購物消費的生力軍是當地人。由當地人服務當地人，情況熟，資訊快，行情準，更利於唐人街的商戰；祕魯人想在唐人街學習中國人經商的智慧，華僑華人也可騰出精力做更大的生意 ，這是一舉多得的好事，何樂而不為！

此間孫子文化研究學者認為，目前有華人血統的祕魯人已超過 300 萬，據說祕魯有十分之一的人口都有華人血統，其土著人的遺傳基因和中國人相同，祕魯文明與華夏文化密切相關。一般認為，中國和祕魯兩國人民的交流史應追溯到三千年以前的中國殷商時期，中國文化深深地影響著祕魯文化。利馬唐人街變為由祕魯人為主經營，對中國傳統文化在利馬的傳播及影響是一件利好的事。

澳大利亞篇

《孫子》擴展到大洋洲有廣泛的影響

在雪梨喬治大街最大的書店裏，有各種英文版本的《孫子兵法》，尤其是紅色燙金的《孫子兵法》非常吸引眼球。記者發現，在澳大利亞的墨爾本、黃金海岸和紐西蘭的奧克蘭書店、機場，其他書籍有缺，唯獨不缺《孫子兵法》。以孫子為代表的中國兵家文化的影響已由歐洲大陸擴展到大洋洲。

第二次世界大戰期間，雪梨大學教授薩德勒翻譯的英文版《中國三種經典軍事著作》，內收有《孫子兵法》，1944 年由雪梨澳大利亞醫學出版公司出版發行。澳大利亞國立大學閔福德教授將《孫子兵法》介紹給西方讀者，在澳大利亞名聲很大。雪梨大學商學院中國留學生華震宇告訴記者，雪梨大學歷史系、漢學系有一批孫子研究學者。

澳大利亞富甲國際金融學院結合中國古代《孫子兵法》的哲學思想，總結出一套適合中國人的金融投資方法。學院為近 10% 在澳洲華人普及了外匯金融知識，提升了華人的國際金融投資能力與技巧。澳大利亞是第一個以國家立法方式承認中醫合法地位的西方國家，雪梨中醫學院楊伊凡用《孫子兵法》指導中醫，在澳大利亞推廣「用藥如用兵」。

馳名華人社區和澳大利亞主流社會的醫師武術家方山，二十多年來在弘揚中華武術和醫學方面取得巨大成就，在澳大利亞社會享有崇高地位，經常登上當地廣播、電視的要聞欄目和報刊雜誌的標題。在武術方面，方山為中國武術七段，徒弟徒孫逾千，其門徒開設武館 9 家，在西方主流社會廣泛傳播與孫子文化關係密切的中華武術文化。

據介紹，澳大利亞前總理陸克文最愛讀的中文書是《孫子兵法》。陸克文十歲時，母親送他一本描寫中國古代文明的書，引發他對中國歷史文化的濃厚興趣。大學時他選擇澳大利亞國立大學中文系，專修中文和中國歷史，他為自己取了陸克文這個中文名。中年時他更成為澳大利亞少數的「中國通」，曾讀過兩遍《孫子兵法》，他不讀翻譯本，只讀文言文的原典。

臺灣學者陳耀南定居澳大利亞後，出版了《陳耀南讀孫子》。八十四歲高齡的澳大利亞華人丁兆德，十多年來自費在雪梨社區舉辦《孫子兵法》圖片書籍展覽、開設孫子講座，在華文媒體連篇累牘地發表文章，樂此不疲傳播中國兵家文化。丁兆德介紹說，澳大利亞圖書館特別是雪梨圖書館，各種版本的《孫子兵法》十分齊全。

澳大利亞電視臺常年播放《孫子兵法》電視劇和紀錄片，美國拍攝的《孫子兵法》十三篇紀錄片，每篇一集，形象化地揭示孫子「不戰而屈人之兵」的最高境界。其中南北戰爭的悲慘畫面，沒有麻藥的手術，痛苦得呻吟，昭示了《孫子兵法》不戰慎戰、呼喚和平的理念。

澳大利亞出版的《孫子兵法》。

近年來，參加中國國防大學防務學院研究班深造的外軍學員，有大洋洲的斐濟、巴布亞新幾內亞等國軍人。紐西蘭國防軍司令瓊斯中將用孫子和平外交思想論述中紐兩國軍隊交往。他說，《孫子兵法》有言，衢地則交。中紐兩國建交四十年來，兩國軍隊的交往廣泛而深入；他本人就曾五次造訪中國，每次都有新的收穫；通過涵蓋各個層次的友好交往，兩軍找到了眾多共同利益，相信紐中兩軍關係能夠取得更大發展。

澳洲軍事作家小莫漢・馬利在展望二十一世紀的軍事理論發展時的預言：「正如十九世紀的戰爭受約米尼、二十世紀受克勞塞維茨的思想影響一樣，二十一世紀的戰爭，也許將受孫子和利德爾・哈特的戰略思想的影響。」未來新軍事變革的一個趨勢，就是東西方兵學文化的融合，從各自的單向偏重趨向於雙向的平衡。未來的戰場，也許將是東方武聖孫武子與西方智慧女神雅典娜同在的戰場。

《孫子》在澳洲被「知本家」們熱捧

記者在澳大利亞採訪時發現，《孫子兵法》做為書店的熱銷品，竟然擺放在一堆商業奇才的書籍之中。有學者稱，在知識經濟時代，出現了《孫子兵法》被澳大利亞「知本家」們熱捧現象，充分體現了孫子思想的時代價值。

澳洲日報在一篇題為〈一流 CEO 成長祕笈 《孫子兵法》上榜〉報導中說，雖然有些東西只有在實踐中才能學習到，但是全球金融危機之後，連最老練的首席執行官都時不時地從別人那裏尋找靈感。在這個快速發展、數位驅動的世界裏，謙虛好學尤其重要，因為資訊閉塞、缺乏新思想的公司會很快地從高空跌至地面。

該報披露，在澳大利亞首席執行官和行政人員推薦閱讀的書籍名單中，有許多首席執行官聲稱給予他們以影響的書籍《孫子兵法》。一位首席執行官說，《孫子兵法》是一部已有二千五百年歷史的書了，它非常著名，常常被商業院校拿來當作教材。該著作中的領導哲學和如何在競爭環境中實現自己的目的讓很多企業管理人員很受啟發。很多人都認為它是迄今最好的商貿書籍。

澳大利亞商業人士表示，《孫子兵法》的一些基本原理可以運用於商業、管理等非軍事性競爭領域。在新的世紀裏，在來勢兇猛的全球化經濟浪潮面前，參與現代經濟競爭，更要借鑒孫子的理論。「知彼知己」、「借勢造勢」、「以迂為直」、「趨利避害」、「多算則勝，少算則敗」、「守則不足，攻則有餘」，孫子的警句已成為澳大利亞企業家在商場立於不敗之地的座右銘。

澳大利亞是一個多元文化社會，中華文化在澳大利亞的多元文化構成中越來越凸顯出其獨特的魅力，得到社會廣泛的認可和欣賞。澳洲多元文化基金會主管德拉爾說，澳洲公司要學到中國文化中寶貴的東西，並更深理解中國的文化和思想，以及中國人經商的方式。亞洲教育基金會主管科比認為，如果澳洲對中國文化、歷史和現狀一無所知，這對於澳洲除自然資源以外的中國生意的發展都是災難性的。

澳洲女礦主吉娜・萊因哈特靠商業頭腦翻身，她信奉中國孫子的「始計」，利用父親留下來的幾個沒有充分開發的礦區，公布了七個計畫，包括開發羅伊山礦山、澳大利亞的煤礦、削減礦產稅、放鬆環境保護控制等。美國花旗集團發表的一份報告顯示，這位澳大利亞女首富或許將以 1,000 億美元的身價，超越微軟創始人蓋茨和墨西哥電信巨頭斯利姆，成為新的世界首富。

澳大利亞富甲國際金融學院是澳洲第一金融教育機構，學院依託張彝倫院長數十年的交易功底，結合中國古代《孫子兵法》的哲學思想總結出一套適合中國人的金融投資方法，並與圍棋棋理與西方現代經濟學、心理學、統計學等社會科學觀念相融合，並成功運用於學院獨創的投資交易系統中。在澳大利亞雪梨、墨爾本、布里斯本、阿德雷德等各大城市做的百餘場講座，累計培訓海內外學員近萬人。

精通《孫子兵法 》的馬來西亞華人鉅賈郭鶴年，在雪梨唐人街投資興建最高建築——「山頂臺」，應用了孫子的地形思想。該建築樓高四十五層，分住宅和商城兩個層次。商城的上面是多層豪華住宅，配備有空中花園、網球場、高爾夫球場、健身房、游泳池、桑拿浴室等。從「山頂臺」鳥瞰雪梨市，全市美景盡收眼底。下面大商城，有雪梨最大的小商品商城，還有超級市場、影劇院、亞洲美食中心、娛樂中心、停車場等，其中八樂居中餐館，可舉辦 800 人的宴會。

澳中集團主席金凱平用中國人的智慧賺外國人的錢，關鍵是應用孫子選擇有利時機的謀略。1978 年，金凱平隻身到澳洲留學，隨身僅有一千澳元和兩箱包括《孫子兵法 》在內的中國書籍；五年後，他憑藉 6 家中醫診所，推出太極拳學習班，賺到了第一個百萬澳元；八年後，買下以前總理霍克命名的澳洲總工會大樓，價值 1.2 億元人民幣；如今，他的旗下已經擁有十幢商業大樓和數萬平方米的地產，成為涉足房地產、貿易、醫療、旅遊、教育、傳

澳大利亞出版的《孫子兵法》。

媒多個領域的傑出華人企業家。

金凱平出版了《中國人在澳洲做地主》和《澳洲夢——一個留學生的淘金故事》。他感慨地說，我要讓全世界的人都知道，中國人在世界任何一個地方都可以成功。弘揚中華民族優秀文化和不朽精神，就能獲得成功。

閔福德稱其翻譯作品數《孫子》最受歡迎

「《孫子兵法》是中國最重要的書籍之一，它的觀點已經滲透到中國文化的各方面。」澳大利亞國立大學閔福德教授表示說，以他個人翻譯過的作品為例，其中只有《孫子兵法》最受歡迎。

閔福德是英國著名漢學家、學者、才華橫溢的文學翻譯家。他生於伯明翰一個外交世家，少年時就嚮往中國文化，他認為漢語的文字、結構舉世無雙，唐詩宋詞的優美典雅令人心醉。他曾在中國大陸、香港和紐西蘭的大學任教，擔任過奧克蘭大學中文系主任，澳大利亞國立大學中韓研究中心主任、亞洲研究專案成員。閔教授目前開設的中國文學和翻譯課吸引了眾多澳大利亞的學生。

閔教授是將中國古典名著《紅樓夢》介紹給西方的先行者。其岳父霍克思也是著名的漢學家、翻譯家，二人所合譯的《紅樓夢》，前八十回由霍克思負責，後四十回則由閔福德負責，成為至今僅有的兩個《紅樓夢》英文全譯本之一，經企鵝集團推出後即好評如潮，譯本文字精確優美，曲盡其妙，詩詞、謎語的翻譯也境界全出，被譽為完美體現了翻譯「信達雅」原則。

他還率先把金庸武俠小說《鹿鼎記》翻譯成英文，由牛津大學出版社出版，讓英語世界的讀者也可看到韋小寶玩世不恭的人生哲學，受到英國學界的一致好評，金庸也因此榮獲英國劍橋大學榮譽文學博士學位。

這位素有「金庸兵法」之美譽的武俠小說大家，在《鹿鼎記》中一再提及的「知彼知己，百戰不殆」，是《孫子兵法》中的警句。有學者稱，用金庸小說可注解《孫子兵法》，這或許是閔福德翻譯世界第一兵書的前兆。

事實上，閔教授最得意之作是將《孫子兵法》介紹給西方讀者。他的底本的選擇和注釋部分所採用的是廣為流傳的《十一家注孫子》，然而有時他也採信其他學者所作的校訂，如參考大英博物館東方藏書手稿部助理部長翟林奈的譯文，美國夏威夷大學安樂哲教授的譯本，及美國海軍陸戰隊格里菲思准將的譯本。

在翻譯《孫子兵法》時，閔福德也遵循了與岳父合譯《紅樓夢》的經驗，參閱銀雀山的漢簡。1972 年，中國山東臨沂銀雀山 1 號漢墓出土的文獻結束了幾千年來關於《孫子兵法》著作權的爭論，也為翻譯提供了珍貴的一手研究材料。有學者評價，閔福德對底本的選擇，不僅體現出他認真細緻的學術態度，也反映了他敏銳的眼光。

閔福德《孫子兵法》譯本的內容包括導論、文本注釋、拓展閱讀建議、中國注家列表、年代表、朝代表、重要歷史事件、十三篇英譯文及相關注家的評論注釋。美國前國務卿季辛吉在書中曾引用了閔福德對一句孫子名言的翻譯：是故百戰百勝，非善之善者也；不戰而屈人之兵，善之善者也。

閔福德新的翻譯計畫與《孫子兵法》有相通之處的《易經》。談到這部中國典籍，閔福德表示，這是一部好書，是中國最古老的經典，它講求和諧，注重減少衝突，讀了讓人更有智慧，能給當今世界很大的啟發。

雪梨書店紅色燙金版《孫子兵法》。

從兵家文化角度解讀澳洲唐人街

澳大利亞是一個移民國家，一個擁有世界二百六十多個民族成員的多元文化社會，八十多萬華人是這個多元文化大家庭最重要的成員之一。中國城、中國人、中華文化已深深地植根於南太平洋這塊沃土，融入南半球經濟最發達國家多元文化的大潮中。而唐人街起到了率先垂範的作用。

兵法、易經、八卦、太極、武術、圍棋，澳洲學者更願意從包括兵家文化在內的中國傳統文化角度來解讀澳洲唐人街。在澳洲，能觸摸到中國傳統文化的歷史脈搏與博大精深，而唐人街幾乎集大成。這裏每一個城市都有中國城，每一條街道都有中國人，每一個角落都流淌著中國文化。中國建築、中國園林、中國商鋪、中國餐館、中國武館、中國書店、中醫藥行，都充滿了神奇的中國傳統文化元素。

然而，當今世界，紛爭不休，衝突不停，危機不斷。人類社會比歷史上任何時候都更加需要和諧共存的理念。歷時二千五百多年的《孫子兵法》做為戰略聖典、競爭哲學，在解答戰爭問題的同時，也給了世界共生共存、共同發展提供了思想借鑒。不同的民族、國家和地域在差別中交匯融通，在矛盾中尋找平衡，在博弈中達到和諧，在競爭中共謀發展，在多元文化中兼收並融。

雪梨唐人街是多元文化兼收並融的楷模。走進唐人街，映入眼簾的是牌樓上「四海一家」四個金光閃閃的大字，內側橫匾是「澳中友善」。

據當地華人介紹，當時在牌坊上大書「四海一家」四字，得到多方贊同，因意義在於鼓勵澳大利亞各民族團結，少數民族融入主流社會。牌樓兩旁楹聯為「德業維新萬國衣冠行大道，信孚卓著中華文物貫全球」，向世人展示了中國人的和諧理念與博大胸懷。

題寫「四海一家」牌樓的雪梨唐人街。

雪梨唐人街和澳大利亞主流社會的交往這幾年越來越密切，常有聯邦、州、市三級政府高級官員應邀出席，和華人社區領袖把盞共飲；澳大利亞高官走入雪梨唐人街拜年，稱讚中華傳統文化豐富了澳大利亞多元文化的內涵；中餐館和商店裏，金髮碧眼的顧客越來越多；雪梨一年一度的「中國城嘉年華會」和「澳華公會」也在此舉辦，澳洲各族民眾歡聚一堂，各民族團結共融，和睦共處。

墨爾本唐人街是澳洲最古老的唐人街，也是西方國家中持續時間排名第二的中國移民居住地。墨爾本是一個非常注重發展多元文化的城市，更是為華人開放綠燈。唐人街上的澳華博物館是為紀念維多利亞建州一百五十週年建造的，館舍地點由澳大利亞政府撥給。該唐人街還成立了協進會，二十多年來，廣泛團結當地華人，主動融入主流社會，華人在墨爾本政壇發出了聲音，唐人街已成為交流和交匯多元文化的大本營。

當地華人自豪地說，墨爾本唐人街多元文化的融通，對華人具有凝聚力，對澳大利亞各民族具有吸引力。如今，這座古老的「中國城」正向世界人民展示多元文化的風采。每逢中國傳統節日，慶祝活動不僅吸引了大批華人，還吸引了澳大利亞本地居民前來觀賞。2012 年，該唐人街被美國 CNN 評選為世界最佳唐人街之一。

布里斯班市唐人街是全世界為數不多的由當地政府出資建造的唐人街，街名和店名都用中英兩種文字標出。這裏雲集了幾十家中國餐館和日本、韓國餐館。每逢週末，唐人街中心的涼亭便成了公開表演的舞臺，中國的太極拳、武術吸引著金髮碧眼的洋人們駐足欣賞。菲律賓的舞蹈、澳洲土著居民的表演、狂熱的搖滾歌手、西方流行的現代舞，風格迥異，為這裏平添了多元文化社會的風情。

最能體現和諧共存的是在唐人街舉辦的「入籍儀式」。「聖賢閣」上方懸掛著澳大利亞國旗，十多位政界要員端坐在主席臺。隨著中國舞獅隊的鑼鼓聲，儀式正式開始，來自不同國家的數十位入籍人員依次起立宣誓後，在座的政府官員和旁觀儀式的特邀代表也起立做為他們入籍的見證人。爾後，政府官員按姓名一個個地頒發入籍證明，整個儀式簡單而又隆重。

澳大利亞學者稱，《孫子兵法》做為兵學聖典，二元結構的圓融和諧的統一思想通貫全書，揭示了矛盾雙方相互對立、相互依存、相互轉換的關係，形成了獨特而豐富的和而不同的哲理。這一哲理做為不同民族、地區和國家間交流，促進共同健康合理發展的一條原則和思想，不僅是世界多元化發展的趨勢，而且是人類歷史發展的大勢。而孫子的這一哲學思想在澳洲唐人街得到了完美的詮釋。

澳洲華人學者只做孫子傳播一件事

在雪梨的一處公寓，記者見到了澳大利亞華人孫子研究學者丁兆德，在不大的客廳裏，擺滿了各種《孫子兵法》書籍、孫子刊物等相關資料、孫子 6 米長卷書法、孫子郵票、孫子工藝品，以及澳洲華文媒體刊登的孫子報導的剪貼。他見到記者的第一句話就是「有生之年只做孫子傳播一件事」。

今年八十五歲的丁兆德，祖輩是古城蘇州名門望族，曾在蘇州研究所工作。移居澳洲十多年，他擔任澳洲華人作家協會顧問，蘇州孫武子研究會名譽顧問，一直致力於弘揚和傳播中國兵家文化，在相隔遙遠的中澳之間，架起了一座弘揚孫子文化的橋樑。

丁兆德對記者說，他是從《孫子兵法》誕生地蘇州走出來的，古城蘇州有兩個「世界寶貝」，是不可複製的：一個是蘇州古典園林，已「出口」到全世界；另一個是《孫子兵法》，全世界都高度認可並在各個領域廣泛應用。

位於雪梨市達令港畔的誼園，建於 1988 年，如今已成為澳大利亞的一個著名的景點。這座仿照蘇州園林建造的誼園是中國境外較大的園林，也是蘇州拙政園在海外的一個「姐妹」園。為兩個跨國園林「牽手」的「媒人」，正是丁兆德和他的弟弟丁兆璋。

蘇州古典園林「落戶」澳洲後，包括丁兆慶在內的丁氏三兄弟又在當另一個「世界寶貝」《孫子兵法》的傳播使者。做為大哥的丁兆德自然首當其衝。十多年來，他自費在雪梨社區舉辦《孫子兵法》圖片書籍展覽，開設孫子講座，成為澳洲小有名氣的華人孫子研究學者。

他與日本孫子國際研究中心理事長服部千春、馬來西亞孫子兵法學會會長呂羅拔、香港協成行集團主席、方樹福堂基金會主席方潤華等國際知名孫子研究學者保持了密切的聯繫。他還介紹澳洲的知名人士、文化學者到《孫子兵法》誕生地蘇州穹窿山考察，感受孫子文化的智慧和魅力。

他連續多年在《澳洲日報》、《星島日報》、《澳洲新報》、《新快報》等澳洲華文媒體發表了一系列介紹《孫子兵法》的

丁兆德收藏的各種版本的《孫子兵法》。

文章，提升了孫子文化在澳洲的影響。

為了推動《孫子兵法》在澳洲的進一步傳播，丁兆德給澳大利亞總理吉拉德寫信，向他介紹《孫子兵法》的精髓和在全世界的傳播和應用的情況，希望中國這個傳統文化的瑰寶在澳洲得到弘揚，為澳洲的經濟發展增光，為澳洲的多元文化添彩。他還把《孫子兵法》及相關資料贈送給澳大利亞各個圖書館和高等院校，供澳洲人研讀和查閱。

丁兆德付出心血最多的是孫子講座，在澳洲許多社區、協會舉辦開講，聽講者均是當地和澳洲各地的社會知名人士和孫子愛好者。他在澳洲詩詞論壇的孫子講座，澳洲華文媒體幾乎都在顯著位置作了報導，引起澳洲華人社會的廣泛關注。

澳洲華裔丁氏三兄弟熱衷中國孫子

2013 年 4 月，澳大利亞蘇州總會會長丁兆璋一行，與蘇州孫武子研究會、蘇州市孫子兵法國際研究中心及蘇州吳中區孫子兵法研究會代表共同簽署了關於《孫子兵法》文化研究與交流合作會談紀要，加強和促進中澳兩地孫子文化研究交流與友好往來，將籌建南半球第一個澳大利亞孫子兵法研究會。

丁兆德、丁兆璋、丁兆慶出生於古城蘇州的名門望族，母親的娘家是書香門第。從《孫子兵法》誕生地蘇州走出的丁氏三兄弟，長期以來在澳洲弘揚包括兵家文化在內的中國傳統文化。三位老人不僅自身懂孫子、敬孫子，更希望通過自己的努力讓華人社區的孩子們和澳洲人也能夠知道孫子其人。

大哥丁兆德是澳大利亞華人中小有名氣的孫子研究學者，他在澳洲華人社區開設孫子講座，舉辦孫子文化展覽，在華文媒體刊登大量有關孫子文章，並與國際孫子兵法研究機構和專家學者保持了聯繫，為傳播孫子文化作了許多工作。

擔任澳大利亞雪梨大學高級專家、中國燕京華僑大學教授的丁兆璋，與《孫子兵法》誕生地蘇州穹窿山有著特殊的感情。母親十月懷胎時，正值戰火紛飛的抗戰時期，不得已逃到蘇州穹窿山下一個農莊裏，在一棵大樹下生下了丁兆璋。

丁兆璋計畫與蘇州加強孫子文化研究交流，不定期派出專家學者訪問、講學、交流、培訓；並與雪梨大學合作，開設《孫子兵法》課程，舉辦孫子文化展覽，把博大精深的中國兵家文化在澳洲人中傳播，在澳洲掀起「孫子熱」。

丁兆慶是著名的華人漫畫家，張樂平收為關門徒弟，使他的漫畫創作不斷成熟，隨後陸續發表了一千多幅作品，張樂平稱讚他為「較有作為的年輕藝術家」。1986 年初，丁兆慶移居澳洲，曾在雪梨大學講學，舉辦畫展，在報社擔任編輯，其間頻頻發表漫畫於中英文報上，並從事繪畫教育。

「我配合大哥丁兆德在澳洲傳播《孫子兵法》做了些力所能及的工作，主要事情都是大哥做的。」丁兆慶謙虛地對記者說。其實，從孫子文化展覽到開設孫子講座，許多書法、照片及宣傳、推廣都是丁兆慶默默無聞做的。他還關注澳洲報紙刊登的有關孫子的文章報導，剪貼下來給大哥作參考資料。丁兆慶說，支持大哥傳播孫子文化，我樂此不疲。

雪梨大學高級專家丁兆璋和華人漫畫家丁兆慶。

丁兆璋向記者表示，澳大利亞是一個多元文化社會，現有華人八十多萬，已成為這個多元文化大家庭最重要的成員之一。澳大利亞對中國傳統文化很有興趣，將建造「中國傳統文化」主題公園，「二十一世紀中華文化世界論壇」首次走出亞洲在澳大利亞舉辦。做為從小生長在《孫子兵法》誕生地的蘇州人和澳洲華人，向澳洲傳播中國傳統文化是應盡的使命。

澳洲華文媒體傳播孫子扮演重要角色

澳大利亞共有華僑華人約 80 萬，其中一半定居雪梨。這裏的華人先後創辦了數十份華文報紙，網站、雜誌、電視臺、電臺齊頭並進，遍地開花。《星島日報》、《澳洲新報》《澳洲日報》、《新快報》等主要華文媒體積極弘揚和傳播包括兵家文化在內的中華傳統文化，致力於架起中澳文化溝通的橋樑。

《澳洲僑報》社長金凱平認為，只有一個國際化、全球性的華文媒體才能很好完成中國強國之路賦予的偉大使命。二十一世紀必將是中國的世紀，也必將是中華文化以更迅速、更普及、更有效的方式進行傳播的世紀。對於中華文化在海外的傳播，華文媒體當仁不讓要起到主要作用。華文媒體是海外世界接觸中華文化的主要管道，在文化交往中扮演重要角色。

澳大利亞 2CR 澳洲中文廣播電臺國語節目主播任傳功表示，中華文化在海外的傳播，究其更深層次的主要內涵之一，便是對中華文化「以和為貴」、「合和」理念的傳播弘揚與詮釋。「和諧社會」、「和諧世界」便是這一理念於今時今日的發展與昇華，是當今中華民族和平發展思想的重要內涵。任傳功所說的這個重要內涵，在《孫子兵法》中得到了充分的彰顯。

《星島日報》刊文指出，《孫子兵法》是中國春秋末期偉大軍事家孫武的著作，既是一部軍事巨著，又是一部哲學經典，乃中華之瑰寶。兩千多年來《孫子兵法》被廣泛的應用於軍事、政治、經濟、外交等各個領域，在市場經濟高度發達的今天，《孫子兵法》更多應用於商戰之中，被譽為「商戰聖典」。

《星島日報》還刊登〈查爾斯學過《孫子兵法》〉，並與《新快報》等多家華文媒體在主要版面共同刊登「雪梨詩詞協會舉辦孫子兵法講座」等報導，推動孫子文化在澳洲的傳播。

《澳洲日報》在一篇題為〈一流 CEO 成長祕笈 《孫子兵法》上榜〉披露，在澳大利亞首席執行官和行政人員推薦閱讀的書籍名單中，有許多首席執行官聲稱給予他們以影響的書籍《孫子兵法》。一位首席執行官說，《孫子兵法》是一部已有二千五百年歷史的書了，它非常地著名，常常被商業院校拿來當教材。該著作中的領導哲學和如何在競爭環境中實現自己的目的讓很多企業管理人員很受啟發，很多人都認為它是迄今最好的商貿書籍。

《澳洲日報》在頭版頭條刊登特稿〈《孫子兵法》誕生地蘇州力解千古之謎〉，格外引人注目。該文詳細介紹了《孫子兵法》誕生地的考證，海內外孫子研究學者對孫子及《孫子兵法》的高度評價。該報還刊登〈《孫子兵法》超越國界，走紅捷克和斯洛伐克〉、〈《孫子兵法》熱遍全球〉等一系列反映中國兵家文化的稿件，在澳洲華人圈產生廣泛的影響。

澳洲《新快報》刊登〈《孫子兵法》譽揚天下〉的文章，系統介紹孫子的生平、《孫子兵法》成書年代、地點及歷史背景，孫子思想在全世界傳播應用及其影響。該報還在頭版頭條刊登〈《孫子兵法》其人其事流傳千古〉等文章。

澳洲華文傳媒人士稱，海外華文媒體是中華文化在海外得以延伸的重要平臺。在當今世界全球化日益向前邁進的今天，

澳洲華文媒體在主要版面刊登《孫子兵法》報導。

海外華文媒體成為積極傳播中華文化當之無愧的先鋒，成為世界先進文明文化相互融合發展、取長補短的催化劑。

澳洲人為何把戰敗做為國家節日？

在澳洲雪梨大橋上，軍人的雕塑與眾不同，沒有一絲英武和自豪，槍口向下，低垂著頭。陪同記者的澳洲華人解釋說，澳洲人應該是厭惡戰爭的。雕塑表現的不是軍人們的英勇無畏，將軍的英名神武，而是對戰爭的無奈，揭示戰爭的殘酷。

記者來到澳大利亞雪梨戰爭灣棧道，當年澳紐軍團就是從這裏出海征戰的。自 1916 年起，澳大利亞和紐西蘭都是在 4 月 25 日前後舉行澳紐軍團日儀式，「澳紐軍團日」是為紀念第一次世界大戰期間，澳大利亞和紐西蘭聯軍配合英法軍隊登陸土耳其加里波利半島的戰役而設立的。在那次戰役中，澳紐部隊損失慘重，這天被定為公眾假日，是一場紀念作戰失敗的國家節日。

澳紐軍團日源於第一次世界大戰中的加里波利戰役，又稱達達尼爾戰役，是第一次世界大戰期間最著名的戰役之一，是當時最大的一次登陸作戰。在此次戰役中，澳大利亞和紐西蘭做為「協約國」盟友也派兵參戰，約 9,000 名澳大利亞士兵和 27,000 名紐西蘭士兵陣亡。

雖然數目上來說，澳紐軍團僅屬加里波利戰役的 50 萬聯軍的其中一小部分，但是這兩個年輕國家的部隊經常充當先鋒角色。在第一次世界大戰中，紐西蘭當時約 100 萬的人口，而紐西蘭是參與是次戰爭的所有國家中，按人口計最高傷亡和死亡率的國家。澳大利亞則是這次戰爭中，傷亡率最高的國家。

正在籌建南半球第一個孫子兵法研究會的澳洲華人丁兆德告訴記者，孫子說，戰爭是「國之大事」，關係到國家的存亡和百姓的安危必須慎重對待。儘管歷史上澳洲的本土幾乎沒有發生過戰爭，但澳洲的軍隊卻參加了第一次和第二次世界大戰及朝鮮戰爭、越南戰爭等多場戰爭，先後有約十多萬士兵在戰爭中陣亡，這讓每個澳洲人刻骨銘心。

在澳大利亞首都坎培拉，有一座為紀念二戰澳大利亞陣亡的戰士而修建的戰爭紀念館。從空中俯視，紀念館呈十字架形，平面上遠望就像一座墳墓，而時裝店口就像墓道。在水池中的一個祭火盆，永遠不熄滅，以示戰爭死去的戰士亡靈永存。

戰爭紀念館內建有三個主大廳：第二次世界大戰展廳、布萊德拜瑞戰機展廳以及澳紐軍團展廳。每一個展廳內都陳列著大量戰時的兵器、圖片、模型等。二戰館陳列著被擊沉的潛入雪梨灣的日本海軍微型潛艇，讓人身臨其境地彷彿回到了殘酷的戰爭現場。

有人參觀戰爭紀念館後在博客上寫道：戰爭從未讓肉體和靈魂走開過，肉體倒下，靈魂升天。無論戰爭的輸贏，帶給人

澳大利亞雪梨戰爭灣棧道。

間的痛苦和喜悅是一樣的分成。父母失去兒女，妻子失去丈夫，孩子失去父母，不僅僅是一代人的記憶，而是世世代代的永恆……

澳洲華人表示，澳洲人對戰爭深惡痛絕，除了澳紐軍團日，每年的11月11日，為澳大利亞戰爭紀念日。在這一天的上午11點，每一個澳大利亞人會在全國的各個角落，默哀一分鐘，向戰爭中英勇獻身的將士表示哀悼。《孫子兵法》提出戰爭是「禍事」，是「災難」，主張「不戰」，「慎戰」。澳洲人之所以把戰敗做為國家節日，是要銘記歷史，珍愛和平。

雪梨奧運會中國健兒兵法真如神

2000年澳大利亞雪梨舉行的第27屆夏季奧林匹克運動會，共設28個大項、300個小項的角逐，比賽項目之多為歷屆奧運會之最。奧運健兒在體育競技中應用《孫子兵法》，向人類的生理極限發起挑戰，展示出較高的競技水準，共創造了34項世界紀錄，77項奧運會紀錄，3項奧運會最好成績。

巴西足球隊教練運用《孫子兵法》在雪梨奧運會前排兵布陣，贏得世界冠軍。本屆奧運會被認為是一屆體現理解與融合的盛會：對峙了四十多年的朝鮮和韓國兩國運動員，在一面繪有朝鮮半島圖案的旗子引導下走到了一起；處在敵對狀態下的波斯尼亞和黑山共和國聯合組團參賽，體現了孫子宣導的「合利而動」的和合思想。

而在雪梨奧運會上《孫子兵法》應用如神的要數中國體育代表團，共奪得 28 枚金牌，16 枚銀牌和 14 枚銅牌，在金牌榜和獎牌榜上均排在第三位。中國首次進入奧運會金牌榜前三名，取得了歷史性的突破。中國運動員共有 3 人十二次創八項世界紀錄，6 人十一次創十一項奧運會紀錄，成績比前四屆奧運會有了大幅度的提高，創下了參加歷屆奧運會金牌數和獎牌數的最高紀錄。

雪梨奧運會跆拳道成為正式比賽項目，首次進入奧運會賽場。十八歲的中國女將陳中以絕對優勢擊敗了各路高手，包括曾經戰勝過她的對手，為中國贏得了第一枚也是世界跆拳道史上的第一枚奧運金牌。陳中一舉奪冠，是中國結合散打和拳擊中與跆拳道的共性創造了一套獨特的訓練體系，這個體系與《孫子兵法》一脈相承。

中國國家體育總局跆拳中心曾為國家跆拳道隊制定的冬訓計畫講座中，請兵法專家講授以〈始計篇〉、〈作戰篇〉、〈謀攻篇〉等《孫子兵法》十三篇為載體，結合跆拳道運動的特點和規律，深入淺出地闡釋了運動隊伍的日常管理和訓練以及臨場競爭時的戰術變化的要求和技巧。通過講座讓隊員明白，在賽場上不僅要和對手角力，更要學會鬥智、鬥心理。

雪梨奧運會女子 78 公斤級柔道決賽，中國女運動員唐琳在賽場上發揮出色，而對手開賽後顯得被動，被判罰兩個「消極」，後來又被判罰一個「考嘎」(最小分)。最終，3 名裁判中的兩名因唐琳「進攻積極」判勝，獲得金牌。唐琳贏得裁判的勝旗，得益於《孫子兵法》中的謀略思想，體育賽事適時應用進攻戰術，往往是最好的防守，可以造成有利態勢，爭取賽場的主動權。

原中國女子花劍隊運動員欒菊傑，以四十二歲年齡代表加拿大隊參加雪梨奧運會擊劍比賽，創造世界體壇奇蹟。進攻、防守、手上千變萬幻，腳下騰挪閃躲，全都凝集在一個目標。從十六歲的少女到四十三歲的媽媽級選手，擊劍臺上的欒菊傑寶劍不老。幾乎所有媒體都發出這樣的感歎：欒菊傑成為奧運會上年齡最大的劍客，她還沒有比賽就已經勝利了，因為她戰勝了自己。正如孫子所言：「勝兵先勝而後求戰」。

雪梨奧運會體操比賽開始的兩天，中國男隊出師不利，在吊環、跳馬、雙槓比賽中接連出現這幾年都不曾出現過的失誤，落後於中國隊的主要對手俄羅斯隊 0.173 分。面對這種沉重的壓力，中國體操中心主任高健給隊員們講了項羽背水一戰的故事，提出「放開一搏是生路，否則便是死路一條，我們沒有退路了」。在中國隊咄咄逼人的氣勢威懾下，俄羅斯隊員們反而膽怯了，頻頻失誤。中國隊一鼓作氣，摘取了奧運金牌。

體育競賽是一種實力間的對抗，要想取得對抗的勝利也需要做到首先不被對手所戰勝，再尋找取勝破敵的機會。在雪梨奧運會決賽中，曾在 1996 年亞特蘭大奧運會上敗給「老瓦」的孔令輝再遇瓦爾德內爾時，迸發出了巨大的鬥志。在前四局不分高低打成平手後，孔令輝在決勝局中徹底摧毀了對手的鬥志，最終經過五局苦戰拿下對手，完成了男單世界冠軍「大滿貫」。

奪得雪梨奧運會女子 10 米氣手槍金牌的中國選手陶璐娜，被教練許海峰雪藏暗處，苦練基本功，培養她穩定的心理素質，並制訂了一整套針對賽場各種困難應對的預案。果然，許

雪梨奧運會主會場。

海峰的「預則立」的兵法產生了效果。進入決賽後，陶璐娜以穩制勝，穩紮穩打，而其對手面對陶璐娜的穩定發揮卻相繼出現了緊張失誤，結果陶璐娜以 488 環的好成績為中國隊摘取雪梨奧運第一金。

孫子研究專家評價，以上幾個中國奧運健兒奪冠戰例，都充分體現出孫子的「先為不可勝，以待敵之可勝」的用兵之道。中國體操隊出師不利，背水一戰，大多超水準發揮，一路領先於俄羅斯隊；孔令輝在亞特蘭大奧運會失利後埋頭苦練，從技術到心理承受能力上都做好了充分的準備；陶璐娜則在教練許海峰潛心安排與指導下，心態輕鬆，穩步而行。

澳洲華人學者稱孫子思想耀全球

澳大利亞華人孫子研究學者丁兆德在接受記者採訪時表示，《孫子兵法》流傳二千五百多年，光輝永存，至今傳播到一百四十多個國家和地區，已光耀全球。做為中國優秀傳統文化遺產和世界寶庫，其歷史價值、文化價值、智慧價值、應用價值，不亞於孔子宣導的儒家學說。如果說孔子是「文聖人」的話，那麼，「武聖人」非孫子莫屬。

移居澳洲十多年的丁兆德，擔任澳洲華人作家協會顧問和蘇州孫武子研究會名譽顧問，在澳洲潛心研究《孫子兵法》，舉辦孫子文化展覽，開設孫子講座，致力於弘揚和傳播中國兵家文化，被稱為澳洲華人孫子傳播第一人。

丁兆德評價說，《孫子兵法》邏輯思維嚴謹，概念明確，用語精當，至善至美。孫子文化，優秀精髓，名貴古今，名揚四海。其名言警句，成為中國乃至世界軍事文學的瑰寶。

丁兆德認為，《孫子兵法》集哲學、謀略學、管理學、資訊學、決策學為一體，充滿德、智、勇、謀的綜合哲理，不僅成為古今中外軍事家的經典，而且成為各個領域應用的寶典；不僅美國西點軍校、英國皇家指揮學院、俄羅斯軍事院校等世

澳洲黃金海岸出售的《孫子兵法》。

界許多軍事學院都將《孫子兵法》列入必讀教材，而且全世界許多商業學院都將其列入必修課。

世界上有許多國家對《孫子兵法》的研究、傳播和應用已到了「如饑似渴」的地步。丁兆德說，如日本、美國、韓國、新加坡、馬來西亞，「孫子熱」一浪高過一浪，孫子研究機構遍布全球，研究者、傳播者、應用者如雨後春筍，湧現出眾多國際性學術權威。澳大利亞也不例外，已經播下傳播的種子，正在開花結果。

丁兆德稱，全世界對《孫子兵法》如此受歡迎，如此熱衷，這一現象表明，孫子思想適應時代的潮流，全世界需要孫子，尤其是孫子主張「不戰」宣導和平的思想得到全世界的普遍認可。孫子「不戰」思想的主旨，是通過和平手段達到目的，以最小的代價獲取最大勝利。「不戰而屈人之兵」成為最高境界得到全世界的推崇。

丁兆德詮釋說，《孫子兵法》來源於吳國反抗楚國的戰爭體驗，所以它是用來反對侵略、抵制戰爭和保衛和平的。孫武的「武」字，主體是有「戈」字頭下面的「止」字組成，「戈」在中國古代屬箭類兵器，「止戈為武」便有反對戰爭的含義。《孫子兵法》所闡釋的是中華民族對戰爭問題的獨特認知，蘊含著中國傳統兵家文化重視和平、崇尚和諧的思想光輝，對於推動建設持久和平、共同繁榮的和諧世界具有啟示意義。

全球綜述篇

聯合國官員評價孫子屬於整個世界

《孫子兵法》列入中國代表作品翻譯叢書，《孫子兵法傳世典藏本》被聯合國教科文組織收藏並受到該組織總幹事高度評價，聯合國安理會五個常任理事國的將軍參加孫子兵法國際研討會，聯合國維和部隊信奉孫子「不戰而勝」的和平思想，聯合國軍事觀察員和國際專家研讀《孫子兵法》。長期以來，聯合國為弘揚和傳播以孫子為代表的中國兵家文化作出了不懈的努力。

1963 年，美國海軍陸戰隊准將塞繆爾 ・B・ 格里菲思翻譯的《孫子兵法》，當年就被聯合國教科文組織將此書列入中國代表作品翻譯叢書，推動了在西方再掀「孫子熱」。近幾十年來該版本多次重印再版，在美國和西方各國廣為流行，確立了在美國和整個西方世界的權威地位。

2005 年，《孫子兵法傳世典藏本》由蘇州市孫子兵法國際研究中心和中國孫子兵法研究會會長姚有志、副會長吳如嵩共同編撰出版，共收輯西漢《孫子兵法》銀雀山竹簡本、東漢《魏武帝注孫子》、南宋《十一家注孫子》等七個目前《孫子兵法》最有代表的傳世本、白話本和英譯本。

《孫子兵法傳世典藏本》被聯合國教科文組織收藏。該組織總幹事松浦晃一郎寫信給予高度評價：「我非常高興能夠細讀你們編輯的《孫子兵法傳世典藏本》……它的的確確屬於整個世界也屬於所有時代。這本書非常好，學者會對其感興趣，因為它包括了已知的不同版本，而且英語翻譯的非常好，面向了更廣大的讀者。」

2006 年，第 7 屆孫子兵法國際研討會在杭州舉行，來自中、法、美等聯合國安理會五個常任理事國的將軍們參加「將軍林」植樹活動，共同在五棵桂花樹上培土。將軍們說「今天我們在這裏栽種的是和平之樹、和諧之樹」。

聯合國安理會是國際社會公認的處理國際和平與安全問題的唯一權威機構，安理會常任理事國中的五位創始成員國，是二戰期間反法西斯同盟國中的四大國和參加反德同盟的法國。這些國家對《孫子兵法》的研究應用都走在世界的前列，孫子「不戰而勝」的和平思想得到了安理會常任理事國的高度認可。聯合國維持和平行動及其部署事宜由安全理事會授權。

聯合國維和概念的創始人是曾於 1948 年至 1957 年擔任加拿大外長的萊斯特・皮爾遜。由於他的努力，蘇伊士運河爭端得以和平解決，皮爾遜也因此於 1956 年獲得諾貝爾和平獎。「皮爾遜維和培訓中心」是為紀念皮爾遜為維和事業作出的貢獻而命名的，在近三十個國家進行特別巡迴授課，招生來自世界一百四十三個國家的學員，這些學員畢業後許多人成為國際維和行動的中堅。

維和部隊士兵頭戴象徵和平的藍色鋼盔或藍色貝雷帽，上有聯合國英文縮寫「UN」，臂章綴有「地球與橄欖枝」圖案。維和行動已成功阻止了近一百個國家的軍事衝突，為維護國際和平與安全做出了巨大的貢獻。聯合國副祕書長彼得・勞恩斯基・蒂芬塔爾稱，在過去十年，中國對於聯合國維和行動方面發揮了更大的作用，中國是聯合國無償

作者在紐約聯合國總部留影。

提供維和部隊人數最多的國家。

聯合國各組織不乏《孫子兵法》研究學者。如聯合國經濟發展委員會主任趙雲龍博士熟諳《孫子兵法》，擅長從兵法的角度分析未來時事政局。他經常和包括聯合國祕書長潘基文、美國政要和經濟學家等高級官員商討國際時事，還定期舉行講座向社會各界宣揚聯合國宗旨，宣揚和平，榮獲「聯合國世界和平獎」。

聯合國開發計畫署企業改革國際專家邱明正、中國海軍指揮學院科研部副部長李堂傑也是孫子研究專家。李堂傑曾長期擔任聯合國軍事觀察員，並榮獲聯合國維和勳章兩枚。

《戰爭藝術》成《孫子》在西方代名詞

西方學者評價，《孫子兵法》這部被西方譯作《戰爭藝術》（*The Art of War*）的軍事寶典，它的理論意義垮越了時空，至今還有寶貴的借鑒作用和指導意義，是世界公認的居於鼻祖地位的優秀軍事理論遺產，是一部影響中華文明兩千多年的百代談兵之祖，一部享譽全球軍事理論界的世界兵書瑰寶。在改變世界的十本軍事名著中，《孫子兵法》當之無愧排名第一，被世界各國推崇備至。

《孫子兵法》是中國古代最著名的兵書，是世界現存最早的「兵學聖典」。其基本觀點「兵者，國之大事也」的戰爭觀，以「道」為首的戰爭制勝條件論，「知彼知己」基礎上的料敵定謀方法，「不戰而屈人之兵」的「全勝」論，以「致人而不致於人」為核心的一系列作戰指導原則，揭示了戰爭的本質和規律，分析了戰爭的奇正、攻守、強弱、虛實、遠近等對立的現象及其相互轉化的關係，體現了樸素的辯證法思想，成為後世兵書的典範。

孫子的戰爭藝術，在世界軍事思想史上影響深遠，是中國古籍在世界影響最大、最為廣泛的著作之一。英國戰略大師李德哈特指出，《孫子》是對戰爭藝術「這個主題」的最早著作。拜占庭帝國皇帝聖君利奧六世在位時，曾編輯了《戰爭藝術總論》一書，書中介紹的詭計詐術與孫子學說不謀而合。

法國國防研究基金會研究部主任莫里斯・普雷斯泰將軍指出，在二十五世紀以前，一個中國作家寫了一部《孫子》，最初由法國神父於十七世紀譯介到歐洲，這部著作直至今日被公認為戰爭藝術。中國的孫子早在二千五百年前就提出了「不戰而勝」思想，孫子不僅教授兵法，還解讀戰爭藝術，西方許多國家都在應用。1922 年在巴黎發行了法國上校 E. 肖萊的新譯本，書名為《中國古代的戰爭藝術，二千年前的古代戰爭學說》，該書參照的是 1772 年阿米奧特的譯本。

1963 年，美國已故退役准將塞繆爾 ・B・ 格里菲思翻譯出版了世界第三部《孫子兵法》英譯本，書名為《孫子——戰爭藝術》，由牛津出版社出版，被列入聯合國教科文組織的中國代表翻譯叢書。從此，各種冠名《戰爭藝術》的版本流傳於世，《戰爭藝術》成了《孫子兵法》在西方的代名詞。

西方學者稱，《孫子兵法》之所以被西方譯作《戰爭藝術》，是因為這部世界第一兵書做為揭示競爭規律的頂尖之作，總結了春秋及其以前的戰爭經驗，具有深刻的謀略思想，在一定程度反映了戰爭的一般規律，標誌著獨立的軍事理論從此誕生，無疑是全世界有史以來第一部真正的戰爭藝術著作。正如夏威夷大學哲學系教授、美國著名《孫子兵法》翻譯家安樂哲所說，孫子的謀略是一種博大的戰爭藝術，是一種精深的大智大謀。

中國國防大學戰略教研部教授馬駿博士說，西方人想像思維可能比東方人豐富一點，把兵法叫做戰爭藝術。中國國防大學戰略教研部副主任、教授、博士生導師薛國安認為，《孫子

美國華盛頓公園的戰爭雕塑。

兵法》上通戰略指導，下達戰役戰術指揮，蘊含著豐富的戰爭控制思想元素。時值二十一世紀，儘管武器裝備不斷發展，戰爭形態不斷演進，戰爭控制方式、手段也更加多樣，但是，《孫子兵法》中的戰爭控制藝術對於指導今人實施戰略「完勝」仍然具有重要的借鑒意義。

孫子從古紙堆裏活起來「周遊列國」

二千五百多年前的中國孫子從古紙堆裏活起來，正在周遊列國。據統計，全球有三十多個國家、上百種語言文字、數千種關於《孫子兵法》的刊印本，曾雄踞亞馬遜排行榜第一名。孫子思想在全球政界、軍界、學界、商界受到越來越多的重視，這也說明了中華傳統文化穿越了時間和文化的屏障，在國際化、現代化的今天仍閃爍著東方獨特的智慧光芒。

目前，《孫子兵法》在亞洲出版的書籍譯本和研究著作的共有十四種語言文字，數量近 700 部，占全球譯著九成以上。

亞洲譯本和研究著作的國家有日本、朝鮮、韓國、越南、馬來西亞、緬甸、泰國、新加坡、以色列、黎巴嫩、蒙古、伊朗、斯里蘭卡等。如此眾多的不同語言文字的《孫子兵法》譯本在亞洲國家出現，不僅提高了亞洲普及研究和傳播應用孫子文化的整體水準，而且帶動了全球孫子文化熱。

1772 年，法國神父約瑟夫 · 阿米歐在巴黎翻譯出版的法文版，開啟了《孫子兵法》在西方傳播的歷程。目前，歐洲國家《孫子兵法》有法文、英文、德文、俄文、義大利文、西班牙文、葡萄牙文、荷蘭文、希臘文、捷克文、波蘭文、羅馬尼亞文、保加利亞文、芬蘭文、瑞典文、丹麥文、挪威文、土耳其文等，翻譯出版覆蓋大半個歐洲。

以孫子為代表的中國兵家文化的影響已由歐洲大陸擴展到大洋洲。第二次世界大戰期間，雪梨大學教授薩德勒翻譯的英文版《中國三種經典軍事著作》，內收有《孫子兵法》，1944 年由雪梨澳大利亞醫學出版公司出版發行。澳大利亞國立大學閔福德教授將《孫子兵法》介紹給西方讀者，在澳大利亞名聲很大。在雪梨大學歷史系、漢學系有一批孫子研究學者。

美國是再版英譯本《孫子兵法》最早也是美洲翻譯出版最多的國家，僅在新千年初，就出版了十九種相關圖書。美國退役准將格里菲思翻譯出版的英譯本，被列入聯合國教科文組織的中國代表作翻譯叢書，近三十年來多次重印再版並轉譯成多國的文字，在美國和西方各國廣為流行。美籍英國著名作家詹姆斯・克拉維爾打破了英譯本短缺的局面 ，他編輯的《孫子兵法》新譯本，一經問世便大受歡迎，連續十次出版發行，促進了《孫子兵法》在西方的傳播。

《孫子兵法》在北美洲的加拿大傳播甚廣，湧現出一批高層次的孫子研究和傳播的知名學者。加拿大學者安樂哲翻譯了《孫子兵法》、《孫臏兵法》、《孫臏兵法概論》，在一些核心範疇和重點論述上花費了很多功夫，力圖對西方傳統的翻譯進行糾偏和重解，使該英譯本更符合孫子的原意。加拿大麥克馬斯特大學金融工商經濟學教授陳萬華，與南開大學兵學專家合作撰寫的《孫子兵法及其在管理中的一般應用》英文版讀物，受到商界的好評。

中國提出的和平發展理念，得到南美國家的肯定。包括孫子智慧在內的中國文化正在走向南美，增進中國和南美各國之間的文化認同。目前，南美國家學習應用《孫子兵法》正在持續升溫，各種版本和數量不亞於亞洲和歐洲國家，無論是西班牙、葡萄牙出版的還是南美國家自己出版的，在南美洲都非常流行。

非洲國家對《孫子兵法》最關心的是軍人，尤其是總統。南非前總統曼德拉是一位傑出的謀略家，特別喜愛讀中國《孫子兵法》。剛果現任總統約瑟夫 · 卡比拉和他的父親老卡比拉總統，都是地地道道學過《孫子兵法》和毛澤東軍事思想的中國軍校學生。辛巴威總統、厄立特里亞總統和納米比亞總統，他們都曾經是游擊隊的領導人，還有科摩羅總統阿札利，都是孫子的崇拜者。

近年來，在中國國防大學防務學院的外軍學員，來自非洲國家的占了大部分。有埃及、埃塞俄比亞、肯亞、尼日利亞、塞拉里昂、蘇丹、坦桑尼亞、突尼斯、辛巴威、加納、貝寧、布隆迪、喀麥隆、剛果、馬達加斯加、摩洛哥、馬里、尼日爾、盧旺達、多哥、加蓬、幾內亞、中非、南非、茅利塔尼亞等國。這麼多非洲國家軍人在中國重點研讀《孫子兵法》，回國後推動了孫子文化在非洲的傳播。

孫子是世界上認可程度最高的中國偉人之一，《孫子兵法》是世界上流傳時間最長、傳播範圍最廣、歷史影響最大的兵學聖典。如今，它的研究和傳播早已是一項國際性、世界性

美國西點軍校《孫子兵法》。

的事業。進入二十一世紀以來，這項研究與傳播事業在世界範圍內掀起了新一輪高潮，相關的學術團體如雨後春筍般湧現，一大批專家、學者創造了累累碩果。

海外學者稱，孫子周遊列國成為傳播中華文化使者。不分東方西方，不分大國小國，不分種族膚色，在原子時代、電子時代孫子思想仍廣受世界各國、各民族的歡迎。一部神奇的中國古代兵書，如此深深吸引全世界人潛心研讀，如此受到全球各界人士的長久追捧和廣泛應用，這不能不說是人類歷史上的一大奇蹟。

全世界為二千五百年前中國兵書買單

記者在海外採訪時發現，遍布世界各國的孫子兵法研究機構大都是自發成立，自籌經費，開展的各類孫子文化傳播活動也都是民間組織為主的，尤其是翻譯出版的各種版本的《孫子兵法》，擁有最大的讀者群，而購買者都是心甘情願，自掏腰包。全世界自願為二千五百年前的一本中國兵書買單，令記者感慨萬千。

在日本，《孫子兵法》幾乎是盡人皆知，日本人喜歡的程度甚至超過了中國人，世界 500 強企業無一不研究，孫子的許多名言都成了日本人的口頭禪。各類注釋應用的日文版《孫子兵法》書籍有二百八十多種，相關書籍四百多種，參引論述書籍數不勝數，以其為教材的商業書更是數量相當驚人。在世界文化交流史上，對他國的兵法著作研究投入如此長的時間，投資如此可觀的財力，這也是絕無僅有的現象。

《孫子兵法》已進入韓國尋常百姓家，普及率非常高，幾乎家喻戶曉，人人皆知。孫子的書籍在韓國不是暢銷書，而是長銷書，其銷量長年累積已經創下韓國出版史的最高紀錄。自 1953 年以來，已陸續出版了百餘種韓文版相關書籍，特別是進入二十一世紀後每年都有新作問世。《孫子兵法演義》成為世界著名暢銷書，再版五次，印數達 200 萬冊，並譯成多國文字在海外發行。

巴黎文化街各大書店《孫子兵法》法文版，很受法國讀者青睞，薄薄的一本小書，比厚厚的法漢對照詞典這樣的工具書價格要貴得多。這部中國古代經典在法國深受歡迎，不僅在法國軍界、商界和學術界，就連普通法國民眾都很喜歡，購買、閱讀孫子書籍很普遍。

擁有極高收視率的英國電視連續劇《女高音歌手》有一句臺詞：他非常喜歡《孫子兵法》，孫子先生在二千五百多年前講的許多道理，至今仍然「放之四海而皆準」，令英國觀眾掀起《孫子兵法》搶購潮，牛津出版社重印 25,000 冊以應付市場需求。

俄羅斯版的《孫子兵法》簡裝本銷售一空，只有少量的精裝本和插圖本價格在一萬盧布以上。書店的工作人員表示，俄羅斯人中的確有一群《孫子兵法》的愛好者，俄羅斯從總統到普通公民都認同孫子。在莫斯科大學，學生經常圍坐一起，認真地用漢語朗誦《孫子兵法》的警句。

德國科隆大學漢學家呂福克新出版的德語版《孫子兵法》已再版四次。在德國一般發行 3,000 冊的書就算很不錯了，而他的書發行兩萬多冊。荷蘭文《孫子兵法》印數為 7,000 冊，在荷蘭這個只有一千多萬人口的小國，竟然在不到三個月的時間內就售罄一空，不能不讓人為之驚歎。

馬德里孔子學院學生吉瑞說，他最喜愛和崇拜中國的孫子。孫子的智慧謀略，讓全世界如此折服，至少至今還沒發現，有哪一個人出的書全世界都在讀，都在用，況且又是一本流行了二千五百多年的古書。

美國民間目前已有近百個研究《孫子兵法》的學會、協會或俱樂部在頻繁活動。孫子書籍不僅在美國主流書店和圖書館登堂入室，而且進入美國的千家萬戶。在長達三年時間裏，位居《紐約時報》暢銷書排行榜，在美國總發行量超過 600 萬冊，曾連續數月雄踞亞馬遜排行榜第一名，一度創下一個月 1.6 萬本的銷量。

在北美，墨西哥人說學了孫子的智慧，會讓他們變得更聰明；在南美，購買《孫子兵法》的巴西人比以前更多，銷量逐年上升，其中最熱衷的要數球迷，他們認為孫子教巴西人踢足球，當球迷不能不崇拜孫子；在澳洲，書店、機場其他書籍有缺，唯獨不缺《孫子兵法》；在非洲，翻閱的黑人讀者不乏其人，非洲學者稱喜歡孫子不分種族膚色。

原香港理工大學博士生導師、香港國際孫子研究學院院長盧明德教授宣稱，全球約有 25 億人直接或間接在學習《孫子兵法》。他作了一個簡單的算術題：出版一部兵書發行量至少有 1,000 冊，一萬部兵書就是千萬冊，一冊兵書十個人讀，就有一億人讀。加上全球開設的課程和講座不計其數，拍攝孫子

中文與外文版《孫子兵法》。

電影、電視劇票房收入都很高。全球有 25 億人為中國兵書買單是一筆巨大的數字。

臺灣有 56 人的兵學論文獲博碩士學位，香港、德國等國家和地區也有許多人用孫子論文獲得博士學位，更不用說海外眾多企業獲得了豐厚的回報，他們感到為孫子買單非常值得。海外學者感歎，全世界自願為二千五百年前中國兵書買單，說明《孫子兵法》具有無與倫比的文化價值和實用價值，否則沒有哪個傻瓜會自願掏錢去買過時的沒用的一堆廢紙。

《孫子》在全球資訊化時代大放光彩

誕生於丘牛大車時代的《孫子兵法》，在以資訊化為主要特徵的現代戰爭中是否能煥發智慧的光芒？海外學者普遍認為，孫子把「不戰而屈人之兵」的「全勝」思想視為用兵的最高境界，做為戰略指導所追求的最高目標。這種理想的境界不會隨著資訊時代戰爭形態的變化而變化，仍然是資訊化時代的最高目標，孫子的智慧謀略在全球資訊化時代仍然大放光彩。

短兵相接的冷兵器時代已成歷史。二十世紀70年代以來，一場以資訊化為特徵的世界性新軍事變革在全球興起。進入二十一世紀，這場世界性軍事變革呈加速發展之勢，世界新軍事變革的深入發展不僅日益深刻地改變著現代戰爭面貌，改變著現代戰爭方式與戰爭形態，也改變著傳統的軍事理論與戰略思想。然而，西方對《孫子兵法》這部傑出的兵學著作超越時代的理論價值的認同有增無減。

《孫子兵法》是人類第一部研究戰略與謀略的兵學聖典，其作者孫武也被尊為人類第一個形成戰略思想與智慧謀略的偉大人物，在不足六千言的世界第一兵書中，他用了將近十分之一的篇幅來論述資訊問題。資訊時代的戰爭既是兵力、兵器的對抗，更是謀略、智戰的角逐。無論是冷兵器時代、機械化時代還是如今的資訊化時代，戰爭制勝之道都是建立在「知彼知己」科學運籌基礎上。

美國駐華國防武官季來明斷言，「資訊一直都是戰場制勝關鍵，無論古今」。美國陸軍駐華武官戴若柏強調，雖然時代不同，但是軍事思想有其傳承性和共通性，在今天的資訊化戰場上仍然有借鑒意義，「思想不老」。美國國防大學資訊工程學院院長柯基斯少將在中國國防大學演講時曾說：「美國的信息戰理論，其基礎觀點就來自中國的《孫子兵法》。」

美國前總統布希遵循孫子「兵貴勝，不貴久」的原則，第一次對伊拉克戰爭僅用了三十七天，地面進攻也只用了不到一周的時間，就把伊拉克軍隊趕出了科威特。「沙漠風暴」開始的一個來月，完全使用最現代化的信息戰，速戰速決，全勝而退。「9.11」事件後，美軍研究的重點轉向了信息戰領域，五角大樓專門成立「戰略資訊辦公室」，美國國防大學還開辦了「孫子兵法與信息戰」論壇。如今，美國大數據上升到國家戰略層面。

美國孫子研究學者認為，在今天飛速發展的資訊時代，《孫子兵法》所代表的東方戰略智慧及其價值觀念，對西方戰略思維、戰爭實踐、軍事理論乃至社會發展產生了廣泛而持久的影響。正如美國國防部長辦公室政策研究室高級顧問、美國國防大學國家戰略研究所的資深研究員白邦瑞在他出版的《中國古代戰略的復興》一書中所說，孫子可沒想到時隔兩千多年以後，他的學說在中、美的戰略學界迸出火花。

日本視孫子為最偉大情報技巧專家而頂禮膜拜，最早提出了「情報立國」的發展思路。進入資訊時代後，日本情報學已成為一門顯學，情報資訊意識確實已滲進每一個日本人的血液之中。

歐洲軍事專家學者對資訊化條件下的孫子理論充分肯定，

美國西點軍校博物館。

孫子的全勝思想，和平理念，盡可能維持世界和平潮流，控制戰爭的觀念，更多地注入西方戰爭理論的框架裏。澳大利亞駐華國防副武官表示，諸如《孫子兵法》之類經典的軍事思想雖然被歷史的車輪碾了又碾，卻經久不衰，至今依然鮮活生動，仍可用來指導現代陸戰。

加拿大指揮參謀學院院長沃克說，「經典的軍事思想永不過時」。拉美孫子研究學者表示，現代戰爭由機械化戰爭向資訊化戰爭形態轉變的大背景下，《孫子兵法》所蘊含的和平與智慧思想及其應對現實問題的巨大理論價值，是永恆的。

中國《孫子》已成為國際顯學

「如果要問中華文化中，有哪一門『國學』是『國際顯學』？答案只有一個：《孫子兵法》。因此在這一個迅速變化和無時無地不在競爭的『全球化』世紀，要講企業經營和策略，就不能不用到孫子首尾呼應而道理精深的戰略原則。」美國美華藝術學會會長、北加州作家協會會長林中明表示，被劉勰稱為「言如珠玉」的《孫武兵經》，不僅成為國際顯學，而且全球應用廣泛，正在日益發揚光大。

「顯學」之名始見於《韓非子》，它不僅指盛行於世而影響較大的學術派別，更是指文化內涵豐富、學術價值較高的學問。顯學源於對發展變化和諧治理制衡的理解，遵循宇宙發展規律，強調存在就是現實，是為世人矚目的學問。據考證，孫武的學說在戰國時代被立為「顯學」，與儒、道、法、墨諸家並駕齊驅。戰國時期，群雄割據，戰爭頻繁，談兵論戰的人很多，大都是從《孫子兵法》中尋找依據。《韓非子 • 五蠹》講：「境內皆言兵，藏孫、吳之書者家有之。」後代兵家備加推崇，影響遍及當今世界。

美籍華人孫子研究學者許巴萊詮釋，兵法的軍事專業知識很強，為救急應變求生存時，先求不敗，再求勝的軍事科學，所以兵法成為顯學。臺灣中華戰略學會特約研究員劉達材認為，孫子的兵學思想，代表中華正統的戰略文化，無人能出其右。而當今戰略研究已然形成確保國家安全的顯學，而受到極端的重視。臺灣退役「上將」朱凱生也認為，《孫子兵法》已遠遠超越軍事範疇，不能純粹把它當兵書來學，而應把它當作啟迪智能的寶典，研究智略的良師，思維邏輯的範本，意深用廣的顯學。

《孫子兵法》商業戰略家劉兆基是這樣表述的：在中國有一門顯學，字數不多，專業性強，流傳甚廣。但它不是裝神弄鬼的玄學，卻是地地道道的唯物主義。論專業，堪稱業界聖經；論文筆，足以頂進教科書；論知名度，重量級粉絲如雲，影響至今。這門顯學就是《孫子兵法》。

日本德川幕府時期以後，孫子學幾乎成為日本的顯學，以後各個歷史時期都有大量研究，到第二次世界大戰前，日本出版有關《孫子兵法》的專著多達100種。進入資訊時代後，孫子情報學已成為許多大學競相開設、並投入大量人力財力研究的一門顯學。如今，「孫子學」已成為當今世界熱捧的國際「顯學」，研究體系完備且日新月異，正呈現出國際化的趨勢，孫子的現代價值和社會應用幾乎成為全世界的話題。

海外有一本《孫子兵法今釋》英文版，在其內容簡介中介紹：《孫子兵法》研究已成為一門顯學，從不同角度，以不同觀點闡釋這部世界現存最早的軍事名著的著述遍布全球。毫無疑問，隨著「孫子熱」在當今世界持續升溫，這門顯學受到世界各國領導人、企業界人士及專家學者的普遍重視。

《孫子兵法》不僅在軍事、外交、政治領域綻放異彩，近年來更在企業管理領域成為顯學。西方在管理科學領域跨文化的研究方面形成了一股以「孫子學」為「顯學」的熱潮。臺灣商務印書館總編輯、孫子研究學者方鵬程評價說，《孫子》十三篇已成為海內外研究的顯學，他在二千五百多年前所提出的戰略、戰術，不但在軍事方面獲得廣泛的應用，在企業界也獲得有效的轉借。

新加坡孫子兵法國際沙龍主席呂羅拔舉辦「《孫子兵法》顯學及應用講座會」，提出如何把孫子顯學變成一套人生的全勝學。他認為，顯學在中國文化中地位很高，因此受到種種禮遇：不僅受到民眾的歡迎也受到政府的重視，具有國際性；從事研究的學者和愛好者隊伍比其他學科龐大，具有廣泛性；出版物覆蓋全社會並且比其他學科的出版物多得多，具有學術性；顯學的理論引導的受眾也多，並讓受眾樂意接受，具有參與性。這些正是《孫子兵法》所具備的特性。

海外學者把《孫子兵法》譽為「顯學兵學聖典」。所謂顯者，學流之人，聲名顯赫，浩瀚塵世，學流諸繁，各個歷史時期，被各個國家追捧，被全世界人所熱衷，是人們趨之若鶩的熱門學科。所謂聖者，孫武有「兵聖」之美譽，《孫子》十三篇稱之為「兵經」，又被稱為商界「聖經」，曾被譽為「前孫子者，孫子不遺；後孫子者，不遺孫子」。正如日本松下電器創始人松下幸之助說：「《孫子兵法》是天下第一神靈，我們必須頂禮膜拜，認真背誦，靈活運用，公司才能發達。」

二十一世紀戰爭將受孫子戰略思想影響

《孫子兵法》何以會在核生化時代的戰爭中備受青睞，其魅力何在？海外孫子研究學者預測，一場新軍事革命的浪潮正衝擊著世界軍事理論界，二十一世紀戰爭必將受孫子戰略思想影響，西方國家的軍事家也必將重新審視和急切呼喚東方兵學文化，並把自己軍事目光的焦距再一次對準中國的《孫子兵法》。

二十世紀之後，人類歷史上發生了空前的兩次世界大戰，是對十九世紀克勞塞維茨關於絕對戰爭理論的展現。在第二次世界大戰中，儘管軍事理論體系主要受《戰爭論》的影響，但交戰各國仍或多或少把《孫子兵法》做為戰略的指導思想。特別是核武器出現之後，使世界軍事戰略思想進入了一個新的時代，西方人對克勞塞維茨以來的軍事理論進行反思，中國傳統兵學的價值又一次獲得認可。

西方近代幾部主要的軍事研究經典，都是參照了《孫子兵法》或者受其的影響或啟發的。在蘇聯元帥朱可夫等人的回憶錄中看到，《孫子兵法》對他們以及對當時俄羅斯軍事訓練的影響。世界著名軍事理論家、戰略學家李德・哈特以西方軍事史上的三十場戰爭，二百八十多個戰役的研究為例，歸結出「間接路線」為最有希望且最經濟的戰略形式。西方軍事理論家從孫武吳宮教戰、怒殺吳王寵姬而紀律整肅的記載受到啟發，進而創立「震懾」理論。

中國孫子兵法研究會首席專家吳如嵩指出，西方所謂的「威懾戰略」、「間接路線戰略」、「孫子的核戰略」可以說從《孫子》「不戰而屈人之兵」的全勝戰略思想中吸取了智慧，它們都是指以武力為後盾而實行的戰前政治外交鬥爭，都是指高於軍事戰略的大戰略。

進入二十一世紀，人類生活在同一個地球村裏，生活在歷史與現實交匯的同一個時空裏。任何國家都不可能獨善其身，而是要「兼善天下」，這就要求各國同舟共濟。這種新型國際關係順應和平、發展、合作、共贏的時代潮流，以合作共贏為核心，追求各國共用尊嚴、共用發展成果、共用安全保障，這就更需要孫子的全勝思想。

有學者提出，二十一世紀也許不會重演或超越二十世紀的戰爭，雖然和平與發展這兩大問題仍然面臨新的挑戰，但和平的呼聲在不斷增高，和平的力量也在不斷增長。全世界和平的渴望從來沒有像現在這樣迫切，全人類對戰爭的厭惡也從來沒有像如今這般強烈。因此，有效控制戰爭維護世界和平將貫穿整個二十一世紀。

俄羅斯前軍事科學院副院長基爾申在題為《孫子非戰思想與二十一世紀的新戰爭觀》的文章中指出，孫子的非戰思想符合現代新型的戰爭觀。《孫子兵法》的內容精博深邃，其中許多思想至今依然閃爍著真理的光輝，對中國乃至世界軍事理論的發展產生了深遠的影響。

德國學者坦言，從十九世紀到二十世紀，德國名將普遍受西方兵學思想的影響，大多是《戰爭論》的忠實讀者，以克勞塞維茨為代表西方兵學思想帶給德國及歐洲是一場空前的災難；二十一世紀的戰爭將受以孫子為代表的東方兵學思想的影響，主張「慎戰」、「非戰」，崇尚和平、和諧是《孫子兵法》的思想精髓，這也是當今時代的潮流，勢不可擋。

阿根廷國防部門前。

正如澳洲軍事作家小莫漢・馬利在展望二十一世紀的軍事理論發展時的預言：「正如十九世紀的戰爭受約米尼、二十世紀受克勞塞維茨的思想影響一樣，二十一世紀的戰爭，也許將受孫子和利德爾・哈特的戰略思想影響。」

面對世界新軍事革命的發展和世界格局的新變化，西方各國從本國的利益出發，積極探索全新的軍事戰略。「未來新軍事變革的一個趨勢，就是東西方兵學文化的融合，從各自的單向偏重趨向於雙向的平衡。未來的戰場，也許將是東方智慧武聖孫武子與西方智慧女神雅典娜同在的戰場。」西方孫子學者形象詮釋說。

孫子思想影響中國也影響世界

數千年間，《孫子兵法》在東土世界歷經朝代更替，從東方傳至西方，其影響力也從軍事延伸到政治、經濟、商業、哲學、生活等各種領域。海外學者稱，孫子對後世的影響很大，影響著中國，也影響著世界。做為在全球有重大影響力的中華文化品牌，他的許多思想至今依然閃爍著真理的光輝，對中國乃至世界產生廣泛而深遠的影響，必將繼續產生影響。

做為軍事文化經典文本的《孫子兵法》，首先對中國周邊的亞洲國家尤其是東南亞國家產生影響。日本、朝鮮、越南等東亞國家很早就傳入漢語版《孫子兵法》。這部古老的兵書已影響日本一千多年，幾乎所有國民都略知一二。孫子智謀極大地影響了日本軍事和商業實踐，日本世界500強著名企業的主管經常宣稱，孫子對他們經營企業的方式影響最大。其影響迅速波及世界各地，形成了全球經濟領域孫子研究的熱潮。

孫子影響一代又一代韓國人，韓國人家中「家訓」內容多來自《孫子兵法》，尤其是孫子的警句更是被視為傳家寶訓。越南學者認為，胡志明的人民戰爭思想，靈活運用鬥爭策略等，都深受孫子和毛澤東軍事思想的影響。

蒙古版《孫子兵法》譯者其米德策耶表示，以孫子為代表的中國兵家文化，已成為世界智慧，跨越幾千年時空，越過千山萬水，再次征服海外。而海外《孫子兵法》研究傳播和普及對漢學研究產生重大影響。

一個多世紀來，歐洲國家不斷再版《孫子兵法》，不僅對法國、英國、德國、俄羅斯等歐洲許多國家的軍事思想產生了深刻的影響，而且對眾多歐洲國家在文化、體育、外界、商貿等諸多領域產生了重大影響，歐洲人從來沒有像今天這樣崇拜中國的孫子。正如義大利前國防部副部長斯特法諾・西爾維斯特里所說，《孫子兵法》對後世的影響是非常大的，對西方軍事思想的影響也非常大的。

瑞士蘇黎世大學著名謀略學家勝雅律說，《聖經》是全世界發行量最大的書籍，而在全世界發行量和影響力大的書籍中，只有《孫子兵法》能與它媲美。義大利版《孫子兵法》在介紹中寫道，這部東方軍事哲學書影響了許多世紀。英國媒體稱，在西方，孫子的智慧影響力能夠從董事會的商戰蔓延到臥室裏的男女關係。

以孫子為代表的中國兵家文化的影響已由歐洲大陸擴展到大洋洲、非洲大陸。孫子被澳大利亞「知本家」們熱捧，許多首席執行官聲稱給予他們以影響的書籍是《孫子兵法》。非洲軍人說，雖然《孫子兵法》誕生於二千五百年前，但其基本思想對現代戰爭理論仍具有巨大的影響。

《孫子兵法》在美國西點軍校、海軍學院、武裝力量參謀學院、美國軍事學院等軍隊學術機構擁有很大的影響力。美軍上校道格拉斯・麥克瑞迪認為，毫無疑問，中國古代軍事家孫武的《孫子兵法》堪稱兵法經典，軍事聖經，影響深遠。

孫子思想影響了美國社會，掀起一波又一波研究熱潮。通過好萊塢大片的傳播，《孫子兵法》在世界範圍內影響更廣、熱度上升。更重要的是，它還深深影響了美國五角大樓和白宮的戰略決策。美國高層戰略決策人物從「不戰而屈人之兵」的最高境界中，悟出了核戰爭就是美國人的「噩夢」，也是對全人類的威脅，提出了「大戰略概念」和著名的「孫子核戰略」。

1982 年參與美陸軍《作戰綱要》制訂過程的前美駐華陸軍武官白恩時透露，他的〈《孫子兵法》對美國陸軍空地一體戰理論的影響〉文章，受孫子影響。出版暢銷書《石油戰爭》、《霸權背後》美國著名作家威廉・恩道爾也坦言，他試圖理解世界性事件的時候，《孫子兵法》對他的影響非常大。1996 年，哈佛大學 57 位學者將《孫子兵法》評選為世界四千年十部影響最大的著作之一。

拉美孫子學者評價說，《孫子兵法》在拉美的影響力日漸擴大，與日俱增。阿根廷學者馬塞羅・貝瑞特指出，西元前六世紀末，中國的哲學家孫子寫下的世界第一兵書《孫子兵法》，對西方軍事家影響很大。聖馬丁將軍領導和指揮的祕魯戰役，體現孫子這位影響力巨大的中國思想家和哲學家的理論的一個極好例子。

孔子、孫子兩位聖人應在全球並蒂開花

海外學者稱，孔子學院遍布全球，《孫子兵法》應用遍及全世界。孔子與孫子是世界最閃亮的中國聖人，也是世界認可度最高的中國偉人，也是兩張全球最耀眼的中國文化名片。《孫子兵法》應隨孔子學院在全球一起傳播，並蒂開花，這更能全面展示中國文武之道的傳統文化。

香港《文匯報》撰文指出，中國在海外設立「孔子學院」以孔子名之，具有代表性和象徵性。世界有學習瞭解中國的大量需求，「孔子學院」應傳播弘揚中華文明 。半部論語可以治天下，五千言老子可窺自然規律，《孫子兵法》不但能用以

指揮戰爭，而且能用來管理公司、推廣市場、面對競爭。

澳大利亞華人孫子研究學者丁兆德認為，《孫子兵法》流傳二千五百多年，光輝永存，至今傳播到一百四十多個國家和地區，已光耀全球。做為中國優秀傳統文化遺產和世界寶庫，其歷史價值、文化價值、智慧價值、應用價值，不亞於孔子宣導的儒家學說。

在葡萄牙里斯本孔子學院，正廳最醒目的位置，孔子像與《孫子兵法》竹簡並列放在一起，讓人領略中國古代文武兩位聖人的風采。里斯本孔子學院葡方院長費茂實博士說，這體現了中國儒家學說與兵家思想在孔子學院等量齊觀。

新加坡孔子學院在傳播孔子儒家學說的同時，傳授孫子的兵家文化。該院院長許福吉博士表示，《孫子兵法》是放之四海而皆準的，它放射出的智慧光芒閃耀了二千五百多年，至今受到全世界的推崇並被廣泛應用於各個領域。我們把《論語》和《孫子兵法》一起傳授，把儒與兵、文與武、柔與剛、軟與硬，交融在一起。

該院出的〈《論語》與《孫子兵法》的現代啟示〉，其中有《論語》與《孫子兵法》的共性互補性，孔子倫理與孫子智慧關係等。許福吉認為，孔子和孫子都是同一時代、同為齊國人，儒家文化與兵家文化也是互相滲透、互為影響的。如中國的兵家文化講究「先禮後兵」，這個「禮」就是儒家的，而「兵」則是兵家的，兩者融為一體，相輔相成。

蒙古國唯一的孔子學院建院五年來，致力於辦成「文武兼備」孔子學院，先後將中國傳統經典《論語》、《大學》、《孫子兵法》一同翻譯成蒙文並出版。該院負責人評價說，齊魯文化源遠流長，博大精深，光輝燦爛，浩浩蕩蕩，影響著中國，也影響著世界。其中最傑出的是文武兩聖：文聖孔子，創立了儒學，經典是《論語》；武聖孫子，創立了兵學，經典是《孫

里斯本孔子學院孔子像與《孫子兵法》放在一起。

子兵法》。《論語》以道德治理天下，《孫子兵法》以智慧平定天下。

墨西哥國立自治大學圖書館工作人員表示，如今在海外影響最大、最受崇拜的中國優秀文化代表人物莫過於兩人，一個是孔子，一個是孫子，孔子學院以傳播中華文化而譽滿全球，《孫子兵法》以智慧應用而揚名海外。

世界孔子協會會長孔健形象地比喻說，日本人手上離不開中國的兩件寶：左手孔子，右手孫子，可謂文武並重，收發自如。這兩件寶，一是哲學，二是兵學，相輔相成，相得益彰。孔健論證，「《論語》加算盤」的經營理念，很早就由被譽為「日本資本主義之父」澀澤榮一提出。澀澤榮一能創辦並使五百多家企業發展壯大的祕訣就在於此，即用孔子的哲學統一思想，用孫子的兵學武裝企業。

算盤就是計算、算計、計謀，《孫子兵法》十三篇開篇就是「計」。孔子和孫子基本生於同一時代，家鄉都在山東，一個是文聖人，一個是武聖人。「左手孔子，右手孫子」的搭配可謂完美無瑕。孔健如是說。

全球《孫子》新論視角獨特語出驚人

義大利女翻譯家莫尼卡・羅西說孫子不再是男人們享用的專利，也是現代女性的武器；瑞士著名謀略學家勝雅律研究發現，「不戰而屈人之兵」用的是「人」而不是「敵」大有講究；加拿大皇家科學院院士孫靖夷發現《孫子》十三篇「智」字出現了七十二次之多，充滿了「重智色彩」；澳門大學中國文學講座教授楊義詮釋，毛澤東為何把孫子「知彼知己，百戰不殆」改為「知己知彼，百戰百勝」……

全球學者以超乎尋常的熱情和超乎想像的視角研究解讀《孫子兵法》，字斟句酌，一絲不苟，各種新論，語出驚人。

莫尼卡・羅西認為，《孫子兵法》原來主要是為男人寫的，因為女人在古代戰爭中沒有地位。而現在不同了，可給男人、女人、任何人讀，只要為了立於不敗，都可以讀，都可以應用。與男性一樣，女性對《孫子兵法》同樣熱衷。

法國著名《周易》學家夏漢生說，孫子提倡「以柔克剛」，中國古代「柔」與「剛」都是武器，「柔」是鉤，「剛」是劍，在戰場上有時鉤比劍的作用和威力要大。因此，女人的武器不可輕視，「柔性攻勢」有時比「剛性攻勢」更能解決問題，正如孫子所說，「柔弱勝剛強」。

勝雅律解釋，「人」和「敵人」是有區別的，這句話也涉及到重要時刻的朋友或盟軍。要知道在不久的將來，這個盟軍也可能成為一個敵人，有可能將來會構成威脅。但在沒有構成威脅前，他還不是敵人。孫子不是著眼於「敵」，而是強調「人」。一個高明的戰略家，不能把所有對手都視為敵人，「不戰而屈人之兵」才能達到戰爭藝術的顛峰。

楊義認為，「知己知彼，百戰百勝」是毛澤東的一大創造，要認識敵人先要認識自己，要戰勝敵人先要戰勝自己。力量的源泉在於自己，根本也在於自己，先把自己調整好，把自己做強大了才有實力與敵人較量。中國要和平崛起，走向世界，就要把自己做強，才有說話的分量。孫子和毛澤東都是大軍事家，都是大智慧，只是他們說的角度不同而已，毛澤東是發展了孫子的智慧。

加拿大皇家科學院院士、孫武後裔孫靖夷說，孫子是大智大慧人，《孫子》十三篇「智」字出現了七十二次之多，充滿了「重智色彩」，成為全世界的智慧寶庫，我為之感到驕傲。孫子思想能梳理人們的心智，開發人們的智能。讀懂和應用了孫子的大智大慧，人生將會更加精彩。

美籍華人孫子研究知名女學者朱津寧詮釋，東方人的「詐」有著深層次、高層次的內涵，《孫子兵法》所說的「兵不厭詐」，「兵者，詭道也」，說的是高層次的謀略和智慧，而不是低層次的欺詐。

前臺灣淡江大學國際戰略研究所教授兼所長李子弋稱，現在一般都認為「不戰而屈人之兵」是最高境界，其實不然。孫子「道天將地法」把「道」放在首位，可見「道」的重要。「道」是中國人的核心價值，也是《孫子兵法》的最高境界，只有中國人真正懂這個「道」。中國的戰略文化是「道勝」，絕不爭霸，更不稱霸。中國五千年的歷史文化就是一部五千年的戰略思想的記錄，從中華文化到中國戰略，應該是這樣的一個「道」的體系。

美國街頭的戰爭與和平雕塑。

西方學者把《孫子兵法》比作商戰中的「聖經」，因為它用東方文化全面闡釋了當代西方的企業管理諸多商業理念；埃及學者把《孫子兵法》比喻為世界兵書的「金字塔」難以超越，甚至過一萬年也不會過時；瑞士學者把《孫子兵法》比作「瑞士軍刀」，其現代意義和實用價值越來越顯現，是企業家最需要、最實用的。

巴西學者認為，耶穌降世，為要拯救罪人，努力傳播福音，《孫子兵法》誕生，為要拯救戰爭災難，宣導人類和平。因此，孫子與耶穌同是聖人，一樣偉大。夏威夷大學哲學系教授安樂哲認為，《聖經》是上帝寫的，而《孫子兵法》是最有智慧的中國軍師寫的；《聖經》是形而上學的，而《孫子兵法》是傳統哲學的精髓；《聖經》是死的，而《孫子兵法》是活的；上帝的思想不能更改，而孫子思想可以再創造。

全球政治家軍事家崇拜孫武與毛澤東

記者在全球行採訪時發現，全球軍政首腦、戰略家、軍事家和企業家都非常崇拜孫武與毛澤東。這兩個在西方人眼中為數不多的認可度最高的中國偉人名字，在全世界耳熟能詳，廣為傳頌。

美國前國務卿季辛吉從孫武和毛澤東探尋中國戰略思維模式。他評價說，《孫子兵法》問世已兩千餘年，然而這部含有對戰略、外交和戰爭深刻認識的兵法在今天依然是一部軍事思想經典。二十世紀中國內戰時期，毛澤東出神入化地運用了孫子的法則。

曾六次訪華的委內瑞拉前總統查韋斯，《孫子兵法》和毛澤東《論游擊戰》是其接觸最早的中國書籍。他說：「知道嗎，我是當兵出身的，我很多年前就學過《孫子兵法》，我也很崇尚毛澤東思想。《孫子兵法》充滿了智慧。」

美國西點軍校學員在學習軍事理論和軍事戰略時，除了學習《孫子兵法》也會學到毛澤東的游擊戰和人民戰爭的理論和實踐。美國空軍學院制空研究學院開設了一門軍事理論基礎課，包含了對孫子和毛澤東的研究。翻譯中國兵書走紅西方的美國准將格里菲思曾對毛澤東軍事思想發生興趣，翻譯出版了毛澤東《論游擊戰》。

「孫武和毛澤東，一位是中國兵法的偉大開創者，一位是中國兵法的偉大實踐者。」韓國孫子研究學者金記洙在二十多年前就開始學習《孫子兵法》和毛澤東兵法，二十年後在北京大學 MBA 課程中再次與毛澤東兵法「相遇」，他稱毛澤東是當代的「兵聖」，是復活的「孫子」。

他對比說，孫子「知彼知己，百戰不殆」，被毛澤東稱為「孫子的規律」，「科學的真理」；孫子說「弱生於強」，毛澤東提出「集中優勢兵力，各個殲滅敵人」；孫子主張「十則圍之」，毛澤東創造戰略上「以一當十」，戰術上「以十當一」；孫子有神奇無比的「奇正術」，毛澤東有遊刃有餘的「游擊戰」。

瑞士著名謀略學家勝雅律解讀說，毛澤東創造了一整套戰略戰術，比較全面地詮釋了《孫子兵法》中所說的各種各類「奇」招，也用之以比較全面地洞察這個世界上種種「奇」的現象。

義大利前國防部副部長斯特法諾・西爾維斯特里說：「要打留有餘地的戰爭，打相對毀滅的戰爭，這比往死裏打、打毀滅性戰爭要好。」他舉例說，朝鮮戰爭，中美沒有直接打仗。毛澤東兵法也講留有餘地，毛澤東對《孫子兵法》研究很深。在高科技條件下的現代戰爭，追求的是局部勝利、相對勝利或不完全勝利，不能把戰爭的一切手段都用盡。

法國著名易經專家夏漢生也持有同樣觀點。他說，《周易》主張「以退為進」，孫子和毛澤東兵法也都主張「以退為進」，

「三十六計，走為上計」說的就是「以退為進」。毛澤東是「以退為進」的高手，退出延安就是典型的案例；「二戰」中史達林也踐行「以退為進」，最終取得勝利。

西班牙學者費爾南多・蒙特斯在他再版十四次的《孫子兵法》序言中高度評價毛澤東兵法。他在翻譯孫子的兵書前，系統研究毛澤東兵法，閱讀了《論持久戰》等一系列的軍事著作，還讀了斯諾的《紅星照中國》一書，從而得出結論：毛澤東是孫子最佳實踐者。而在孫子思想的實踐和運用上，毛澤東有自己獨特的創造，並達到「出神入化」的地步。

美國海軍分析中心亞洲和中國研究專案主任馮德威經過多年研究比較認為，從毛澤東的每一條作戰原則中都可能找到孫子的思想。但是，毛澤東是根據特定的時間和特定的戰爭環境制定的。毛澤東的十大作戰原則比較具體，而《孫子兵法》也許有更廣泛的通用性。

法國國防研究基金會研究部主任莫里斯 ・ 普雷斯泰將軍也認為，孫子戰略思想在中國許多戰爭和戰役中都能得到體現，毛澤東的戰略思想就是孫子思想的最好體現。

2012 年 3 月，義大利重建共產黨國際部法比奧 ・ 阿馬托來到湖南長沙，考察橘子洲、毛澤東故居，接著來到《孫子兵法》誕生地蘇州考察。他認為，孫子和毛澤東是中國古代和當代最偉大的兵法家，他們的思想對當今世界很有借鑒意義。學習應用孫子和毛澤東兵法，「知彼知己」，互相瞭解，無論是對國際政黨之間的交流還是對處理國與國之間的關係，都是十分有益的。

全球學者為「孫子威脅論」鳴不平

《亞洲週刊》總編輯邱立本坦言，過去中國之所以沒有在全球大張旗鼓地打《孫子兵法》牌，因為它是一部兵書，怕人家誤解，一聽到兵法就毛骨悚然，認為是要打仗。隨著這部兵書在全球自發傳播，許多人都明白，它與西方的《戰爭論》不同，其實是一部講和平的書，孫子不是讓人對抗，而是教人圓融。

像邱立本這樣為中國孫子鳴不平的，在全球有許多學者。他們認為，如今中國重視將包括孔子儒家學說、孫子兵家文化在內的中國的優秀文化走向世界，在經典文化層面上進入全球化體系，正在顯示孫子「不戰而屈人之兵」最高境界的微妙力量，談不上有任何「威脅」的成分。

英國《經濟學家》發表題為「孫子和軟實力之道」的文章稱，被全球管理精英推崇的孫子能讓中國更具吸引力，孫子還被頌稱為古代反戰先賢，理由是他那句婦孺皆知的「不戰而屈人之兵」。還有什麼比這更能證明中國是個愛好和平的國家呢？該文還指出，「軟實力」概念的首倡者約瑟夫・奈也認為軟實力和孫子有關聯。而唯一未受過抨擊的中國古代思想家孫子正逐漸走到臺前。

俄羅斯前軍事科學院副院長基爾申在題為〈孫子非戰思想與二十一世紀的新戰爭觀〉的文章中指出，人類社會所面臨的各種威脅要求人們重新審視戰爭行為，孫子的非戰思想符合現代新型的戰爭觀。

義大利前國防部副部長、義大利國際事務研究所主席斯特法諾・西爾維斯特里更是語出驚人：中國的《孫子兵法》與西方的《戰爭論》最大的區別是，《戰爭論》要把戰爭進行到底，而孫子則宣導把和平進行到底。《孫子》十三篇不是為了戰爭而寫戰爭，而是為了不發動戰爭而寫戰爭，不寫全部戰爭而寫部分戰爭或戰爭準備，不主張毀滅性戰爭而主張降低戰爭的災難。

美籍華人學者薛君度，是著名的歷史學家、國際問題專家，出版過《孫子兵法與新世紀的國際安全》、《孫子兵法及其現代價值》等孫子專著。在三藩市舉行的美國政治學會第92屆年會，世界各國六千餘人與會。薛君度以亞裔政治學者組織負責人的身分，組織並主持討論「中國威脅論」的圓桌會議，評駁「中國威脅論」。

美國北加州作家協會會長林中明預測，二十一世紀人類最大的戰場，不在沙灘，不在平原，不在海洋，不在沙漠也不在太空，而是在個人心中的心靈戰場。最偉大的文明是「不戰而屈人之兵」，產生正向的力量，將鬥爭轉至和平，並且以這個最優雅平和的方式開拓二十一世紀。

美國 UPRESS.COM 網站發表文章說，建立在古代戰略上的新中國與認為應該完全摧毀敵方城市和人民的西方戰略家不同。孫子在今天有很多話對我們說， 中國無可置疑地正在崛起——但中國的崛起方式卻十足地建立在這位古代戰略家的思想上。

西方學者稱，一個以兵法著稱的中國古代人物，怎麼會做為中國軟實力的象徵在全世界傳播中華文明。從 2003 年開始，中國提出和平崛起、和平發展，而伴隨著美國在阿富汗、伊拉克曠日持久的戰爭，還有比說出「善用兵者，屈人之兵而非戰」的孫子，更具有和平思想號召力的人嗎？

就連「中國威脅論」的始作俑者、日本防衛大學教授村井友秀都承認，《孫子兵法》認為戰爭是政治的一部分，其核心思想是以最小的代價取得最大的勝利。與其他軍事書籍相比，《孫子兵法》視野更廣，論述更深，實用性更強。這就是它在二千五百多年後的今天仍具有旺盛生命力的原因。

從「中國崩潰論」到「中國威脅論」，從「中國機遇論」到「同舟共濟論」，西方世界對中國的「論述」幾經變異。如今中國愈來愈有機會輸出「軟實力」，對全球作出貢獻。中國遵循孫子「同舟共濟」的教誨，踏上了跟全球各國文化密切接觸的路上，這是過去歷史未曾有過的機遇。整理和輸出中國人傳統的經典，這是中國目前的優勢。邱立本如是說。

全球學者眼中的《孫子》「政治觀」

「兵者，國之大事，死生之地，存亡之道，不可不察也。」《孫子兵法》開篇第一句就講政治，而且是最大的政治。海外學者稱，沒有比國之大事更大的政治，孫子首先是個政治家，然後才是戰略家、軍事家、思想家。孫子的「政治觀」時至今日對全球各國「死生之地，存亡之道」都具有重大意義，「不可不察」。

《孫子兵法》傳入西方後受到各國政治家的重視，既當作一部「兵學聖典」，又當作一部「治國方略大典」。正如德國科隆大學漢學家呂福克所說，從政治家、軍事家到企業家，都越來越喜愛中國的孫子。

英倫《衛報》把《孫子兵法》列入一百本最佳非虛構書籍，並列為政治類書刊第一。香港《文匯報》發表「違反《孫子兵法》焉不挫折」、「《孫子兵法》與美伊戰爭」等評論， 認為現代戰爭發展了《孫子兵法》，美國取得軍事勝利而政治被動，讀兵書精要在領悟。

美國前國務卿季辛吉在《論中國》說，孫子與西方戰略學家的根本區別在於，孫子強調心理和政治因素，而不是只談軍事；西方戰略家思考如何在關鍵點上集結優勢兵力，而孫子研究如何在政治和心理上取得優勢地位，從而確保勝利。

英國作家克拉維爾在《孫子兵法》英譯本前言中寫道，如果我們的近代軍政領導研究過這部天才的著作，大英帝國也不會解體，很可能第一次和第二次世界大戰可以避免。我希望，

《孫子兵法》成為所有的政治家和政府工作人員的必讀教材。

哈佛大學教授約瑟夫・奈曾出任卡特政府助理國務卿、柯林頓政府國家情報委員會主席和助理國防部長，他最早明確提出並闡述了「軟實力」概念，隨即成為冷戰後使用頻率極高的一個專有名詞。2008年，他在新書《領導的實力》中把軟實力與《孫子兵法》畫了一條連接線，他引用了孫子的話，講述「戰爭就是政治的失敗」。

日本防衛大學教授村井友秀說，《孫子兵法》與政治休戚相關。明治維新前後，《孫子兵法》不僅影響到仁人志士的戰爭思想，更影響了其政治主張。日本之所以在「二戰」中失敗，就是因為當時的日本不懂得戰爭是政治的一部分，而錯誤地認為戰爭可以代替政治，既不知己，又不知彼。《孫子兵法》對當代日本政治仍有較大影響，如自民黨就非常喜歡《孫子兵法》，但他們大多通過注解書籍學習，對其理解並不透徹，沒有把握其精髓。

法國國防研究基金會研究部主任莫里斯・普雷斯泰將軍提出，為了更好地理解《孫子》十三篇的豐富內容，有必要將東西方軍事思想作個比較，並融入當今世界的戰略思維，在軍事歷史長河中重新審視，從而揭示戰爭藝術以及與政治之間的關係。法國巴黎戰略與衝突研究中心龍樂恒提出，一部西元前400年完成的戰略著作《孫子》仍對當代的政治與軍事事務產生影響。

英國倫敦經濟學院國際關係專業高級講師克里斯多佛・柯克博士認為，西方側重的是最大限度地使用武力或決定性的交戰，過高估計人們控制其戰爭欲望的能力，這種欲望發展成為血腥的不可控制戰爭。與西方文化不同的是，孫子闡述的哲學觀點，是採取經濟、社會和政治行動，而不採取軍事行動。

南洋理工大學教授黃昭虎認為，新加坡的政治家是悄悄學、悄悄用《孫子兵法》，不多聲張，不露聲色，這是真正懂兵法，是學用兵法的高手。新加坡資政李光耀曾宣稱，不懂《孫子兵法》，就當不好新加坡總理。縱觀新加坡的發展軌跡，一直在遵循孫子的「隨機應變」。新加坡奇蹟般變為亞洲「四小龍」之一，正如孫子所云：帥精通「九變」的具體運用，就是真懂得用兵了。

孫子被海外頌稱為古代「反戰先賢」

海外學者認為，《孫子兵法》雖然沒直接講和平，卻道破了在戰爭中創造和平的玄機。英國《經濟學家》發表評論說，孫子被頌稱為古代反戰先賢。美國《紐約時報》發表文章說，抵抗運動的戰略，是中國軍事家孫子發明的。美國《旗幟日報》引用孫子「不戰而屈人之兵，善之善者也」，評論說，看起來這是該戰略的首要目標：通過擴充不對稱軍力進行成功的外交脅迫，從而轉化為一種兵不血刃的政治勝利。

義大利前國防部副部長、義大利國際事務研究所主席斯特法諾・西爾維斯特里認為：「中國的《孫子兵法》與西方的《戰爭論》最大的區別是，《戰爭論》要把戰爭進行到底，而孫子則宣導把和平進行到底。孫子彌補了《戰爭論》的缺陷。」

席斯特法諾說，這部書不是為了戰爭而寫戰爭，而是為了不發動戰爭而寫戰爭，不寫全部戰爭而寫部分戰爭或戰爭準備，不主張毀滅性戰爭而主張降低戰爭的災難。實際上，孫子是講和平，而不是真正講戰爭。孫子既不否定戰爭，又反對窮兵黷武。孫子的戰爭觀最主要的核心，就是「慎戰」，謹慎地對待戰爭。老想到打掉別人，自己也很受傷。過急了就違反了戰爭的客觀規律。

義大利重建共產黨國際部法比奧・阿馬托表示，孫子的和平主義思想，有利於促進世界和平發展和人類共同繁榮。從這個意義上說，《孫子兵法》實質上是一部「和平兵法」，而不是「戰爭兵法」。在多極世界不平等、不平衡的格局下，更需要孫子和平思想。他比喻說，好比兩個人或幾個人打架，怎麼讓他們和解？最好的辦法讓他們停下來談判，如再有人調解就更好，盡量不要往死裏打，要當好「維和部隊」。

法國戰略研究基金會亞洲部主任瓦萊麗・妮凱表示，孫子伐交思想對當代戰略思維有很大的影響，對當今世界和平有著重要意義。孫子主張「不戰而勝」，盡量避免戰爭或把戰爭的災難降到最低程度，這種思維十分符合今天的世界。在世界多極化趨勢下，人們使用孫子的「伐交」的原則也就更為實用。

墨西哥人類學者認為， 戰爭與和平是人類社會的兩種基本狀態，減少戰爭就意味著增進和平。人類各種文明應該和平共處，和平是人類的共同追求。中國早在二千五百年前的春秋戰國時期，孫子就提出戰爭對人類的危害，戰爭給人類帶來災難，讓人類遠離戰爭，降低和減少對人類的威脅。

拉美孫子研究學者指出，當前世界範圍處於以和平發展為

海外學者聚會蘇州穹窿山宣導維護世界和平。

主流的時代，孫子的和平思想對拉美各國具有重要的指導意義。《孫子兵法》所蘊含的「慎戰」、「不戰」的和平思想，正在照耀著分布三十一個國家和地區的拉美。中國感動拉美，源自和平發展；美麗的拉美崛起，需要走自己的和平發展之路。

印度學者認為，甘地非暴力哲學符合孫子和平理念。儘管人類尚不能消除戰爭的根源，但是卻可以借鑒宣導人道主義與和平精神。甘地非暴力和平思想，與《孫子兵法》主張不戰、慎戰，理性認識和控制戰爭和平理念是相同的。借助中國先賢和印度聖雄的和平思想，可以遏制戰爭和恐怖主義威脅。

韓國孫子兵法國際戰略研究會會長黃載皓指出，在二十一世紀，以《孫子兵法》為代表的傳統意義上的兵法將如何面對構建和諧社會、和諧亞洲、和諧世界這個目標呢？毋庸置疑，《孫子兵法》的戰略思想、全勝思想仍然具有勃勃生機，仍然對全世界具有一定的指導作用。全人類的雙贏全勝是必由之路，唯一選擇。

「人類社會的普世價值只有一種，那就是和諧發展。」加拿大聯邦參議員胡子修表示，《孫子兵法》蘊含著崇尚和諧的思想光輝，被東西方普遍接受。孫子提出的「同舟共濟」是逆境中相處的智慧，當今世界危機不斷，競爭不息，孫子的這一理念對海外華人華僑尤具啟發性。

孫子是站在世界智慧巔峰的高人

海外學者稱，孫子是站在世界兵學巔峰的高人，也是站在世界智慧巔峰的高人。而智慧是不分國界的，也不受時空限制的。如今，孫子智慧歷經二千五百多年流淌到全球，《孫子兵法》成為全球的「智慧之法」，成為全人類共用的智慧，令世界叫絕。世界各國從孫子智慧中找到跨文化的介面，正在形成共同的智慧，共同的利益，共同的認識。

幾百年來，西班牙的《智慧書》與中國的《孫子兵法》和義大利的《君王論》，並稱為「人類思想史上的三大奇書」。西班牙的《智慧書》是處世經典，而中國的《孫子兵法》不僅是軍事經典、哲學經典、經商寶典，而且是全人類的智慧寶庫。馬德里大學西班牙及中國語文教授馬康淑博士比較說，這兩本書，都是智慧書，是東西方不同的智慧，但比起孫子的東方智慧來，西方的《智慧書》是小巫見大巫。

馬康淑說，《孫子》十三篇警句闡述的既有兵家智慧，又有人生智慧、經商智慧、談判智慧，《孫子兵法》才真正是全世界無與倫比的大智慧，孫子的智慧不僅全世界認可，而且全世界至今都在應用，這是《智慧書》不可比擬的。

中國社會科學院學部委員、澳門大學中國文學講座教授楊義認為，《孫子兵法》首先是兵學聖典，但不僅僅屬於兵學，而以其精闢的思想成為人類競爭發展各個領域都可受啟迪的智慧學。《孫子兵法》是最抽象的，也是最實用的。它能觸動各種各樣的思考，能穿透人類智慧，是啟動人的智慧發條。

《亞洲週刊》總編輯邱立本評價說，《孫子兵法》是全人類的共同財富，在當今世界很有價值，弘揚孫子文化和智慧具有世界意義。中國和平發展，不能靠飛機大炮，要靠輸出經典文化，輸出有世界價值的軟實力。中國不僅要梳理好老祖宗留下的智慧寶庫，還需要提煉出令世人驚奇、為世人所用的現代智慧。

蒙古版《孫子兵法》譯者其米德策耶表示，隨著孔子學院在全球遍地開花，「孫子熱」也在全球升溫。以孫子為代表的中國兵家文化，已成為世界智慧，跨越幾千年時空，越過千山萬水，再次征服海外。

英國學者、原香港特區政府知識產權署署長謝肅方認為，做企業不懂戰略不行，懂戰略就要學孫子，保護知識產權也要學孫子，這是在世界市場競爭中取勝的最佳策略。我們需要告訴世界孫子蘊含著這樣的智慧，讓大家知道孫子是「智慧管理之父」。

加拿大皇家科學院院士、孫武後裔孫靖夷說，孫子是大智大慧人，《孫子》十三篇「智」字出現了七十二次之多，充滿了「重智色彩」，成為全世界的智慧寶庫，我為之感到驕傲。孫子思想能梳理人們的心智，開發人們的智能。讀懂和應用了孫子的大智大慧，人生將會更加精彩。

美籍華人孫子研究知名女學者朱津寧詮釋，東方人的「詐」有著深層次、高層次的內涵，《孫子兵法》所說的「兵不厭詐」，「兵者，詭道也」，說的是高層次的謀略和智慧，而不是低層次的欺詐。

非洲學者稱，《孫子兵法》是一部充滿著智慧結晶的書，

作者與巴西跆拳道運動員合影。

智慧不分國界，不分種族，不分膚色，不分語言，不管是謀事處事用人待人總能從其中找到靈感。伊朗學者胡塞尼說，《孫子兵法》無疑是東西方智者汲取智慧的寶庫，是現代成功者不可多得的智慧之書。孫子思想所蘊含的文化理念能融合東西方共同的思想，是全世界的智慧。從孫子那裏可以找到許多商貿、 管理、競爭的智慧，是舉世無雙的世界智慧寶典。

西方式策略撞上東方式謀略，讓西方人在驚訝之後學會了融通。英國媒體稱，孫子的智慧已幾乎被用於西方所有人際交往領域。海外學者說，孫子有永恆的智慧，這種智慧屬於全世界，沒有哪個國家能夠壟斷。

全球女性研究應用《孫子》獨領風騷

華人世界中第一位將兵法用於生活中的女性學者、臺灣科學委員會研究員嚴定暹，以女性獨有的風采，在北京舉行的「海峽兩岸名師論道《孫子兵法》」上，與大陸知名孫子研究學者一起論劍；她優雅端莊地站在世界政商領袖國學博士課程高級研修班的講壇上，傳授「格局決定結局：活用《孫子兵法》」；她用女性的審美眼光和思維方式，把枯燥乏味的兵家文化融入現實生活。

像嚴定暹這樣既有女性風範，又懂孫子智慧的才女，在全球獨領風騷。朱津寧是國際暢銷書作家、著名講演家，曾與美國前總統卡特和英國前首相梅傑同台演講。她從理性角度分析兵法，形成了做為女性學者的鮮明個性特色，把東方的靈性潛力，轉化為生存競爭的武器。她的《新厚黑學之孫子兵法：先贏後戰》等被譯為十七種語言，共有六十多國讀者。世界最大書店鮑威爾書店老闆邁克・鮑威爾稱，朱津寧為成年人開始生活和事業撰寫了一部權威性的教科書，它應成為美國每一所學院和大學一門必修課的指南。

臺灣女軍事評論員田金麗告訴記者，她二十多年前還在大學時她就讀《孫子兵法》，曾參與孫子「全勝」論壇，給企業講了二十多場《孫子與商戰》。在臺灣電視臺發表評論時，經常引用孫子的警句，如「知己知彼」、「避實擊虛」、「水無常勢」等。她出語驚人：「如果兩岸都讀懂《孫子兵法》的話，就能走到一起。」

據韓國媒體的披露，精通中文的韓國女總統朴槿惠她從小學時便開始熟讀中國的《三國志》，還熟讀了《孫子兵法》等古代中國兵法書籍。她經常在私下表示說，中國的《孫子兵法》上講到「百戰百勝，非善之善者也；不戰而屈人之兵，善之善者也」，她非常欣賞這些理念，因為它是軍事中的經典。原來，朴槿惠引用的兵法出自中國古代最著名的軍事著作《孫子兵法・謀攻篇》。

《孫子兵法》在韓國女性包括家庭中廣泛傳播和普及，並融入到韓國的社會文化生活中，在韓國幾乎家喻戶曉。很多韓國人家中「家訓」內容多來自《論語》、《孫子兵法》。《戀愛兵法》在韓國 KBS 電視劇頻道播出，這是一部偶像劇的高端作品，吸引眾多韓國女性觀看。在韓國，何止《戀愛兵法》，《家庭兵法》、《韓國大媽兵法》、《冰箱泡菜兵法》，在韓國也演繹得十分精彩。

在韓國，韓國大媽是很厲害的。萬道公司選擇 2,000 名韓國大媽做為調查對象，設立了兩個條件：一個是給韓國大媽免費試用泡菜冰箱三個月，然後把冰箱還給公司；另一個條件是使用三個月後，半價購買冰箱。結果讓萬道公司喜出望外，2,000 名韓國大媽都購買了冰箱，沒有一個歸還。不僅泡菜冰箱的發明與市場調查充滿了女性兵法的神奇，而且在使用泡菜冰箱中也同樣充滿了女性兵法的威力。由於誕生了泡菜冰箱，

海外女性學者考察《孫子兵法》蘇州穹窿山。

以韓國大媽為主力軍的泡菜店如雨後春筍，在韓國遍地開花。

被譽為蒙古高原「漢語花」的蒙中友誼學校校長江仙梅，祖籍河北，在蒙古長大，畢業於這所華僑學校，並在該校多年負責文教宣傳，擔任校長將近十五年。她在接受記者採訪時說，做為一名女性，既不能忘掉「老子」，也不能丟掉「孫子」。我們華僑學校重視在蒙古華僑孩子和蒙古學生中傳播中國傳統文化，老子的道家、孔子的儒家、孫子的兵家思想，這些中國經典文化都傳授，學生們都很有興趣，優秀學生尤其喜歡。

法國戰略研究基金會亞洲部主任瓦萊麗 · 妮凱，是一位富有傳奇色彩的法國女性戰略學者，也是法國著名孫子研究學者。她翻譯出版最新版《孫子》，在法國各大書店熱銷，電子版《孫子》新鮮出爐，引起法國政界、軍界、商界和民眾的高度關注。談起為何會與《孫子兵法》結緣妮凱說，她是從喜歡中國的文言文、研究漢語開始，喜歡中國古代文化，再喜歡並研究孫子的。二十多年來，她一直在進行孫子研究，從沒有間斷過，還研究中國戰略思想、《孫子兵法》對當代戰略的影響。

在西班牙馬德里大學馬康淑博士的辦公室裏，醒目地掛著她與中國兵馬俑合影的照片。她每年都要去中國進行學術交流，到西安臨潼兵馬俑博物館去了不下八、九次。她看到整個兵馬俑的壯觀場景，對博大精深的中國兵家文化很驚奇。她認為，西班牙的《智慧書》是處世經典，而中國的《孫子兵法》不僅是軍事經典、哲學經典、經商寶典，而且是全人類的智慧寶庫。

義大利主流媒體《信使報》總編輯陸奇亞 · 波奇說，把孫子文化融入生活，更能體現孫子的現代價值、生活價值。她家裏也收藏了三本《孫子兵法》，她很喜歡研讀。孫子不再是男人們享用的專利，也是現代女性的武器。

義大利文《孫子兵法》女翻譯家莫尼卡 · 羅西也持有同樣的觀點，她認為，《孫子兵法》原來主要是為男人寫的，因為女人在古代戰爭中沒有地位。而現在不同了，《孫子兵法》可給男人、女人、任何人讀，只要為了立於不敗，都可以讀，

蘇州孫武文化園「晉獻兵書」雕塑。

都可以應用。

像這樣熱衷於翻譯《孫子兵法》的女翻譯家，在歐洲不是一個，而是一個群體，不少歐洲版本的《孫子兵法》均出於女性之手。歐洲，孫子研究者中女性逐漸增多。這一現象表明，與男性一樣，女性對孫子的智慧同樣熱衷，對孫子文化融入生活更有興趣。

女人的武器不可輕視，「柔性攻勢」有時比「剛性攻勢」更能解決問題，正如孫子所說，「柔弱勝剛強」。法國著名《周易》和《孫子》學家夏漢生說，孫子提倡「以柔克剛」，中國古代「柔」與「剛」都是武器，「柔」是鉤，「剛」是劍，在戰場上有時鉤比劍的作用和威力要大。

確實，日本的女忍者、女柔道運動員，韓國女跆拳道手都學《孫子兵法》，會背孫子警句；俄羅斯藝術體操個人全能冠軍納耶娃也喜歡讀《孫子兵法》；德國美女劍客布麗塔・海德曼讀《孫子兵法》從中領悟劍法。她說，要成為一名真正的劍客，就要懂兵法。

《孫子》成全球外交家的談判手冊

二十一世紀是談判代替戰爭的世紀，而《孫子兵法》是外交家的談判手冊。今後無論個人或國家都不能「獨善其身」，而是要「兼善天下」。臺灣經濟學界元老級人物的于宗先博士認為，二十一世紀我們所面臨的經濟全球化挑戰，不是一場「伐兵」的戰爭，而是一場空前的「伐謀」、「伐交」的經濟大戰略，也是智慧大戰略，是運用孫子智慧的大檢閱。

在臺灣，有不少研究孫子與談判的高手，劉必榮就是其中一個。現任臺灣東吳大學政治系教授、博士生導師的劉必榮，任臺北談判研究發展協會理事長，是目前臺灣最權威的談判學教授，談判專著超過十本。他主持過談判訓練的有微軟、摩托羅拉、惠普、戴爾、麥當勞、肯德基、中國信託等知名企業。而《孫子兵法》與談判謀略是劉必榮的「拳頭產品」，他汲取孫子的智慧，把西方的正統談判理論與東方的傳統兵學完美結合，巧妙地運用在談判桌上，運用到在今日企業的經營合作上，活學活用，具有很高的實用價值。

臺灣商務印書館總編輯方鵬程曾隨海基會代表團，親身瞭解兩岸會談的情形，觀察兩岸談判的說服策略與技巧，給他留下深刻的印象。他感覺大陸談判有一套，無論是國際談判還是兩岸談判，都遊刃有餘。他說，《孫子兵法》、《鬼谷子》，這兩部古典書籍，都是談判的經典，充滿中國人的智慧與謀略。孫子主張「伐交」即談判，鬼谷子的兩個弟子蘇秦和張儀是宣導縱橫的外交家。他還研究周恩來的談判藝術，並將兩岸談判與東西方文化比較研究，出版了《孫子：談判說服的策略》、《鬼谷子：談判說服的藝術》等書。

曾在韓國國防戰略研究院供職的一位兵法研究專家評價說，《孫子兵法》其精深的謀略思想在外交活動中有著極高的使用價值，已成為眾多國家為實現其對外政策，在各種外交活動中所採用的智謀和策略，尤其是正在被一些國家的政府首腦運用。「不戰而勝」的外交戰略曾對雷根和布希政府的對外政策產生重大影響，也是布希提出的「超越遏制」戰略的直接思想來源。如今，許多美國政要都能夠熟練地運用《孫子兵法》中的名句，來評論政府的外交策略和外交活動。

在西方，同樣有一批研究孫子與談判的專家。法國戰略研究基金會亞洲部主任瓦萊麗 · 妮凱表示，中國孫子研究學者發表了一篇題為「孫子的伐交思想與以和平方式解決國際爭端」的文章，將「伐交」解釋為「用外交取勝」。外交與取勝這兩個詞使人想到了孫子的另一思想——不戰而勝。據媒體披露，法國外交部危機中心也研究孫子。該危機中心負責人稱，我建議危機中心的工作人員多看看《孫子兵法》，它是我個人非常喜歡的一本書，我知道在戰術方面，領先的是中國人。

義大利重建共產黨國際部長法比奧·阿馬托在接受記者採訪時感歎，《孫子兵法》整個世界都在應用，已成為世界時尚，孫子和平不戰理念順應了當今世界的潮流。他認為，在國際交往、政黨交流中，非常需要孫子的「伐交」思想。解決國際爭端最有效的辦法是談判。

德國科隆大學漢學家、最新德語版《孫子》譯者呂福克說，孫子強調不是非要打仗，要善用謀略減少流血，通過伐交和平共處，攻城是不得已而為之。要看到戰爭的後果，看到戰爭給國家和人民帶來的災難，盡可能避免戰爭，把戰爭的災難降到最低程度。如果誰讀懂了這一點，就真正理解了孫子的精髓。

中國孫子兵法研究會理事、美籍華人許巴萊認為，運用《孫子兵法》處理危機，靠的不是武力，而是智慧。運用謀略和談判，保持各國互相之間既競爭又合作的關係，避免動輒發動戰

法國外交部危機中心也研究孫子。

爭，維護國際社會的和平與安全，是防止和避免恐怖活動滋生和蔓延的有效途徑。

孫子理念有助於全世界和平外交，也有助於全人類的和平與穩定，這個理念被世界普遍接受。中國外交部發言人秦剛在引用《孫子兵法》談中國外交「軟」與「硬」時說，中國外交堅定地維護國家主權、安全和發展利益，積極促進世界的和平與發展。在處理具體問題時，中國外交既講原則，又講策略。我們的古人早就悟出這個道理，《孫子兵法》上說，上兵伐謀，其次伐交，其次伐兵，其下攻城。這是古人的智慧，仍具有現實意義。「不能說動刀動槍就是硬，談判磋商就是軟」。

《孫子》成為全球教育領域「香孛孛」

目前世界上共有三十多種語言版本《孫子兵法》，地域涵蓋南極洲以外的世界各大洲。而孫子文化在全球的傳播離不開教育領域，研究、翻譯、傳授者大都是知名大學的教授。海外學者統計，全球約有25億人直接或間接在學習傳播孫子文化，其中分布在世界各國的學生占了相當大的比例，《孫子兵法》已成為全球教育領域的「香孛孛」。

世界各國的軍事學院且不用說，地方學院也把《孫子兵法》列為研修科目和必修學分。美國哈佛大學建議讀的一百本書，其中就有《孫子兵法》，並列為必修課；耶魯大學領袖教育推出孫子「大戰略」；哥倫比亞大學商業學院取得成功，離不開被譽為全球商業寶典的《孫子兵法》；麻省理工學院用孫子謀略培養全球頂尖首席執行官；史丹佛大學用孫子智慧造就矽谷精英。

法國南錫經濟管理學校開設《孫子兵法》研修專案，除了系統學習孫子文化的知識體系，還將學習中國傳統文化精髓，認識《孫子兵法》核心思想在現代企業中的應用。他們在孫子故里山東濱州進行六大項目培訓，分別為孫子理念體驗、孫子文化展示、孫子學術講座、孫子應用案例考察、孫子策略實戰應用等。

臺灣元智大學將《孫子兵法》列為必修學分，開設課程，每年開兩班，每班 120 人，目前已開辦了十多年，深受好評。臺灣中華孫子兵法研究學會研究員、臺灣高鳳數位內容學院講師周泯垣，二十年來受邀擔任臺灣屏東教育大學碩博士班、美和科技大學、高鳳數位內容學院、屏東商業技術學院、永達技術學院、正修科技大學、慈惠護專、屏東高工、屏東女校等數十所大學的「兵法教官」，他出版的《孫子兵法與案例導讀》一書，目前為臺灣多所大學校院採用。

遍布全球的許多孔子學院和華文教育學校主打孫子課程。新加坡孔子學院傳授《孫子兵法》，舉辦《中華文化影響世界》兩大論壇，其中一大論壇就是《孫子兵法》，還舉辦「交大獅城論壇」——《孫子兵法商業戰略》、中日韓《孫子兵法·新和平論壇》，請臺灣「全球華人中國式管理第一人」曾仕強講《孫子兵法》；請易中天講「三國兵法」，反響熱烈。

蒙古國唯一的孔子學院，集中國文化之大成，推出了重點文化推廣項目和系列文化交流活動，影響日益增強，贏得了一片喝采聲——推出《中文典籍譯叢》，先後將中國傳統經典《論語》、《大學》、《孫子兵法》翻譯成蒙文並出版，翻譯出版了《論語連環畫》等一批中國文化普及讀物，現在正在翻譯出版《孫子兵法》、《成吉思汗》連環畫或漫畫，面向蒙古學生和兒童。

海外學生研讀《孫子兵法》成風。香港中文大學、香港商學院開設「《孫子兵法》與高階管理博士班」。香港大學碩博士論文注重對《孫子兵法》的核心思想的理解，弘揚中華謀略，

新加坡南洋女子中學參觀孫武苑。

沉澱智慧結晶，構建專業思維平臺與智力庫。嶺南大學持續進修學院學務主任及高級講師邱逸，在香港大學中文系從碩士研究「宋代的《孫子兵法》研究」破格升為博士研究，成為港大首位沒有碩士學位的博士生。

德國萊茵河畔的美因茨大學翻譯學院，有一位漢學家柯山，他讀博士學位，論文選題為〈兵法與工商：超文化反響在用《孫子兵法》當倡議的中西企業管理讀物〉。在寫博士論文前，柯山對《孫子兵法》的翻譯和在工商領域的應用作了很詳盡的研究，到中國圖書館查閱目錄，參考了四百多本《孫子》書籍，寫了三年多時間。在德國，除了一位華人《孫子兵法》論文獲博士學位外，柯山是德國人中唯一以此獲得博士學位的。

據不完全統計，今臺灣以《孫子兵法》等兵書為題材而獲得博士碩士學位的56人。而兩岸共培養這方面的人才約120人。截止2004年就有300多篇《孫子兵法》論文，研究範圍包括軍事、經濟、企管、教育、文學、語文等。學者稱，在如此短的時間裏有這麼多人專注於《孫子兵法》的研究，並獲得諸多的博士和碩士學位，不能不說是世界學術史上的一個奇蹟。

演講《孫子兵法》成為經典品牌。黃昭虎博士在新加坡南洋理工大學給來自西方國家的研究生開講「《孫子兵法》與商業管理」，這已成為該大學經典品牌課程。他一週要完成四十二小時孫子課程。他是 1978 年中國改革開放後研讀《孫子兵法》的，發現是大哲學、大智慧。他給自己定位：這輩子只做一件事，而這件能讓他長期研究可延伸到商業領域並讓全世界應用的事業，非孫子莫屬。新加坡南洋女中也請黃昭虎講《孫子兵法》。

香港嶺南大學持續進修學院學務主任及高級講師邱逸博士，在香港三聯書店開講「風雨飄搖五百年——西方鐵蹄下的《孫子兵法》」。十年來，他開講孫子講座百多場，內容千變萬化，聽眾各行各業。他為資優學生演講的「兵法與人生」，為中小學生而談的「神奇的兵法世界」，面向社會大眾的「西洋棋對圍棋——西方的脅迫與中國的突圍」。 邱逸還連續三年在各大教學機構開設孫子講座，還講了「中西兵法與戰爭觀」、「兵以詐立與仁至義盡」、「戰與和、抗與退的抉擇」、「讀孫子・善謀略」等課程。

蘇州穹窿山孫武文化園。

《孫子》文化價值得到全球學者肯定

海外學者評價，以孫子為代表的中國兵家思想同以孔子為代表的儒家學說共同塑造了中國傳統文化。《孫子兵法》是中國傳統文化中的一枝奇葩，它有著深厚的傳統文化底蘊，是中華民族優良傳統的重要體現，是中國古代文化中的一份珍貴的遺產，其思想內涵超越了軍事範疇，最有價值的文化是其哲理智慧，跨越時空影響著全世界。

事實上，世界各國的許多讀者不僅把它當作兵書、哲學書而且當作文學書讀的，其文學價值得到充分認可。海外學者感歎，孫子思想影響了整個東方文化和世界思想的演變，全世界自願為二千五百年前中國兵書買單，說明《孫子兵法》不僅具有無與倫比的軍事價值，也具有精彩絕倫的文化價值。

馬來西亞孫子兵法學會創會會長呂羅拔稱讚說：「六千餘字的《孫子兵法》，具有豐富的內涵、深刻的哲理和深厚人文意識，同時又具有很強的文學性，既可當作軍事、哲學書來研讀，也可當作一篇優美的文學作品來欣賞。」

呂羅拔用「十六個字」評價《孫子兵法》文學特色和語言藝術上的成就:「縱橫參議，精煉緊湊，文句整齊，氣勢通暢。」他讚美說，《孫子兵法》以豐富多彩的語言藝術反映科學的內涵，以富於動感、節奏的音韻藝術透視出獨具特色的哲理，以嶄新的體裁和科學嚴謹的結構，構建了博大精深的東方兵學體系，成為中國古典軍事文化遺產中的「東方明珠」、中國優秀文化傳統的重要組成部分而名垂後世。

《亞洲週刊》總編輯邱立本稱，中國有五千年文化，《論語》、《孫子兵法》、《三國》等優秀傳統文化精髓信手拈來，中華文化是很強的「軟實力」。《孫子兵法》是全人類的共同財富，在當今世界很有價值，弘揚孫子文化和智慧具有世界意義。中國和平發展，不能靠飛機大炮，要靠輸出經典文化，輸出有世界價值的軟實力。現代中國不僅要梳理好老祖宗留下的智慧寶庫，還需要提煉出令世人驚奇為世人所用的現代智慧。

義大利《信使報》總編輯陸奇亞 ・ 波奇，曾三次到過《孫子兵法》誕生地蘇州。她讚美說，被譽為「東方威尼斯」的蘇州與義大利威尼斯是友好城市，東方水城，小橋流水，水鄉周莊，給她留下美好的印象，難怪孫子在蘇州寫出的《孫子兵法》水味和文化味十足。

德國科隆大學漢學家、翻譯家呂福克說，《孫子兵法》看上去是本古代兵書，細細品讀，充滿韻律，是一部含蓄雋永的哲理詩，也是一部世代相傳的史詩。他研讀發現，《孫子兵法》與其說是一部兵書，倒不如說是一部經典文學作品。「《孫子》十三篇六千餘字，像散文詩一般的語言，許多地方是押韻的。」《孫子兵法》的文句實為詩句，抑揚頓挫，富有韻味，節奏感強，朗朗上口，好讀好記，用文學的語言描寫兵法，實屬罕見，是一部開散文之先河的中國兵法文學精品。

《孫子兵法》熱銷南美。

美國美華藝術學會會長、北加州作家協會會長林中明論證，「文學」和「兵略」這兩組強烈對立的觀念，不僅可以相通相融，甚至可以相輔相成。南北朝著名文學理論家劉勰讚譽：「孫武兵經，辭如珠玉，豈以習武而不曉文也！」

位於泰晤士河南岸的倫敦帝國戰爭博物館，成為記錄二十世紀戰爭衝突的博物館。英國學者表示，《孫子兵法》崇尚智慧、熱愛和平、盡可能地限制戰爭暴力的思想觀念，體現了中華文化的核心價值。人們在這裏對西方軍事理論進行沉重的反思，而以《孫子兵法》為代表的中國兵家文化的價值得到印證和昇華。

《孫子》成全球體育競技領域「座右銘」

前蘇聯現代體育理論的首席專家馬特維也夫，是國際體壇的理論權威之一。他的理論汲取了《孫子兵法》的精髓，揭示形成競技狀態的客觀規律。海外孫子研究專家認為，與其他領域相比，體育競賽領域與戰爭領域有更多的相似性。因此，孫子謀略與體育競技關係密切，孫子的許多警句格言，已成為全球體育競技領域「座右銘」。

《孫子兵法》在日本的傳播源遠流長，柔道與《孫子兵法》有著不解之緣。日本人根據孫子「以柔制剛」的學說，將「體術」改稱為「柔術」。這種叫「柔術」的武術，是中國拳術的發展，而《孫子兵法》對中國武術的影響深遠。在東京古武道研究會曾立一碑，上書：「拳法之傳流，自明人陳元贇而起。」陳元贇是中國的一位武林高手，是他將中國的傳統武術傳到扶桑，成為現代風行世界的柔道之先河。

跆拳道源於朝鮮半島三國時代的跆拳。「跆拳道」一詞，是 1955 年由韓國的崔泓熙將軍創造，據說崔泓熙將軍早年在留學日本時就接觸到《孫子兵法》。韓國跆拳道研究專家認為，孫子謀略可供跆拳道借鑒的內容十分豐富，現代的跆拳道比賽對抗激烈，場上情境瞬息萬變，攻防轉換變化莫測，處處充滿著兵家智謀、勇氣的較量。

據介紹，越南武術自古受中國武術影響較大，越南武術的流派繁多，它們共同的武術哲學被稱為「越武道」，融入《孫子兵法》元素。世界泰拳理事會副主席方煒說，「自古拳勢通兵法，不識兵書莫練拳」。泰拳直接用於軍事實戰，與兵法密切相關。當時士兵們在戰場上遠距離作戰時使用刀槍劍矢，近距離搏鬥時則以拳肘膝腳做為進攻武器。因此，泰拳自古與兵法不可分割。

泰國僑領、世界華人圍棋聯合會會長蔡緒鋒從圍棋中領悟兵學智慧，他認為，圍棋棋經十三篇多引《孫子兵法》十三篇。圍棋對弈的形式，同兩軍作戰頗為相似，兵法上的很多思想都可以在圍棋上得到體現。新加坡象棋大師們告訴記者，象棋將、兵、卒、車、馬、炮，棋盤一擺開，就是硝煙瀰漫的戰場，而更深奧的兵法哲理盡在棋局之中。

劍道在日本被稱作「兵法」，日本人稱《孫子兵法》為大兵法，稱劍道為小兵法。撰寫世界三大兵書之一的《五輪書》日本劍術家、兵法家宮本武藏深諳此道。德國美女劍客海德曼讀《孫子兵法》從中領悟劍法，她說，要成為一名真正的劍客，就要懂兵法，能在招式之間分出攻守進退，自成體系，避高趨下，因地制流，才有資格稱為「劍客」。

《孫子兵法》在歐洲被譽為「戰爭藝術」，而在馬德里足球教練眼中，是「足球戰爭藝術」。大牌球星們創造了皇馬的輝煌，閃爍著「足球戰爭藝術」的智慧之光。葡萄牙青少年青訓主教練卡洛斯說，軍事性的世界大戰發生的概率將越來越小，而足球世界大戰將在全球越演越烈，與球賽密切相關的《孫子兵法》也將越來越受到足球界的重視。

「兵無常勢，水無常形。」德國世界盃上，世界足壇勁旅巴西隊的祕密武器是中國的《孫子兵法》。在韓日世界盃上，這本書中智慧的光輝就幫助斯科拉里率領巴西隊勇奪世界冠軍。在斯科拉里看來，無論是用兵之道，還是足球之道，都充滿了靈活性、變動性和創造性。兵法可以用於足球，創造戰機，來敲開勝利的大門。阿根廷一代球王馬拉度納對陣英格蘭，千里走單騎破門震驚了世界。他盤帶速度極快變化無常，常常令對手防不勝防，這是用了孫子的「出其不意」。

在南非世界盃上，國際米蘭新主帥加斯佩裏尼桌上擺著《孫子兵法》，他嘴上常掛著的一句話「統領一支大規模軍隊和一支小型軍隊之間，沒有區別」。「知彼知己，百戰不殆」，孫子的著名警句讓德國主教練勒夫心領神會，運用自如。南非世界盃將先發制人視作克敵制勝的法寶，8 場八分之一決賽先進球的球隊最終均獲勝，獲勝率高達 100%。更為神奇的是歐洲球隊先進球的比賽全部獲勝，先發制人的威力可見一斑。

作者在美國西點軍校留影。

《孫子兵法》在 NBA 很流行，不光是球員，很多教練也對它愛不釋手。禪師與神算子有一個共同的愛好，都喜歡研究中國軍事家孫子的戰術思想，以及他著名的《孫子兵法》，傑克遜還非常喜歡送《孫子兵法》給球隊，中國的兵書對 NBA 教練和球員有很大影響。美國 CNN 體育主持人評價說：「孫子云：『善攻者，動於九天之上』。休士頓火箭隊是『善攻者』，『動於九天之上』就在於他們居高臨下的巨人般的高度。」

冰球運動是多變的對抗性較強的集體冰上運動項目之一，兵法與競技相得益彰，在體育競技中速度最快的一種，最能體現《孫子兵法》的「兵貴神速」。在 2010 年溫哥華冬奧會「從海洋到天空的比賽」的賽場上，加拿大運動員將孫子的「兵貴勝，不貴久」思想應用的爐火純青 。

全球哲學家視《孫子》為智慧寶典

記者在亞洲、歐洲和美洲發現，不少國家和地區的書店裏看到《孫子兵法》是放在哲學書區裏的。而全球許多的學者把這部兵書當作經典的哲學書來讀的，有些學者乃至翻譯者本身就是著名的哲學家，他們在孫子的思想裏找到了中國傳統哲學思維方法的精華。

一輩子從事把中國的哲學介紹到世界的夏威夷大學哲學系教授安樂哲，就是其中最為突出的代表，他是西方《孫子兵法》哲學思想的主要「推手」。安樂哲表示，《孫子兵法》是世界觀、宇宙觀、方法論，是哲學的思考，是社會最實用的智慧，對全世界和全人類非常有用，這就是我向世界推廣孫子哲學的原因。他沒有純粹把世界第一兵書《孫子兵法》做為軍事理論，而是做為經典哲學加以推崇。《孫子兵法》所揭示的哲學思想是豐富而深刻的，具有很強的實踐性，對世界的哲學產生了厚重而深遠的影響。

安樂哲的德國好友、科隆大學翻譯家呂福克同樣對孫子哲學認可度很高。他說，孫子在歐洲很有名，德國人很喜歡孫子，其中一個重要原因是孫子思想閃耀著哲學的光芒。人們從這部享譽世界的智慧寶典中尋求兵法理論與哲學思想、管理理念的契合點，已經成為世界上許多國家的普遍現象，這就是孫子思想流傳千年仍然「活著」的重要原因。

芬蘭版《孫子》譯者馬迪 ‧ 諾約寧表示，《孫子兵法》是中國文化走向世界的「傑出品牌」。孫子的哲學思想對現代人特別有意義，對所有的人都有啟迪和幫助。

義大利有一個翻譯版本在序言中寫道，《孫子兵法》是一部很有思想哲理的書，孫子的智慧是對人類有很多的啟迪。再版此書，為了讓義大利人瞭解中國孫子的哲學智慧，更好地學習應用。

加拿大漢學家白光華經過東西方哲學的比較認為，世界上也許只有中國才是具有最不同於西洋文化傳統的唯一的國度，是一個有著豐沃的哲學土壤的文明古國。加拿大約克大學哲學系教授歐陽劍開設了中西哲學比較的課程，包括《老子》、《孫子》、《莊子》在內的中國哲學的經典著作。他認為，加拿大是個很年輕的國家，需要向中國這樣有著幾千年智慧的國家學習。

日本孫子國際研究中心理事長服部千春博士說，該中心宗旨是「在全世界正確傳播孫子的哲學與思想，建設和平安全的國家」。二千五百多年來，《孫子》的哲學之所以能保持不滅的價值，在於其超越了時代和地域的差異，不僅道出了具有普遍意義的戰爭與和平哲學，而且寫出了吸引人們的帶有普遍意義的思考。

韓國學者認為，《孫子兵法》是一部飽含哲學思想的著作，涵蓋了大智慧的學問。朝鮮半島把《孫子兵法》融入哲學，朝鮮時代的知識份子把《孫子兵法》做為哲學來學習，從中汲取哲學思想。孫子的哲學思想和智慧影響了一代又一代的韓國人，湧現出一批哲學和社會科學研究家。

臺灣科學委員會研究員嚴定暹，是全球鳳毛麟角的女性孫子兵法研究學者。她在臺灣以「格局決定結局」來介紹孫子的哲學觀念，因為中國的哲學旨在指導生活，所以很貼近大眾生活。後在大陸出版發行，十分暢銷。她說，我極喜愛這個書名，因為能全方位且深入的表達《孫子兵法》的哲學思想。《格局決定結局》也是中國文化中哲學思考的基準，能啟迪哲學思維。

印度學者認為，無論是《孫子兵法》還是《薄伽梵歌》，都充滿了東方哲學的智慧。中國哲學與印度哲學儘管有差異，但要闡釋的道理卻有許多相通之處。中國古代兵書《孫子兵法》與印度古書《薄伽梵歌》先後變成了哈佛等商學院的必修課，並成為歐美大企業總裁及高管的必讀祕笈，這不是一種偶然的巧合，而是東方哲學必然的融合，是中印兩個東方文明古國交匯融通，曾創造了世界上最燦爛文明的結晶。

新加坡孔子學院院長許福吉博士說，《孫子兵法》是放之四海而皆準的，它放射出的哲學智慧光芒閃耀了二千五百多年，至今受到全世界的推崇並被廣泛應用於各個領域。我們把《論語》和《孫子兵法》一起傳授，把儒與兵、文與武、柔與剛、軟與硬，交融在一起。

曾為獅子國棋藝創造了一個全盛年代的亞洲象棋總會副會長呂羅拔，是海外華人演講《孫子兵法》第一人。他發表的「象棋哲學」，是一篇浸透兵法智慧謀略的「兵家哲理」：「象棋將、兵、卒、車、馬、炮，棋盤一擺開，就是硝煙瀰漫的戰場，而更深奧的兵法哲理盡在棋局之中。」

《孫子》在全球具有永恆價值不會過時

歐洲學者將東西方兵學、古希臘和古羅馬的軍事著作與中國兵書進行比較，認為以孫子為代表的中國兵家文化更具有軍事哲學價值，更具有超越時代的理論價值，也更具有世界價值。時至今日，中國的《孫子兵法》仍列為世界兵書之首，這個地位是不容動搖的。從某種意義上來講，《孫子兵法》具有永恆價值，難以超越，不會過時。

歐美許多孫子研究學者持同樣觀點。英國學者理查德・迪肯認為，孫子的著作《孫子兵法》揭示了許多原理，令人驚訝的是，就是在技術進步的今天，這些原理仍然不失其應用價值。

法國國防研究基金會研究部主任莫里斯・普雷斯泰將軍在法國女學者尼凱翻譯出版最新版《孫子》所作的長篇後記中，提出孫子的戰略思想和原則在當今具有世界意義。冷戰以後，西方世界對東方兵學的認識逐步改變，對孫子的戰略思想研究越來越重視，正在重新審視孫子，重新認識孫子價值。通過對東西方兵學思想的比較分析，認為孫子的思想更適合當今世界。

俄羅斯前軍事科學院副院長基爾申在題為〈孫子非戰思想與二十一世紀的新戰爭觀〉的文章中指出，人類社會所面臨的各種威脅要求人們重新審視戰爭行為，確定一種富於哲理和社會政治、軍事戰略性質內容的新型戰爭觀，而孫子的非戰思想符合現代新型的戰爭觀。

俄羅斯孫子研究學者魏德漢認為，《孫子兵法》具有不可估量的現代價值體系。目前，全世界把孫子研究放到經濟方面，對人們的思維方式起很大的作用，《孫子兵法》的應用的意義就在於此。研究孫子的哲理可以解決世界面臨的根本性的矛盾。各種各樣的研究最重要的就是要改變現在的生活，而《孫子兵法》在這個方面可以幫助我們達到這個目的。

德國美因茨大學翻譯學院漢學家柯山，其商戰兵法論文獲博士學位。他評價說，在許多西方人對東方文化還不夠了解、不夠理解甚至誤解，大多數東西方文化交融還面臨困難的大背景下，孫子思想卻得到東西方的高度推崇，證明孫子思想具有無與倫比的普世價值，被東西方普遍接受，認可度極高。

非洲學者稱讚，《孫子兵法》是一部充滿著智慧結晶的書，智慧不分國界，不分種族，不分膚色。埃及學者把《孫子兵法》比喻為世界兵書的「金字塔」，光輝永恆，神力猶存，過一萬年也不會過時。

澳大利亞華人孫子研究學者丁兆德說，《孫子兵法》流傳二千五百多年，光輝永存，至今傳播到一百四十多個國家和地區，已光耀全球。孫子思想適應時代的潮流，全世界需要孫子。做為中國優秀傳統文化遺產和世界寶庫，其歷史價值、文化價值、智慧價值、應用價值，不亞於孔子宣導的儒家學說。

美國防大學戰略研究所所長約翰・柯林斯評價說，孫子的大部分觀點在我們的當前環境中仍然具有和當時同樣重大的意義。美軍高級顧問白邦瑞也感歎，孫子離開我們幾千年了，今天的世界發生了翻天覆地的巨大變化，但孫子的戰略與謀略思想是跨越時空，不朽永存的。美國孫子研究學者表示，在今天飛速發展的資訊時代，《孫子兵法》所代表的東方智慧及其價值觀念，對西方戰略思維乃至社會發展所產生的影響是毋庸置疑的。

加拿大聯邦參議員胡子修表示，人類社會的普世價值只有一種，那就是和諧發展。《孫子兵法》蘊含著崇尚和諧的思想光輝，被東西方普遍接受，普世價值日益顯現。

墨西哥人類學專家稱，《孫子兵法》是全人類的寶貴財富。中國早在二千五百年前的春秋戰國時期，孫子就提出戰爭對人類的危害，戰爭給人類帶來災難，讓人類遠離戰爭，降低和減少對人類的威脅。

《孫子》在全球應用具有極高的普及率

香港國際孫子兵法應用協會會長孫重貴稱，《孫子兵法》的價值就在於應用，它千古流傳至今仍在全球普遍適用其價值也在於應用，不應用就失去了它應有的寶貴價值，就不會有生命力。如孫子成為李嘉誠智慧泉源，韜略基礎。他每一次過招皆有過人智慧，總能借機而起、趁勢追擊，不錯失良機。他懂得借力使力，化危機為轉機、化被動為主動，榮登「華人首富」。

記者發現，日本、韓國學《孫子兵法》字斟句酌，一絲不苟，深刻領會，用心實踐。進入世界 500 強的日本、韓國企業幾乎都研究孫子謀略，日本松下電器、豐田、索尼、本田，韓國三星、現代等知名企業，《孫子兵法》成為該企業發展壯大的智慧之源，應用孫子的智慧和謀略到了出神入化的地步。

日本防衛大學教授村井友秀說，二戰以後，日本《孫子兵法》應用從軍事轉向商戰。他給記者一份日本學者關於《孫子兵法》的論文目錄，共有 83 篇，涉及學術刊物三十多家，論兵法與商戰的居多。而記者在日本大型圖書連鎖店——淳久堂的圖書檢索系統上看到，該書店出售《孫子兵法》相關書籍竟多達二百八十餘種，其中大部分也是有關商戰的書。

韓國知名孫子研究學者朴在熙評價說，韓國創造了舉世矚目的「漢江奇蹟」，很大程度上是由於遵循了孫子的商戰智慧。上世紀 70 年代，時任韓國總統朴正熙下達命令，重印韓文版《孫子兵法》，韓國企業掀起學中國兵法的熱潮。

新加坡資政李光耀曾宣稱，不懂《孫子兵法》，就當不好新加坡總理。縱觀新加坡的發展軌跡，最明顯的特徵是「變中求勝」，「兵貴神速」，還有遵循孫子的「嚴」，這在新加坡是出了名的。新加坡《孫子兵法》運用的好，用在國家管理上，爐火純青。用新加坡孔子學院院長許福吉的話說，亞洲「四小龍」是運用兵法的先鋒。

德國美因茨大學翻譯學院漢學家柯山認為，《孫子兵法》的特殊貢獻不是應用於戰爭而是應用於全球包括商戰在內的各個領域。柯山說，他還沒有發現有哪一本書像《孫子兵法》那樣受到全世界的追捧，並在全世界廣泛應用。《孫子兵法》的應用已從軍事領域擴展到企業管理、行政管理、商業競爭、人才開發、體育競技、文化戰略、金融股市，乃至情報反恐等諸多領域，這是絕無僅有的。

義大利埃尼公司總裁貝爾納貝說，「關於戰略這一題目，我正在讀《孫子兵法》，這是一本大約二千五百年前由一位中國將軍孫子所寫的經典教科書，這是一本關於戰略的全面的教科書，今天仍能運用到人類的各種活動中去」。

法國經濟學博士費黎宗出版的《思維的戰爭遊戲：從孫子兵法到三十六計》，以一個西方高級企業決策者的體驗與眼光來評述和驗證這兩部著作，來觀察古老的中國文化遺產如何在現代社會的實踐中得到驗證，及其在與西方文化的交流中如何相互融會。他提出，真正的戰爭不是發生在戰場上，而是在決策者的頭腦中，只有在智慧的對決中戰勝對手，才能在較量中所向披靡。

英國學者、原香港特區政府知識產權署署長謝肅方稱孫子是「智慧管理之父」，他把《孫子兵法》應用於知識產權保護，形成了「知識產權兵法」。他說，孔明的智慧源於《孫子兵法》對戰爭物資之取用有一項最智慧的策略：「因糧於敵」。

有學者稱，最好的漢學家不在中國而在美國，最好的孫子研究專家或許在中國，但是第二次世界大戰以後對於孫子思想的應用，美國卻堪稱翹楚。美國企業界將《孫子兵法》視為「金科玉律」，中國的孫子幫助許多美國企業家獲得了巨大商戰的戰果。和日本一樣，美國波音、微軟、通用汽車、福特汽車、百事可樂、可口可樂等著名跨國公司，都非常重視從《孫子兵法》的應用，普及率非常高。

《孫子》世界性傳播有著重大現實意義

在世界多極化、經濟全球化深入發展的今天，東西方智慧在碰撞中發出火花；在世界文明的風景線上，中華文化與人類多元文化在交匯中得到融通。西方學者評價，《孫子兵法》世界性傳播有著重大的現實意義。

《孫子兵法》對中國乃至世界軍事理論的發展產生了深遠的影響。英國著名軍事思想家和戰略家李德・哈特，第一個用孫子思想對西方現代軍事理論進行反思，發現了《孫子兵法》在戰略思維、戰略價值觀上的重要啟發意義。法國國防研究基金會研究部主任莫里斯・普雷斯泰將軍在法國女學者尼凱翻譯出版最新版《孫子》所作的長篇後記中，提出孫子的戰略思想和原則在當今具有世界意義。

孫子「不戰而勝」的思想對世界的和平與發展有著重大意義。葡萄牙學者比較大航海時代完全依賴戰爭和暴力獲勝的西方兵法與孫子宣導的「調和與平衡」的東方兵法，和平使者鄭和要比海上稱霸的殖民統治者偉大的多。大航海時代早已過去，和平與發展新時代已經來臨。建設一個持久和平、共同繁榮的新世界，符合孫子的思想，這一思想在當今世界具有深刻的啟迪和借鑒意義。拉美孫子研究學者指出，當前世界範圍處於以和平發展為主流的時代，孫子的和平思想對拉美各國具有重要的指導意義。

全球學者尤其對《孫子兵法》的現代意義給予極高的評價，稱孫子許多思想在今天依然充滿了生命力。英國戰略大師李德哈特稱讚孫子「是眼光較清晰、見識較深遠，而且更有永恆的新意」。英國空軍元帥約翰・斯萊瑟讚美孫子的思想「多麼驚人的『時新』——把一切辭句稍加變換，他的箴言就像昨天剛寫出來的」。羅馬尼亞康斯坦丁・安蒂普少將讚揚「以其帶有原則性和具有普遍意義的、已證明為永恆的格言，至今仍神力猶存」。美國哲學家安樂哲說：「孫子不是古董，《孫子兵法》具有現代意義和現代價值。」

美國福坦莫大學商學院副院長楊壯認為，《孫子兵法》是一本企業致勝之道的巨著，對正在走出國門、走向世界，參與全球化競爭的跨國公司具有重大的意義。美國最早「海歸」吳瑜章也認為，《孫子兵法》對企業家們更具有深遠的指導意義和實際的使用意義。德國孫子研究學者柯山說，與多如牛毛的其他經濟管理書籍不同，《孫子兵法》具有不可替代的實踐和應用意義。

《孫子兵法》影響了現代社會的精神文化生活。芬蘭版《孫子兵法》譯者馬迪・諾約寧說，《孫子兵法》對現代人特別有意義，不僅影響資訊時代的世界軍事和經濟，而且完全深入到現代人的思想和精神文化生活之中。最新德文版《孫子兵法》譯者呂福克表示，孫子對現代社會有很大的影響，具有不可估量的現代意義。韓國孫子兵法國際戰略研究會會長黃

巴西人飛機上閱讀《孫子兵法》。

載皓說，《孫子兵法》影響了一代又一代的韓國人，在韓國從老人到小孩幾乎沒有不知道孫子的，成年人更不用說了。

臺灣中華孫子兵法研究學會會長傅慰孤稱，《孫子兵法》是海峽兩岸民眾的共同財富，海峽兩岸同根同脈，一道攜手領略中華傳統文化的非凡魅力，挖掘其當代價值，對於兩岸實現共利雙贏具有積極意義。

海外學者欣喜地說，孫子的思想和理論跨越了時空，至今還有寶貴的借鑒作用和指導意義，孫子的現代意義和普世價值得到全世界的普遍認可。放眼環球的泱泱文化大潮，全世界都在接受孫子，全世界沒有一個國家不研究孫子的，孫子思想的傳播有著重大的世界意義。

孫子文化對華人世界產生重要影響

由一代兵聖孫武創立的兵學文化，集中體現了中國古代軍事思想的巨大成就，歷經時間長河的蕩滌沖刷，影響經久不衰，已經積澱為中華民族的精神、品格和氣質中不可替代的文化傳統，深深融會於全球華人的精神血脈中，對華人世界產生了重要影響。

記者在海外採訪期間，接觸了許多華人華僑，他們在海外從零開始，白手起家，一點一滴發展起來，非常艱辛。中國傳統文化思想深深紮根於一代又一代華人華僑的精神中，對他們事業的成功有重要的作用。從全球傳統的餐飲服務、商貿製造業，到迅速崛起的高科技、新經濟產業，處處活躍著華人的身影，並成為世界的財富引擎。

「我們華人的血脈中流淌著中華傳統文化，孫子文化是海外華人華僑的寶貴財富。」一位華人孫子研究學者如是說。

菲律賓華人富豪陳永裁喜愛鑽研中華文化，能整篇背誦

《孫子兵法》，並常運用這一智慧寶庫中的哲理去處理面對的商業疑難。他認為，中華文化是孕育了五千多年的文明結晶，是世界文化寶庫珍貴的財富，源自中國，卻屬於全世界。

英國著名僑領、全英華人中華統一促進會會長單聲說，中國人應該是全世界最有智慧的人，因為中華傳統文化已流淌在中國人的血脈中。如今，孫子的「妙算」已成為中國人智慧的代名詞。中國經濟發展的這麼快，一枝獨秀，這是全球華人的驕傲。他堅信，中國不會垮，因為中國人是全世界最有智慧的人，能長袖善舞，能「借東風」，算是中國人的傳統文化，是智慧的象徵。

巴黎首位華裔副區長陳文雄表示，中國文化真的很有魅力，巴黎華商靠中國人的智慧取得成功，站穩腳跟。法國潮州會館監事長許葵也表示，為什麼全世界這麼喜歡和熱衷孫子？因為中華智慧是最優秀的精品、絕品，我們所有碰到的問題孫子都說到了，老祖宗傳下來的寶貝非常管用，具有不可估量的優勢。《孫子兵法》強調的「立於不敗之地」是一種非常高明的說法，這顯示了中國人獨到的智慧。

「華人華僑最大的特點是智慧，在當地的認可度很高，這些智慧是老祖宗傳下來的，《孫子兵法》流傳了二千五百多年，流傳到西班牙，不僅華人喜愛，西班牙人也認同。」加泰羅尼亞華人華僑社團聯合總會主席林峰說，中國人站在孫子肩膀上看世界，更具有戰略眼光，面對歐洲危機，更具有抗風險的能力。

來自臺灣的公立馬德里語言學校中文系主任、馬德里大學翻譯學院兼任教授黎萬棠評價說，歐洲危機造成許多人失業，而教漢語的不會失業，研究中國傳統文化的也不會失業，懂《孫子兵法》的更不會失業。

澳大利亞華商協會人士表示，《孫子兵法》的一些基本

以色列希伯來語《孫子兵法》。

原理可以運用於商業、管理等非軍事性競爭領域。在新的世紀裏，在來勢兇猛的全球化經濟浪潮面前，參與現代經濟競爭，更要借鑒孫子的理論。

加拿大華僑華人形象比喻說，如果說牌坊、中餐館等有中國特色的建築是唐人街的骨骼的話，那麼，這裏的各種中華傳統文化活動無異是唐人街的血液。而這血液中最重要的無疑是流淌了幾千年的中國傳統哲學，其中包括博大精深的孫子哲學思想。

美國孫子研究學者披露，洛克菲勒財團成功的一個重要原因是運用其智囊團所提供的《孫子兵法》智慧謀略。而這些研究《孫子兵法》的智囊團重要人物，幾乎多係華裔、華人。所以洛克菲勒財團的直線猛升的趨勢，華人是起了很大的作用。

在墨西哥開中醫館的華人發自肺腑地說：「孫子智慧是無價之寶，一個人擁有孫子智慧，並懂得運用孫子智慧，就能在海外從容面對一切。」

《孫子》成中華文化走向全球成功案例

海外學者評價，孔子學院遍布全球成為中國文化「走出去」的成功案例；而《孫子兵法》走向世界已有千年，翻譯出版和傳播應用地域涵蓋世界各大洲，在全球應用之廣，涉及領域之多，實用價值之高，成果之大，是無與倫比的，全世界幾乎每天都在應用它。可以說，孫子文化譽滿全球，是中華文化走出去最早也是最成功的案例。

葡萄牙孔子學院葡方院長評價，在世界上影響最大、最受崇拜的中國優秀文化代表人物莫過於兩人，一個是孔子，一個是孫子。孔子學院以傳播中華文化而譽滿全球，《孫子兵法》以智慧應用而揚名海外。芬蘭版《孫子》譯者馬迪・諾約寧認為，《孫子兵法》與世界很多地方都建立了孔子學院一樣，是中國文化走向世界的「傑出品牌」，不僅被全世界所認可，而且被全世界所應用。

中國崛起有文化交流的大國思維，要展示中國人對和平、和諧的追求，代表中國戰略思維、和平理念的孫子文化是最能為全世界接受的；中華文化走出去，讓中國聲音、中國理念、中國形象在世界廣泛傳播，在全世界傳播最廣的孫子也是最受歡迎的。

《紐約時報》刊文指出，「中國正在用漢語文化來創建一個更加溫暖和更加積極的中國形象」，「二千多年前冷兵器時代的孫子，竟成了西方制定核時代戰略、戰術的精神支柱，這是孫武萬萬沒有想到的」。英國《經濟學家》發表題為「孫子和軟實力之道」的文章稱，「唯一未受過抨擊的中國古代思想家孫子正逐漸走到臺前」。《星島日報》也刊文指出，「《孫子兵法》既是一部軍事巨著，又是一部哲學經典，乃中華之瑰寶，兩千多年來被廣泛的應用於軍事、政治、經濟、外交等各個領域」。

日本是《孫子兵法》傳播最早、影響最大、應用最廣的國家，目前有孫子研究者和愛好者已逾二十多萬人，著述出版也從未間斷。迄今已出版《孫子兵法》書籍達二百多種，相關書籍四百多種。日本學者稱，在世界文化交流史上，對他國的兵法著作有如此長時間的研究熱情，投入如此巨大的精力，這是絕無僅有的現象。

歐洲學者認為，孫子是超越中華文化圈對世界產生巨大影響的少數中國偉人之一，《孫子兵法》在世界範圍產生了廣泛而深刻的影響，是舉世公認的。在許多西方人對東方文化還不夠了解、不夠理解甚至誤解，大多數東西方文化交融還面臨困難的大背景下，孫子思想卻得到東西方的高度推崇，證明孫子思想具有無與倫比的普世價值。

美國對《孫子兵法》的濃厚興趣，其中一個重要原因在於文化層面，美國需要瞭解中國和中國文化。對此，美國文化界人士樂此不疲。美國人類學家魯思・本尼迪克特受美國政府委託進行了包括《孫子兵法》在內的一項專門研究。夏威夷大學哲學系教授安樂哲表示，「裴多菲不僅是德國的，也是世界的，《孫子兵法》也一樣，屬於全世界」。美國美華藝術學會會長林中明也指出，《孫子兵法》如今籠罩全球，世界的走向是加強學習孫子思想。

埃及學者比喻說，金字塔是古埃及文明的象徵，也是古埃及人智慧的結晶，是埃及人民的驕傲； 而《孫子兵法》是中華文明乃至世界文明中的璀璨瑰寶，是中國人民的驕傲。《孫子兵法》是世界兵書的「金字塔」，難以超越。在墨西哥城國家人類學博物館人類學專家眼中，《孫子兵法》是全人類的寶貴財富。非洲學者稱，《孫子兵法》是一部充滿著智慧結晶的書，而智慧不分國界，不分種族，不分膚色，不分語言。

香港大學推薦學生看的六十本書中就有《孫子兵法》，推薦理由是：它濃縮了中國古代最優秀的戰略智慧的精華和兵家韜略之首，不僅是中國的謀略寶庫，也是人類智慧之源，最能代表中華文明，影響著世界歷史的進程。

海外華僑華人感歎：二千五百年前的孫武為中國人、也為全世界留下了偉大的智慧財富，《孫子兵法》是中國的，更是世界的，全世界都在接受孫子，全世界沒有一個國家不研究孫子，孫子在地球上絕對夠面子。在放眼環球的泱泱文化大潮時，更應該挺直起大國文化自信的脊樑。加拿大華裔聯邦參議員胡子修感慨地說，《孫子兵法》已超越中華文化圈在世界範圍產生了廣泛而深刻的影響，全世界都在應用，我們華人華僑更要傳承好，應用好。

在戰亂中翻譯出版的烏克蘭文《孫子兵法》。

活用孫子兵法：孫子兵法全球行系列讀物・美澳卷／韓勝寶著. -- 初版. -- 臺北市：臺灣商務， 2016.07
面； 公分. --（新萬有文庫）

ISBN 978-957-05-3045-2（平裝）

1.孫子兵法 2.研究考訂 3.謀略

592.092 105006082

新萬有文庫

活用孫子兵法

——孫子兵法全球行系列讀物・美澳卷

作者◆韓勝寶
發行人◆王春申
編輯指導◆林明昌
營業部兼任編輯部經理◆高珊
責任編輯◆徐平
校對◆趙蓓芬
美術設計◆吳郁婷

出版發行：臺灣商務印書館股份有限公司
23150 新北市新店區復興路 43 號 8 樓
電話：(02)8667-3712 傳真：(02)8667-3709
讀者服務專線：0800056196
郵撥：0000165-1
E-mail：ecptw@cptw.com.tw
網路書店網址：www.cptw.com.tw
網路書店臉書：facebook.com.tw/ecptwdoing
臉書：facebook.com.tw/ecptw
部落格：blog.yam.com/ecptw

局版北市業字第993號
初版一刷：2016 年 7 月
定價：新台幣 450 元

ISBN 978-957-05-3045-2
版權所有 翻印必究